图解室内施工图
设计技术审查要点

郭晓明　王　芳　编著

中国建筑工业出版社

图书在版编目（CIP）数据

图解室内施工图设计技术审查要点 / 郭晓明，王芳编著．—北京：中国建筑工业出版社，2023.7
ISBN 978-7-112-28700-0

Ⅰ.①图… Ⅱ.①郭… ②王… Ⅲ.①室内装饰设计—建筑制图—设计审评 Ⅳ.① TU238.2

中国国家版本馆 CIP 数据核字（2023）第 081495 号

责任编辑：何　楠
责任校对：刘梦然
校对整理：张辰双

扫码获取视频资源

图解室内施工图设计技术审查要点
郭晓明　王　芳　编著
*
中国建筑工业出版社出版、发行（北京海淀三里河路 9 号）
各地新华书店、建筑书店经销
北京建筑工业印刷有限公司制版
北京中科印刷有限公司印刷
*
开本：787 毫米×1092 毫米　1/16　印张：$11\frac{1}{4}$　字数：344 千字
2023 年 9 月第一版　　2023 年 9 月第一次印刷
定价：**68.00** 元（含增值服务）
ISBN 978-7-112-28700-0
（41160）

编 委 会

序

我毕业后在室内所[①]工作一直到退休，见证了手绘图发展到计算机绘图，但无论绘图工具如何进步，技术本底始终是设计的基础。过去设计院的施工图既美观又严谨，现在拿出来都被大家点赞。计算机辅助设计的普及让设计制图的效率大大提高，但我们应该看到计算机背后的设计师才是最重要的，设计师的工程思维才是最重要的，有了工程思维的边框，设计成果才不至于像脱缰的野马，才会更安全、更容易落地。当前，国家倡导高质量发展，推进工程总承包（EPC）和建筑师负责制，与国际市场接轨。在此大背景下，提供安全而可靠的设计是设计师始终要提醒自己的，使设计成果符合相应的国标、规范也是基本要求。这几年，工程建设行业相关的政策、规范、标准相继更新迭代。设计的核心是质量，所以这本以图解形式解读室内施工图常见问题的工具书对设计人员尤其是刚参加工作的设计师非常有用。

当本书的编写者郭晓明和王芳找到我，希望我为此书写序的时候，我很高兴地答应了。我希望他们把书编好，使其更准确更有实效；希望他们把图画好，使其更加简洁易懂；希望中国建筑工业出版社把书出好，让更多的设计师从此获益。

饶良修

① 室内所为现中国建筑设计研究院有限公司室内空间设计研究院的前身。

前　言

近年来建筑工程施工图审查制度改革方案不断深入推进。为贯彻落实相关文件的要求，有效提升室内设计行业的设计质量，进一步明确设计项目中关键的技术要求，保障建设工程项目施工顺利完成，我们编写了《图解室内施工图设计技术审查要点》（简称《审查要点》），供室内设计师查询室内施工图易错之处，也为设计单位的审图人员提供一个检查项目“备忘录”，还可供新入职的设计人员业务培训之用。

《审查要点》通过图示的表达形式，直观地指出室内专业施工图中存在的错误和欠缺，以及违反的规范条文。所有的样图均来自于主编单位实际的建筑工程项目，图中所反映的技术问题具有较好的示范性和针对性。

《审查要点》不涉及建筑、结构、给水排水、暖通、电气、节能等技术审查，也并非强制性技术文件，而是为室内设计师、施工图校审人员提供的参考性技术支持文件。《审查要点》所列内容是保证建设工程设计质量的基本要求，不是全部的技术要求。室内设计人员应全面执行工程建设标准和法规的有关规定。

《审查要点》主要依据现行工程建设标准（含国家标准、行业标准、地方标准）中的条文编制。随着国家及地方新规范新标准的推出，尤其是强制性工程建设规范体系的通用规范和项目规范的陆续实施，请读者随时关注规范、标准的更新，实际工作中以现行规范、标准为参考依据。

《审查要点》的编写分工如下，案例整理及最终统稿：郭林、张文茹；第一章　消防专篇：张文茹、苍雪煜；第二章　设计规范法规专篇：苍雪煜、孙伊莫、王玉莉；第三章　图纸深度专篇：孙伊莫、许科静、房海凤、郝亚丽；前期案例资料收集和分类整理：饶劢、郭煜。关海红对本书增值服务中的小视频制作提供了支持。在此，感谢所有编者的辛勤工作和付出！

希望通过室内施工图设计技术审查要点的一系列解析及实际运用，使室内设计师逐步意识到设计底线，在底线的约束下做出更多更好的设计。

编写说明

本书编制的依据包括：建设工程的国家标准、地方标准、行业标准、团体标准，建筑工程施工图设计文件审查要点文件，实际工作中三校两审的错、漏、碰、缺的总结，以及施工图设计文件外审单位提供的施工图审查意见告知书的内容归纳等。书中目录编排按照消防专篇、设计规范法规专篇和图纸深度专篇三部分组成；前两个部分按照涉及的通用规范、项目规范、其他现行规范和标准顺序编制，其中项目规范和通用规范，全部为强制性条款；第三部分按照室内施工图图纸内容顺序编制。

本书案例样图中，红色虚线框代表该施工图设计文件中涉及本章内容的主要错误的位置，红色实线框是错误的文字描述，针对同一类问题红色索引线仅连线一次。编者认为需要特别说明的，在页面下方增加了解析部分指出了主要错误依据，其中有规范和标准的相关条文，也有编者根据工作经验（审图经验和外审专家审图意见）总结出的常见错误及修改建议。为了便于读者延展阅读、方便查阅，错误依据所涉及规范和标准保留了原有条款号、表格编号；为了提高阅读针对性，仅列举了施工图文件中涉及问题相关的条款及表格内容，如有需要了解全部内容的读者可查阅相关规范、标准原文。

在编写过程中，为重点表达图纸审查的重要问题并方便读者阅读，编者将图纸进行了适当的简化处理，仍可能存在“有瑕疵”的局部，请读者见谅。

目　录

消防专篇

1.1 《建筑防火通用规范》

案例 1

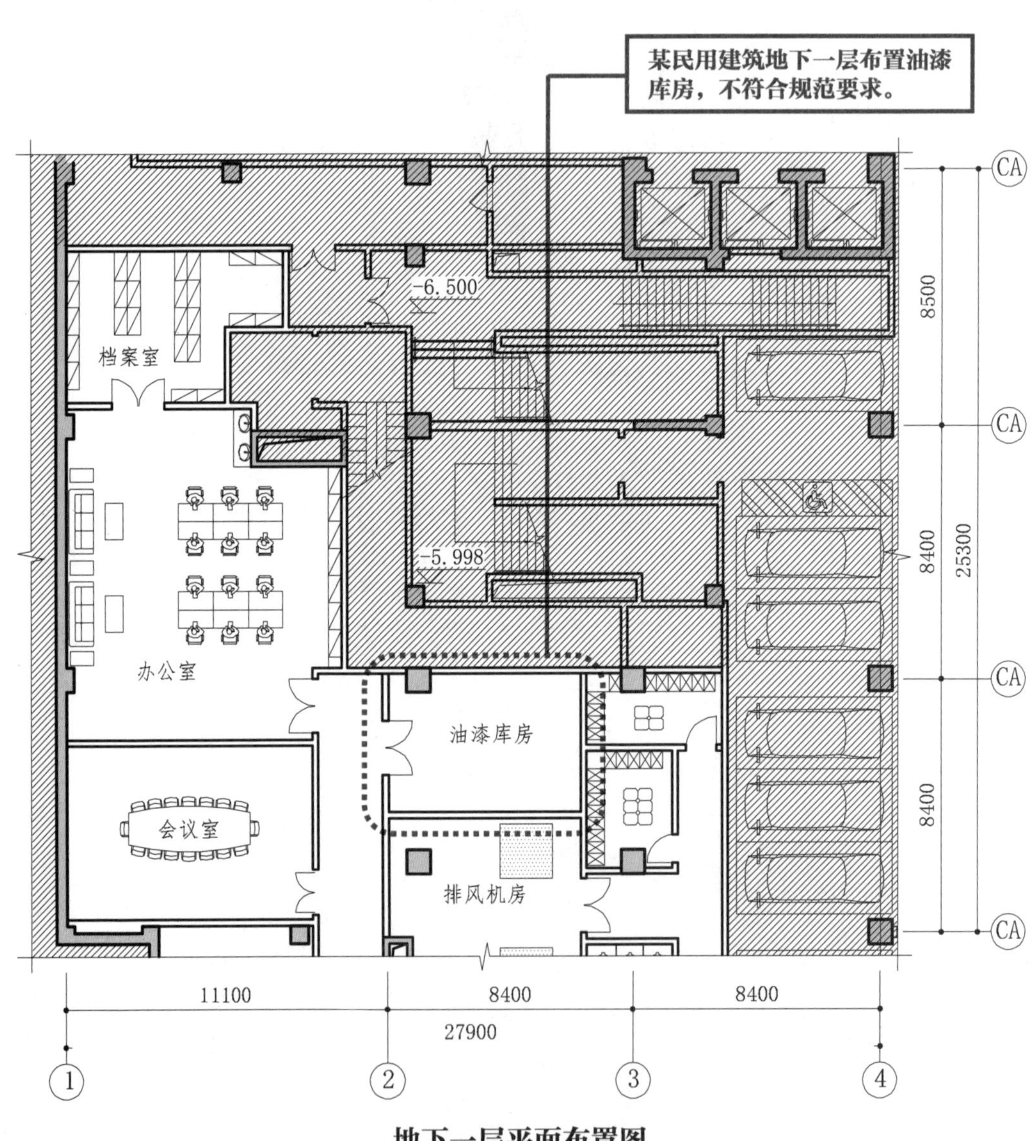

地下一层平面布置图

【解析】

《建筑防火通用规范》GB 55037—2022

4.3.1 民用建筑内不应设置经营、存放或使用甲、乙类火灾危险性物品的商店、作坊或储藏间等。民用建筑内除可设置为满足建筑使用功能的附属库房外，不应设置生产场所或其他库房，不应与工业建筑组合建造。

案例 2

地下一层局部平面图

【解析】

《建筑防火通用规范》GB 55037—2022

4.3.4 儿童活动场所的布置应符合下列规定：

1 不应布置在地下或半地下。

案例 3

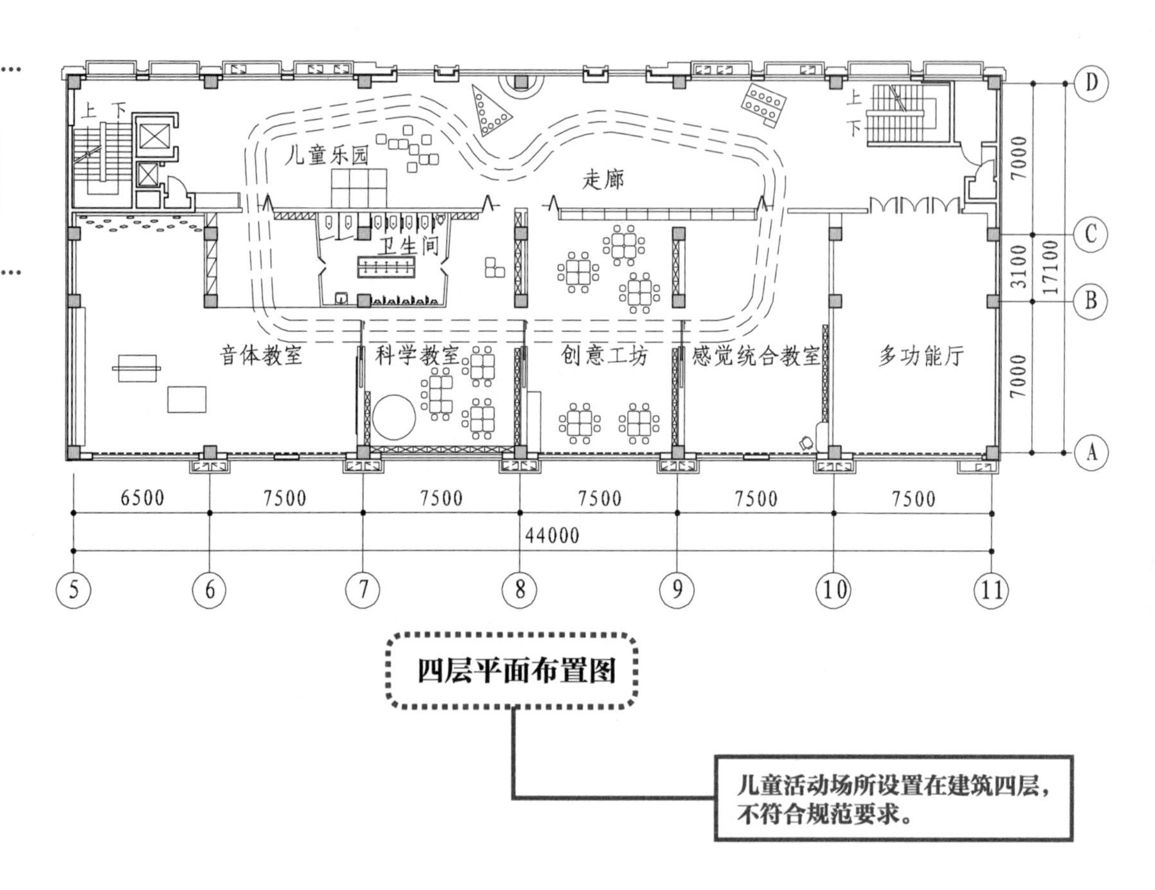

四层平面布置图

儿童活动场所设置在建筑四层，不符合规范要求。

【解析】

《建筑防火通用规范》GB 55037—2022

4.3.4 儿童活动场所的布置应符合下列规定：

1 不应布置在地下或半地下；

2 对于一、二级耐火等级建筑，应布置在首层、二层或三层；

3 对于三级耐火等级建筑，应布置在首层或二层；

4 对于四级耐火等级建筑，应布置在首层。

案例 4

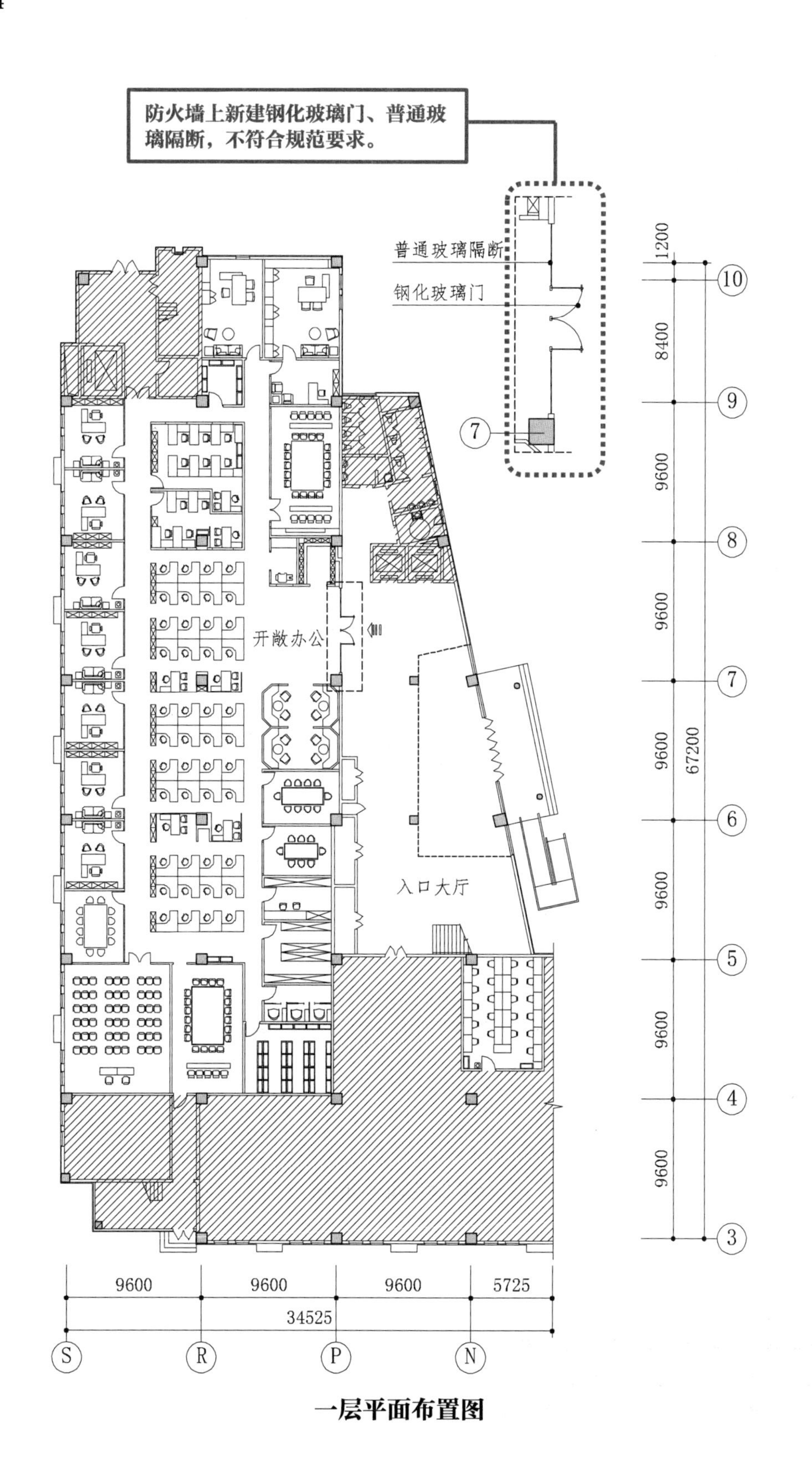

防火墙上新建钢化玻璃门、普通玻璃隔断，不符合规范要求。
普通玻璃隔断
钢化玻璃门
7
开敞办公
入口大厅
1200
8400
9600
9600
9600
9600
9600
9600
67200
10
9
8
7
6
5
4
3
9600
9600
9600
5725
34525
S
R
P
N

一层平面布置图

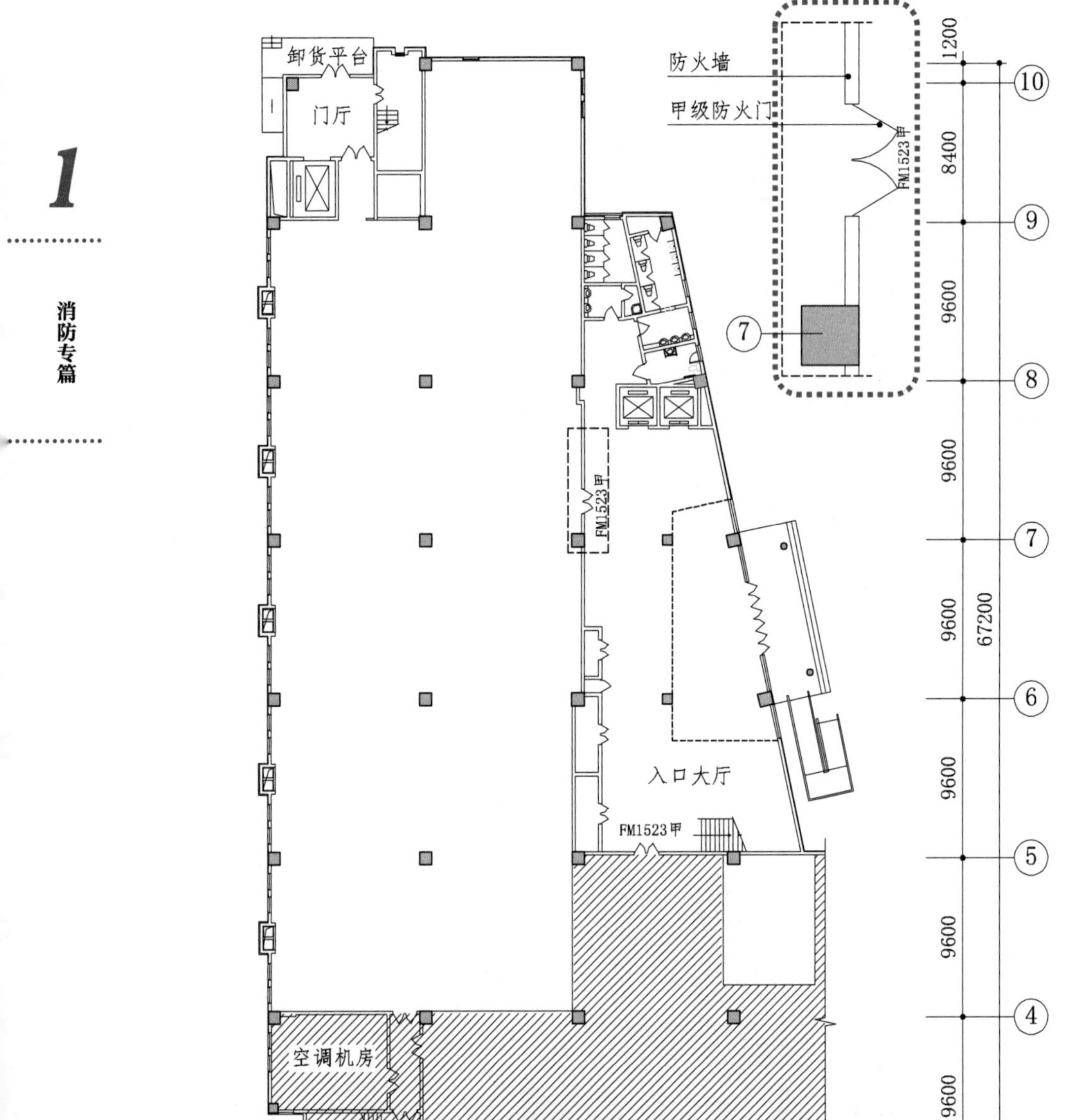

原始建筑平面图

【解析】

《建筑防火通用规范》GB 55037—2022

6.4.2 下列部位的门应为甲级防火门：

1 设置在防火墙上的门、疏散走道在防火分区处设置的门。

案例 5

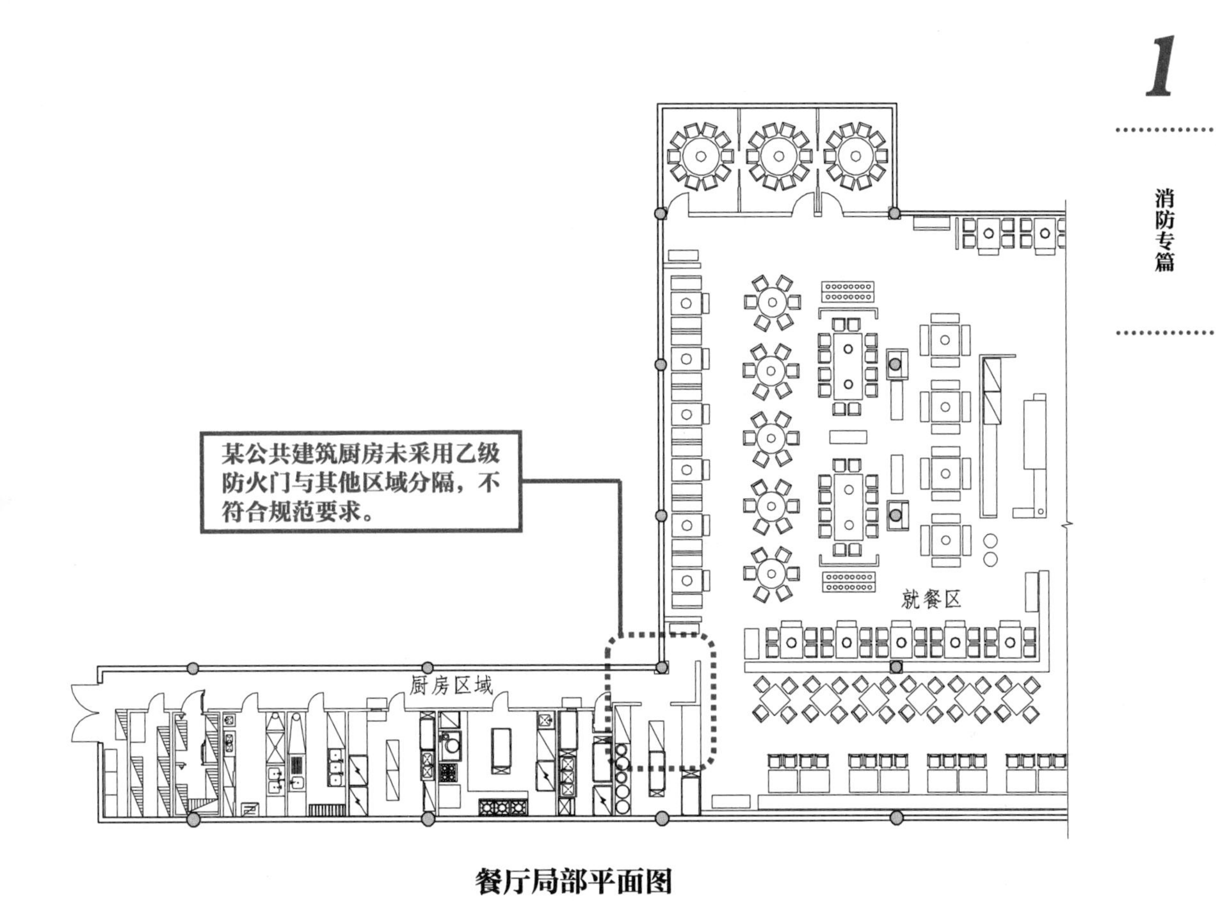

餐厅局部平面图

【解析】

《建筑防火通用规范》GB 55037—2022

6.4.3 除建筑直通室外和屋面的门可采用普通门外，下列部位的门的耐火性能不应低于乙级防火门的要求，且其中建筑高度大于 100m 的建筑相应部位的门应为甲级防火门：

8 设置在耐火极限要求不低于 2.00h 的防火隔墙上的门。

《建筑设计防火规范》GB 50016—2014（2018 年版）

6.2.3 建筑内的下列部位应采用耐火极限不低于 2.00h 的防火隔墙与其他部位分隔，墙上的门、窗应采用乙级防火门、窗，确有困难时，可采用防火卷帘，但应符合本规范第 6.5.3 条的规定：

5 除居住建筑中套内的厨房外，宿舍、公寓建筑中的公共厨房和其他建筑内的厨房。

案例 6

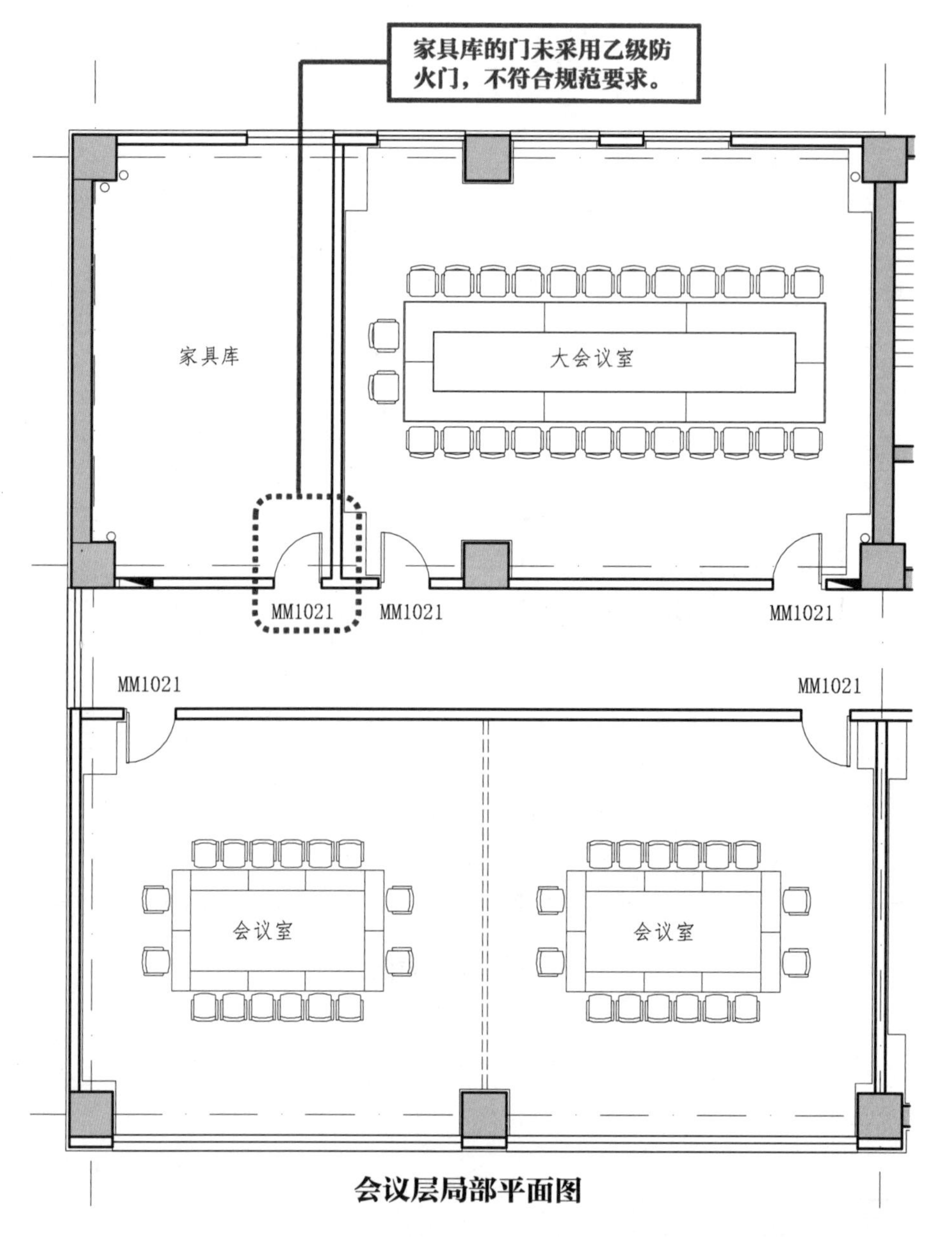

会议层局部平面图

【解析】

《建筑防火通用规范》GB 55037—2022

6.4.3 除建筑直通室外和屋面的门可采用普通门外，下列部位的门的耐火性能不应低于乙级防火门的要求，且其中建筑高度大于 100m 的建筑相应部位的门应为甲级防火门：

8 设置在耐火极限要求不低于 2.00h 的防火隔墙上的门。

《建筑设计防火规范》GB 50016—2014（2018 年版）

6.2.3 建筑内的下列部位应采用耐火极限不低于 2.00h 的防火隔墙与其他部位分隔，墙上的门、窗应采用乙级防火门、窗，确有困难时，可采用防火卷帘，但应符合本规范第 6.5.3 条的规定：

4 民用建筑内的附属库房，剧场后台的辅助用房。

案例 7

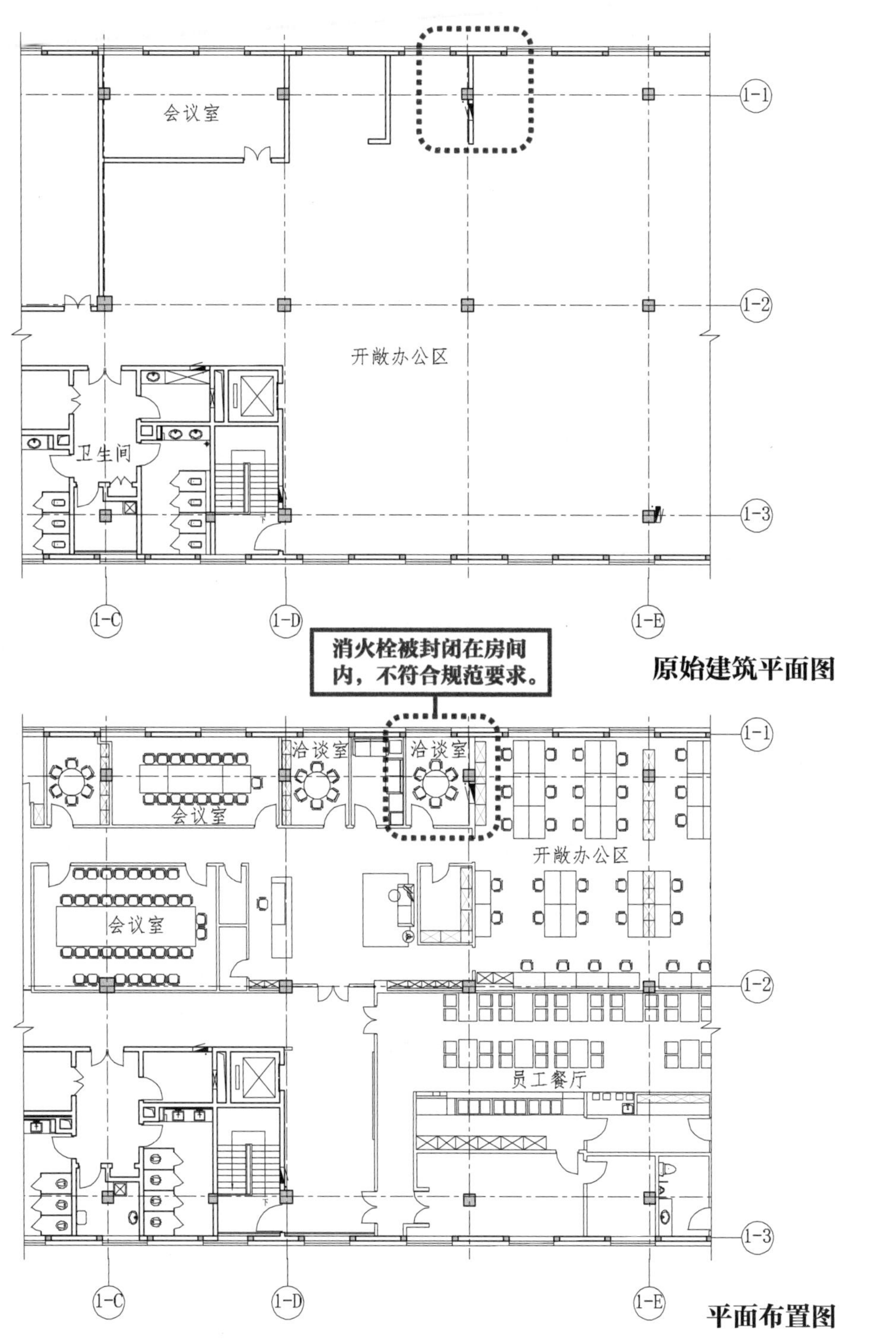

【解析】

《建筑防火通用规范》GB 55037—2022

6.5.1 建筑内部装修不应擅自减少、改动、拆除、遮挡消防设施或器材及其标识、疏散指示标志、疏散出口、疏散走道或疏散横通道，不应擅自改变防火分区或防火分隔、防烟分区及其分隔，不应影响消防设施或器材的使用功能和正常操作。

案例 8

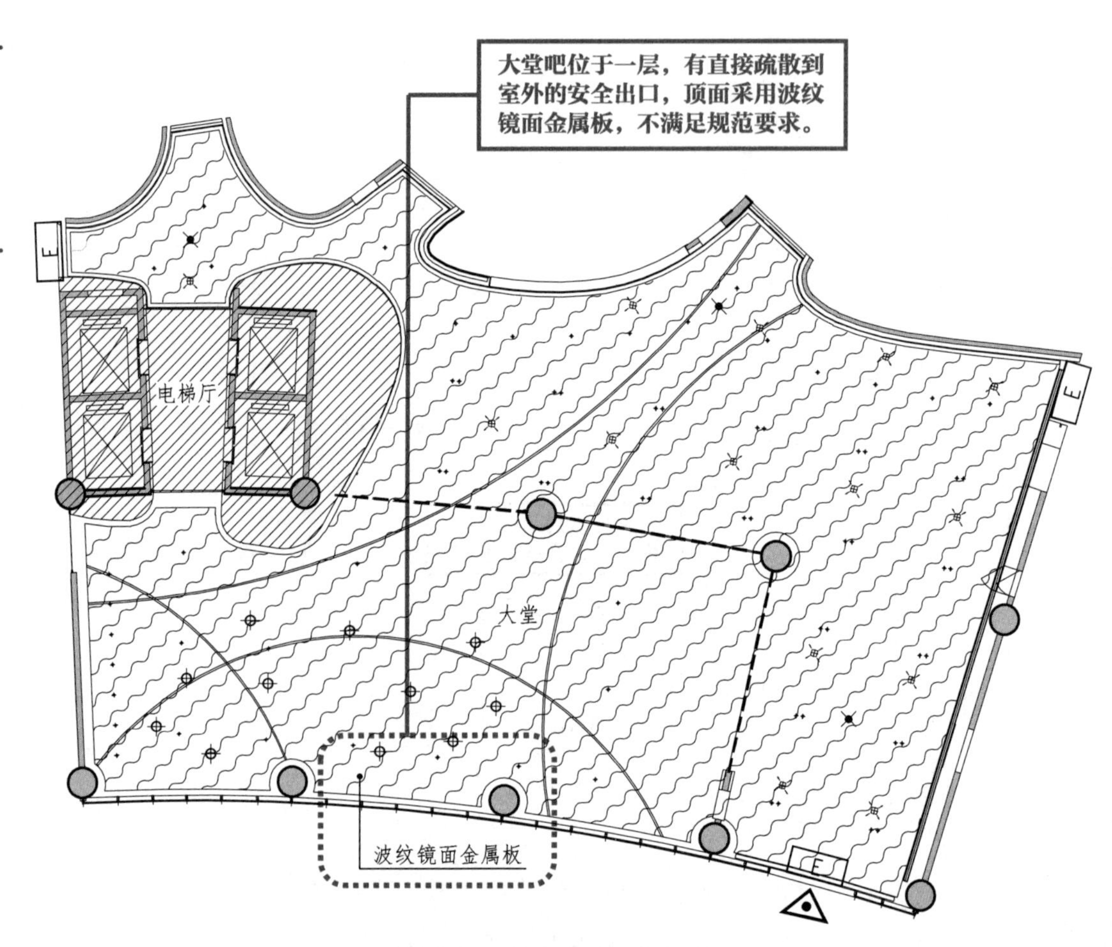

某酒店一层大堂吧顶平面图

【解析】

《建筑防火通用规范》GB 55037—2022

6.5.2 下列部位不应使用影响人员安全疏散和消防救援的镜面反光材料：

2 疏散走道及其尽端、疏散楼梯间及其前室的顶棚、墙面和地面。

案例 9

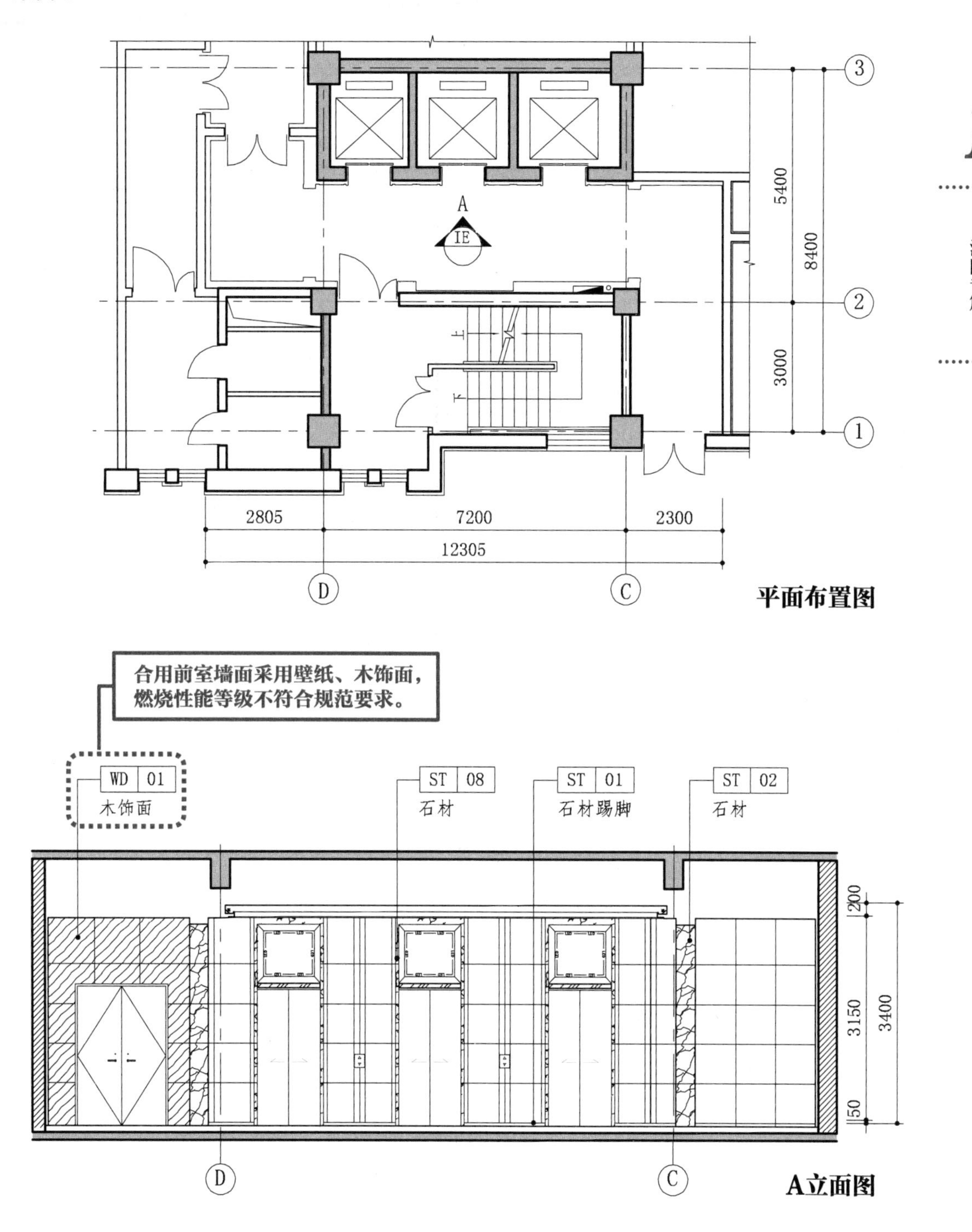

【解析】

《建筑防火通用规范》 GB 55037—2022

6.5.3 下列部位的顶棚、墙面和地面内部装修材料的燃烧性能均应为 A 级：

3 消防电梯前室或合用前室。

案例 10

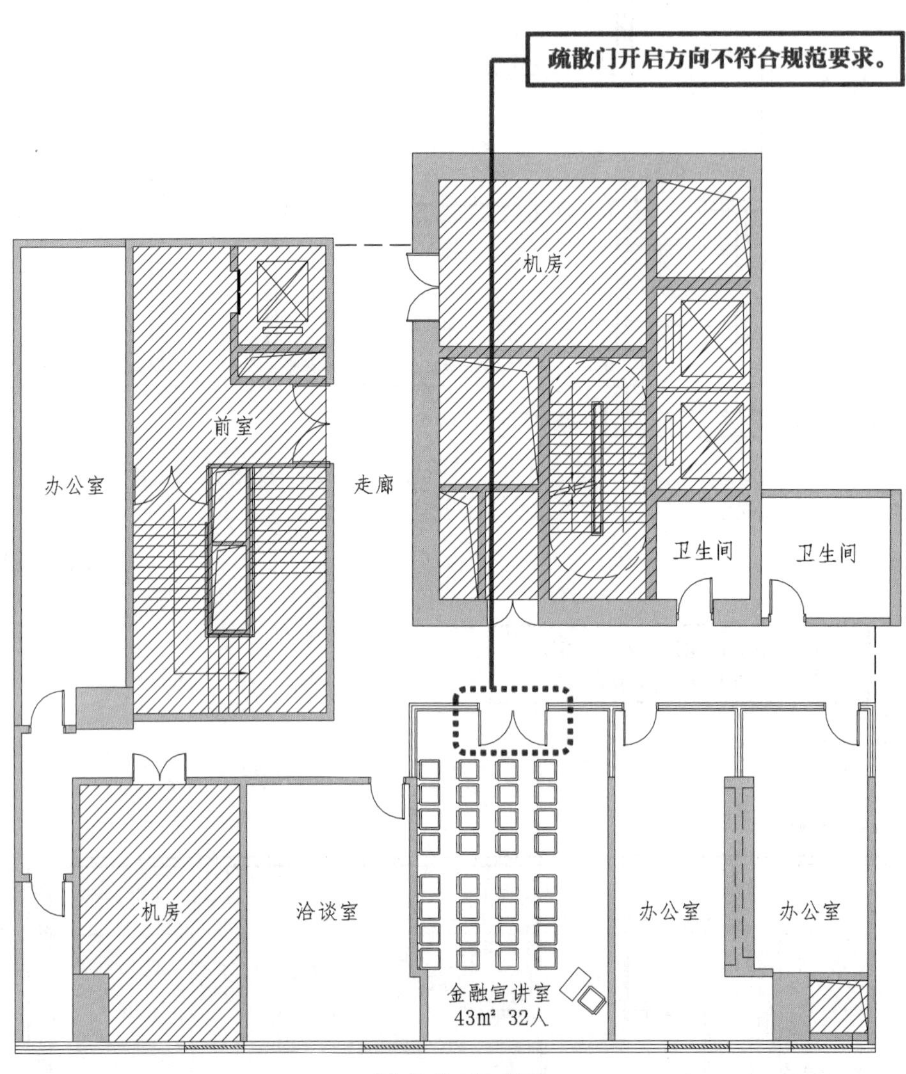

某办公平面图

【解析】

《建筑防火通用规范》 GB 55037—2022

7.1.6 除设置在丙、丁、戊类仓库首层靠墙外侧的推拉门或卷帘门可用于疏散门外，疏散出口门应为平开门或在火灾时具有平开功能的门，且下列场所或部位的疏散出口门应向疏散方向开启：

4 其他建筑中使用人数大于 60 人的房间或每樘门的平均疏散人数大于 30 人的房间。

案例 11

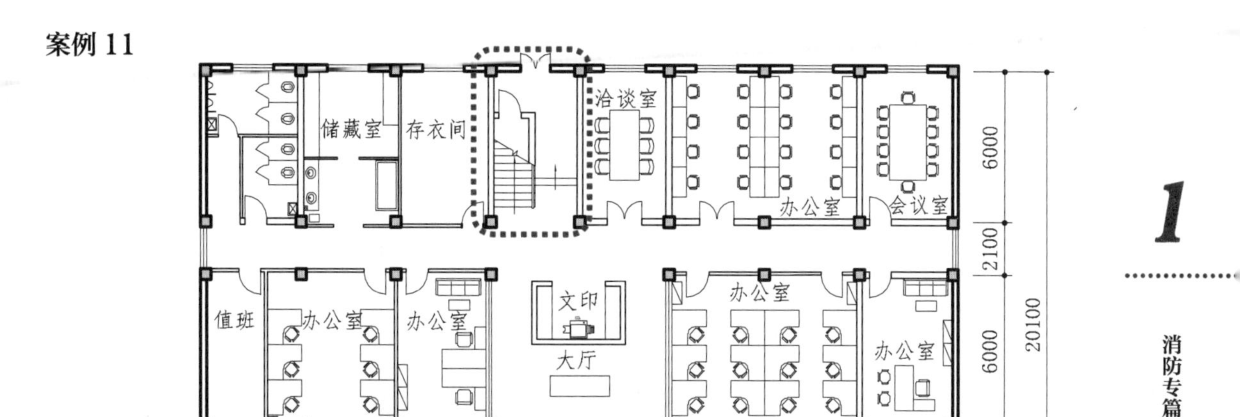
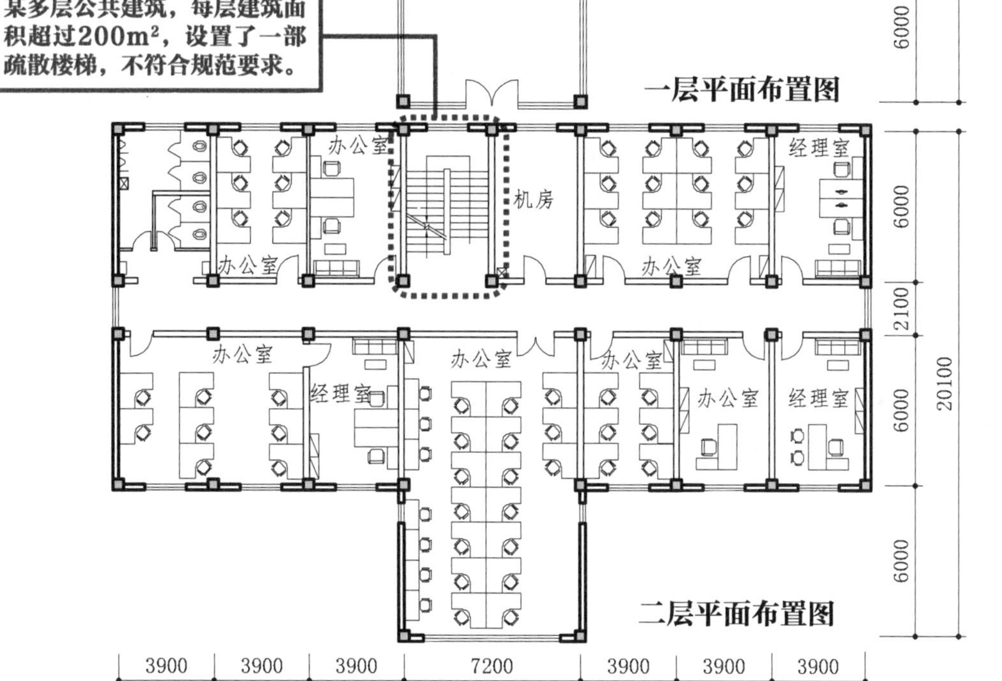

【解析】

《建筑防火通用规范》GB 55037—2022

7.4.1 公共建筑内每个防火分区或一个防火分区的每个楼层的安全出口不应少于 2 个；仅设置 1 个安全出口或 1 部疏散楼梯的公共建筑应符合下列条件之一：

1 除托儿所、幼儿园外，建筑面积不大于 200 ㎡且人数不大于 50 人的单层公共建筑或多层公共建筑的首层；

2 除医疗建筑、老年人照料设施、儿童活动场所、歌舞娱乐放映游艺场所外，符合表 7.4.1 规定的公共建筑。

表 7.4.1 仅设置 1 个安全出口或 1 部疏散楼梯的公共建筑

建筑的耐火等级或类型	最多层数	每层最大建筑面积（m^2）	人数
一、二级	3 层	200	第二、三层的人数之和不大于 50 人
三级、木结构建筑	3 层	200	第二、三层的人数之和不大于 25 人
四级	2 层	200	第二层人数不大于 15 人

案例 12

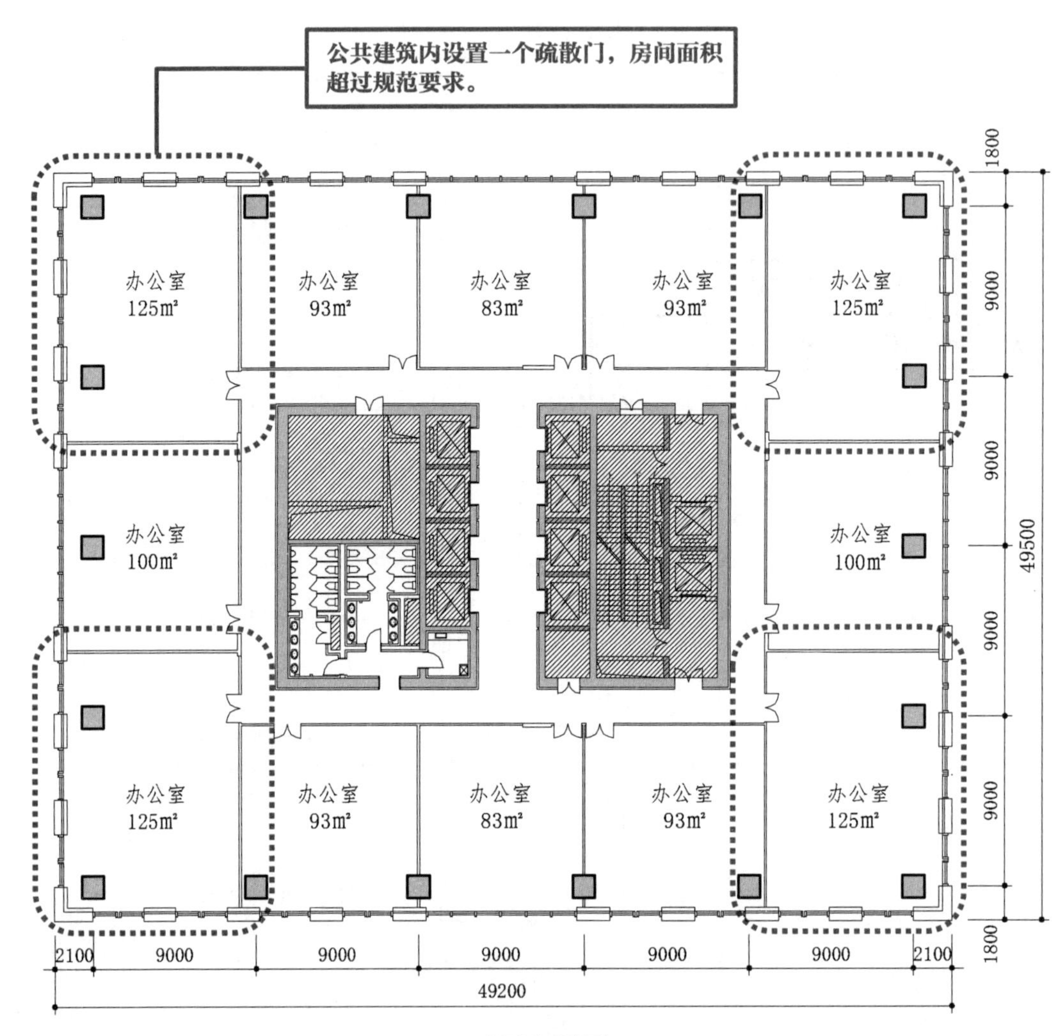

平面布置图

【解析】

《建筑防火通用规范》GB 55037—2022

7.4.2 公共建筑内每个房间的疏散门不应少于 2 个；儿童活动场所、老年人照料设施中的老年人活动场所、医疗建筑中的治疗室和病房、教学建筑中的教学用房，当位于走道尽端时，疏散门不应少于 2 个；公共建筑内仅设置 1 个疏散门的房间应符合下列条件之一：

4 对于其他用途的场所，房间位于两个安全出口之间或袋形走道两侧且建筑面积不大于 120m²。

案例 13

某高层办公建筑疏散楼梯净宽度不能满足平面人数的最小疏散净宽度的要求。

备注：总计工位432个，其中“L”形工位69个，“一”字形工位363个。

三层平面布置图

【解析】

《建筑防火通用规范》GB 55037—2022

7.4.7 除剧场、电影院、礼堂、体育馆外的其他公共建筑，疏散出口、疏散走道和疏散楼梯各自的总净宽度，应根据疏散人数和每 100 人所需最小疏散净宽度计算确定，并应符合下列规定：

1 疏散出口、疏散走道和疏散楼梯每 100 人所需最小疏散净宽度不应小于表 7.4.7 的规定值。

表 7.4.7 疏散出口、疏散走道和疏散楼梯每 100 人所需最小疏散净宽度（m/100 人）

建筑层数或埋深		建筑的耐火等级或类型		
		一、二级	三级、木结构建筑	四级
地上楼层	1 层～2 层	0.65	0.75	1.00
	3 层	0.75	1.00	—
	不小于 4 层	1.00	1.25	—
地下、半地下楼层	埋深不大于 10m	0.75	—	—
	埋深大于 10m	1.00	—	—
	歌舞娱乐放映游艺场所及其他人员密集的房间	1.00	—	—

1.2 《建筑设计防火规范》

1.2.1 总则

案例

同一建筑楼层内，儿童活动场所与商铺之间未进行防火分隔，不符合规范要求。

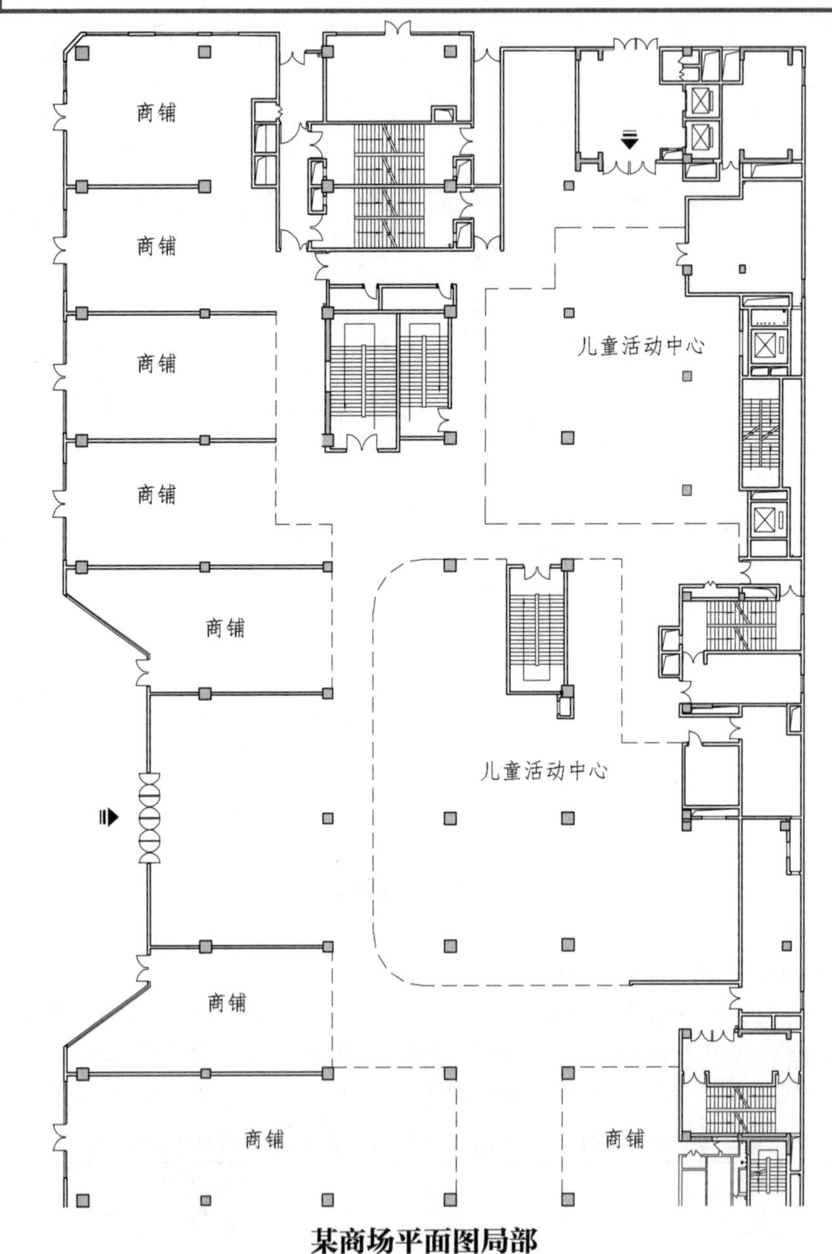

某商场平面图局部

【解析】

《建筑设计防火规范》GB 50016—2014（2018 年版）

1.0.4 同一建筑内设置多种使用功能场所时，不同使用功能场所之间应进行防火分隔，该建筑及其各功能场所的防火设计应根据本规范的相关规定确定。

1.2.2 术语、符号

案例

住宅楼一、二层原有商业服务网点改造后多个单元合并为一个单元，面积超过了300m²，但设计仍按照商业服务网点的标准来设计，不符合规范要求。

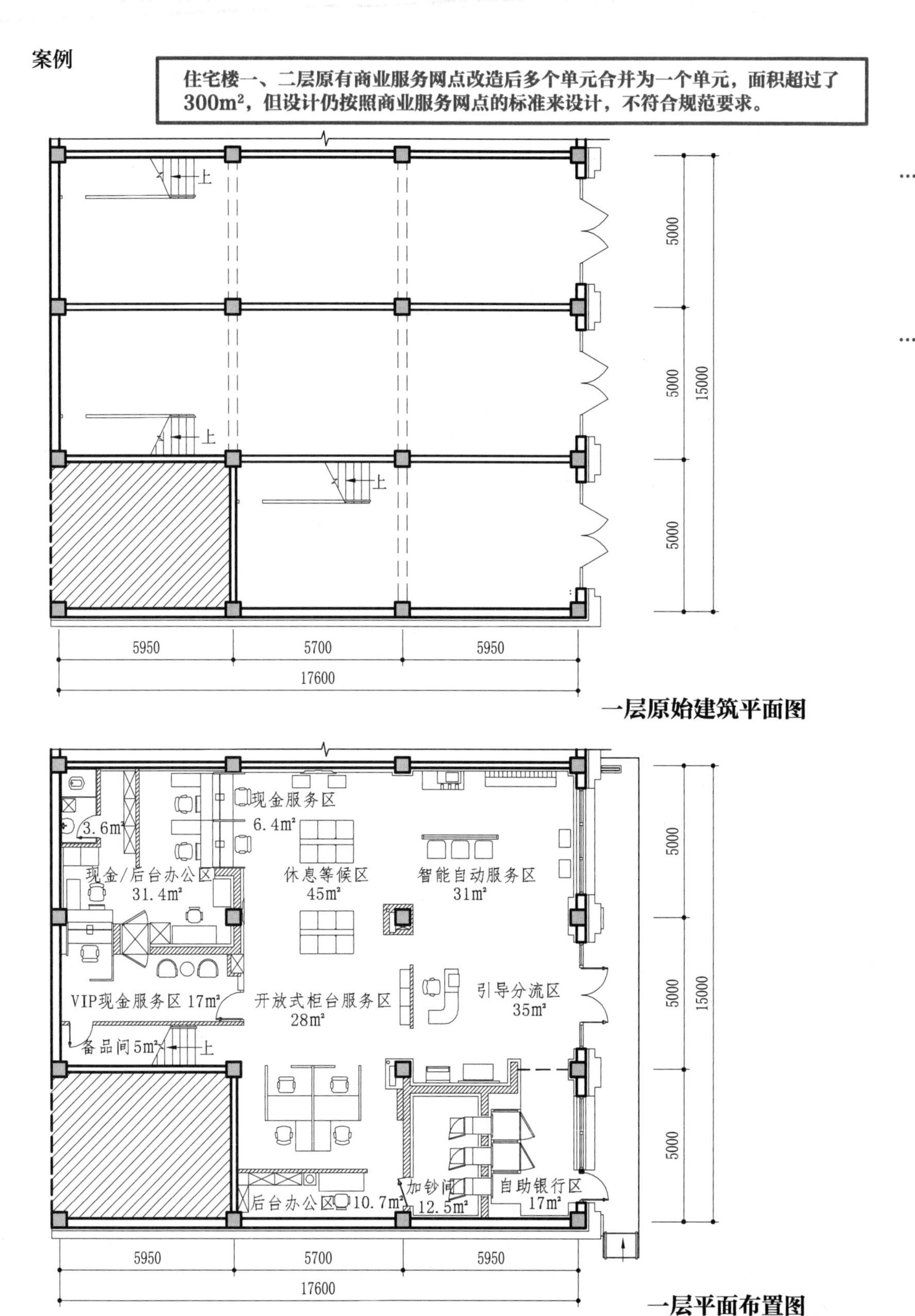

一层原始建筑平面图

一层平面布置图

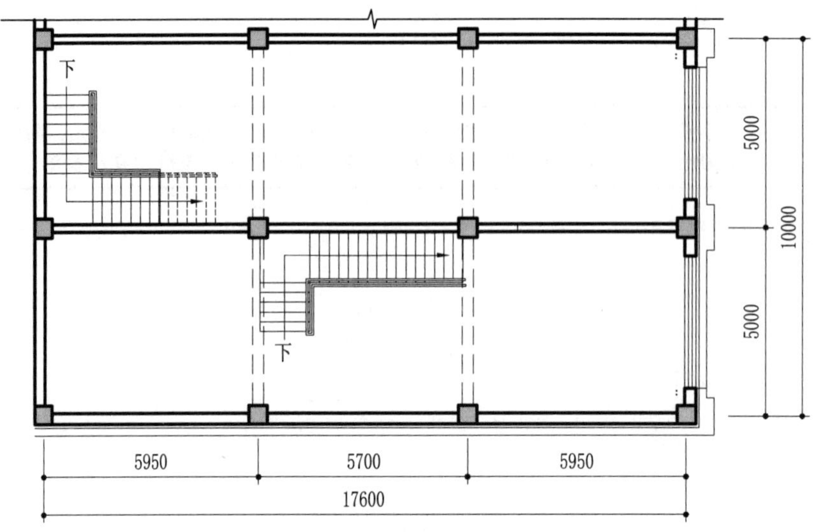

二层原始建筑平面图

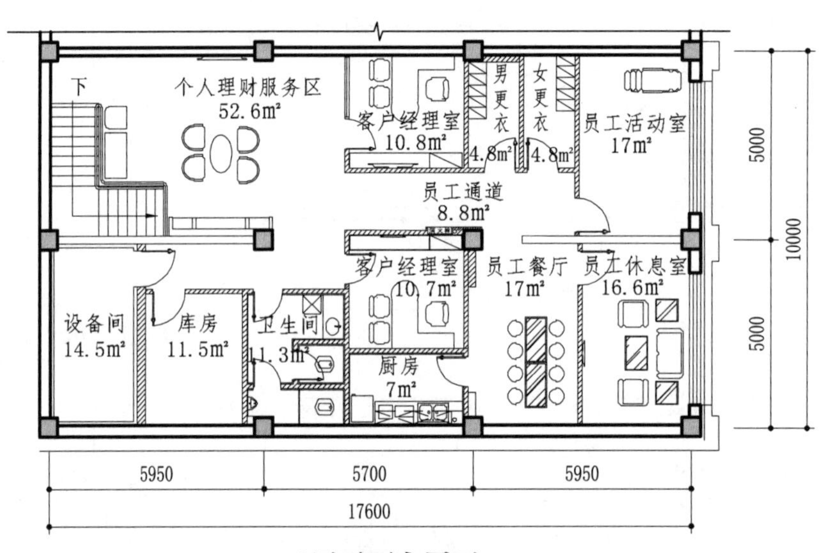

二层平面布置图

【解析】

《建筑设计防火规范》GB 50016—2014（2018 年版）

2.1.4 商业服务网点 commercial facilities

设置在住宅建筑的首层或首层及二层，每个分隔单元建筑面积不大于 300m² 的商店、邮政所、储蓄所、理发店等小型营业性用房。

〖条文说明〗

本条术语解释中的"建筑面积"是指设置在住宅建筑首层或一层及二层，且相互完全分隔后的每个小型商业用房的总建筑面积。比如，一个上、下两层室内直接相通的商业服务网点，该"建筑面积"为该商业服务网点一层和二层商业用房的建筑面积之和。

商业服务网点中每个分隔单元之间应采用耐火极限不低于 2.00h 且无门、窗、洞口的防火隔墙相互分隔，当每个分隔单元任一层建筑面积大于 200m² 时，该层应设置 2 个安全出口或疏散门。每个分隔单元内的任一点至最近直通室外的出口的直线距离不应大于多层其他建筑位于袋形走道两侧或尽端的疏散门至最近安全出口的最大直线距离。

1.2.3 民用建筑

案例 1

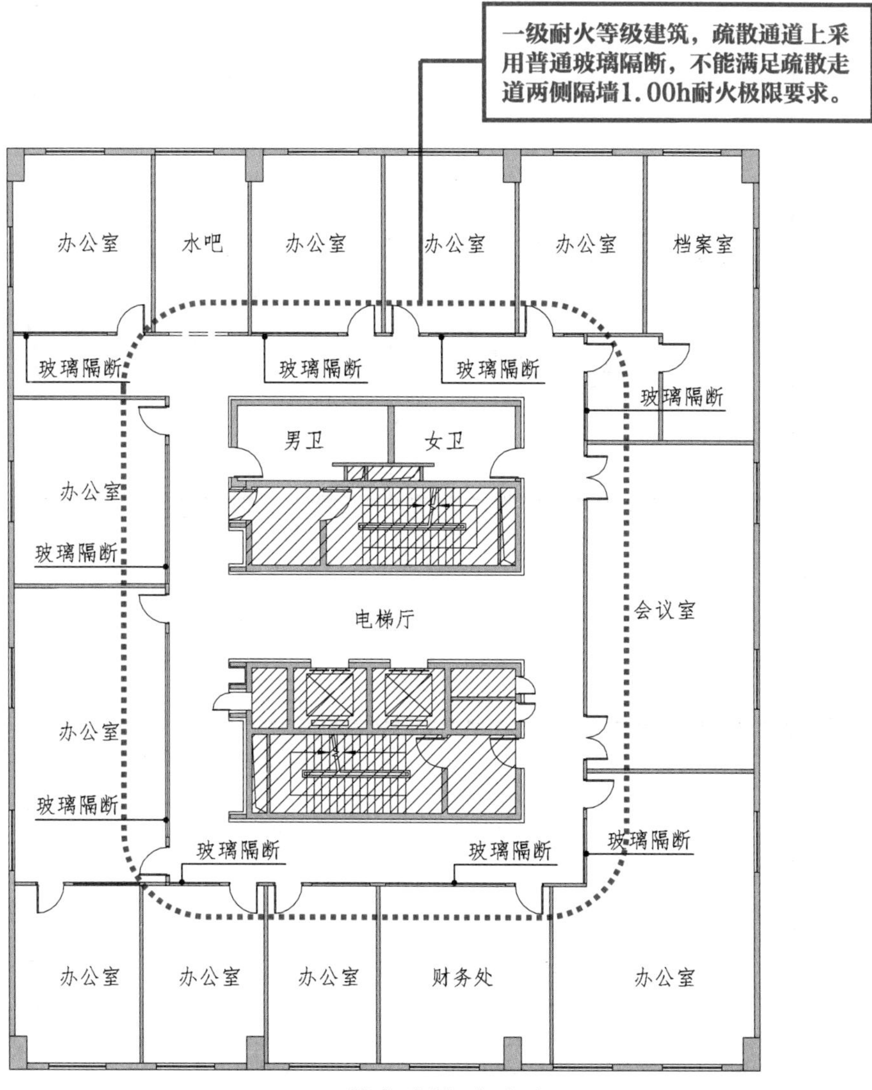

某办公楼平面图

【解析】

《建筑设计防火规范》GB 50016—2014（2018 年版）

5.1.2 民用建筑的耐火等级可分为一、二、三、四级。除本规范另有规定外，不同耐火等级建筑相应构件的燃烧性能和耐火极限不应低于表 5.1.2 的规定。

表 5.1.2 不同耐火等级建筑相应构件的燃烧性能和耐火极限（h）

构件名称		耐火等级			
		一级	二级	三级	四级
墙	疏散走道两侧的隔墙	不燃性 1.00	不燃性 1.00	不燃性 0.50	难燃性 0.25

案例 2

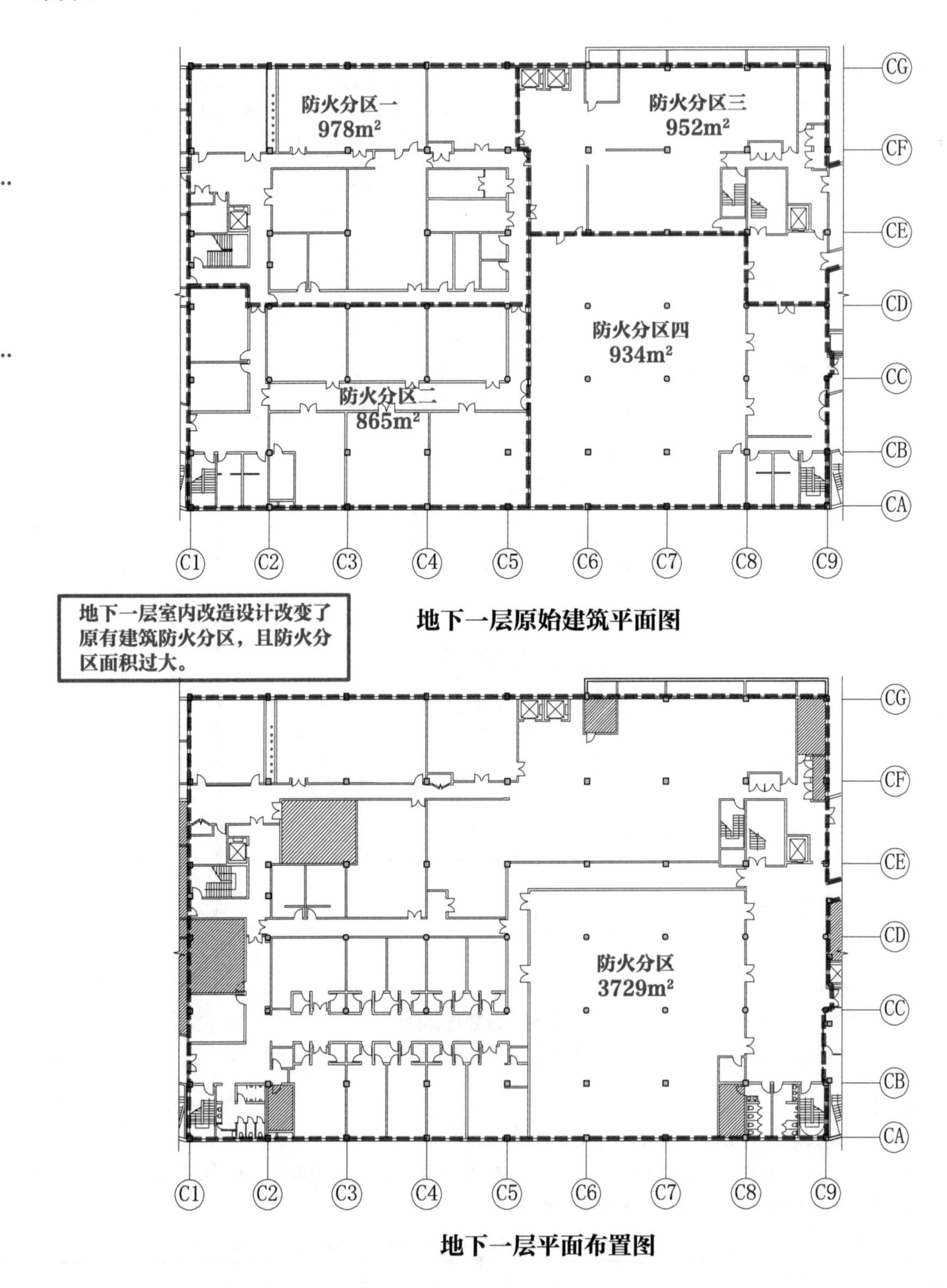

地下一层原始建筑平面图

地下一层平面布置图

【解析】

案例为某餐厅地下一层室内设计平面，该区域设置有自动灭火系统，防火分区的面积不应超过 1000m²。

案例 3

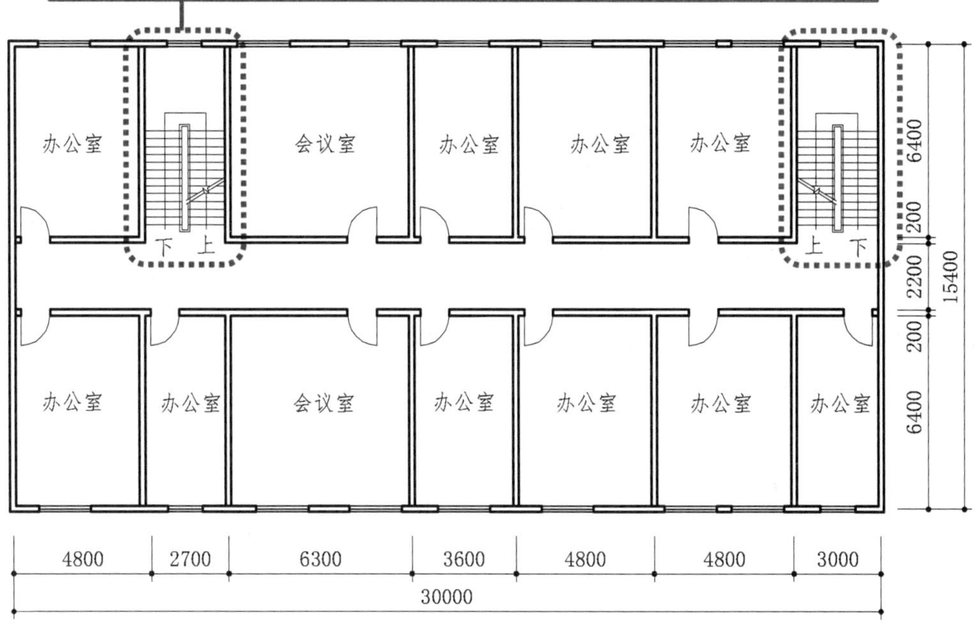

平面图

【解析】

5 层或 5 层以下采用敞开楼梯间的办公建筑，敞开楼梯间可以不按上、下层相连通的开口考虑，其防火分区的建筑面积也不按上、下层相连通的建筑面积叠加计算。

案例 4

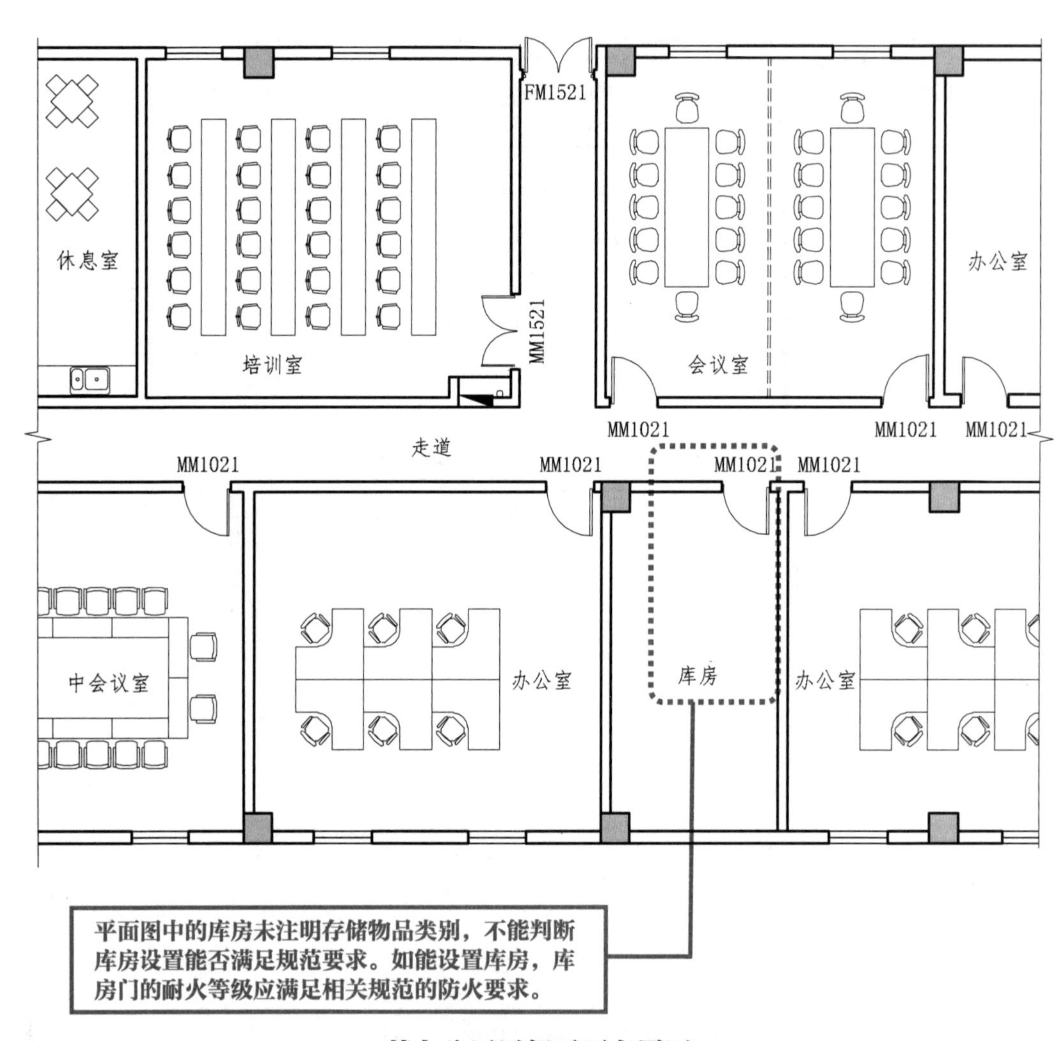

某办公层局部平面布置图

【解析】

《建筑设计防火规范》GB 50016—2014（2018 年版）

6.2.3 建筑内的下列部位应采用耐火极限不低于 2.00h 的防火隔墙与其他部位分隔，墙上的门、窗应采用乙级防火门、窗，确有困难时，可采用防火卷帘，但应符合本规范第 6.5.3 条的规定：

4 民用建筑内的附属库房、剧场后台的辅助用房。

案例 5

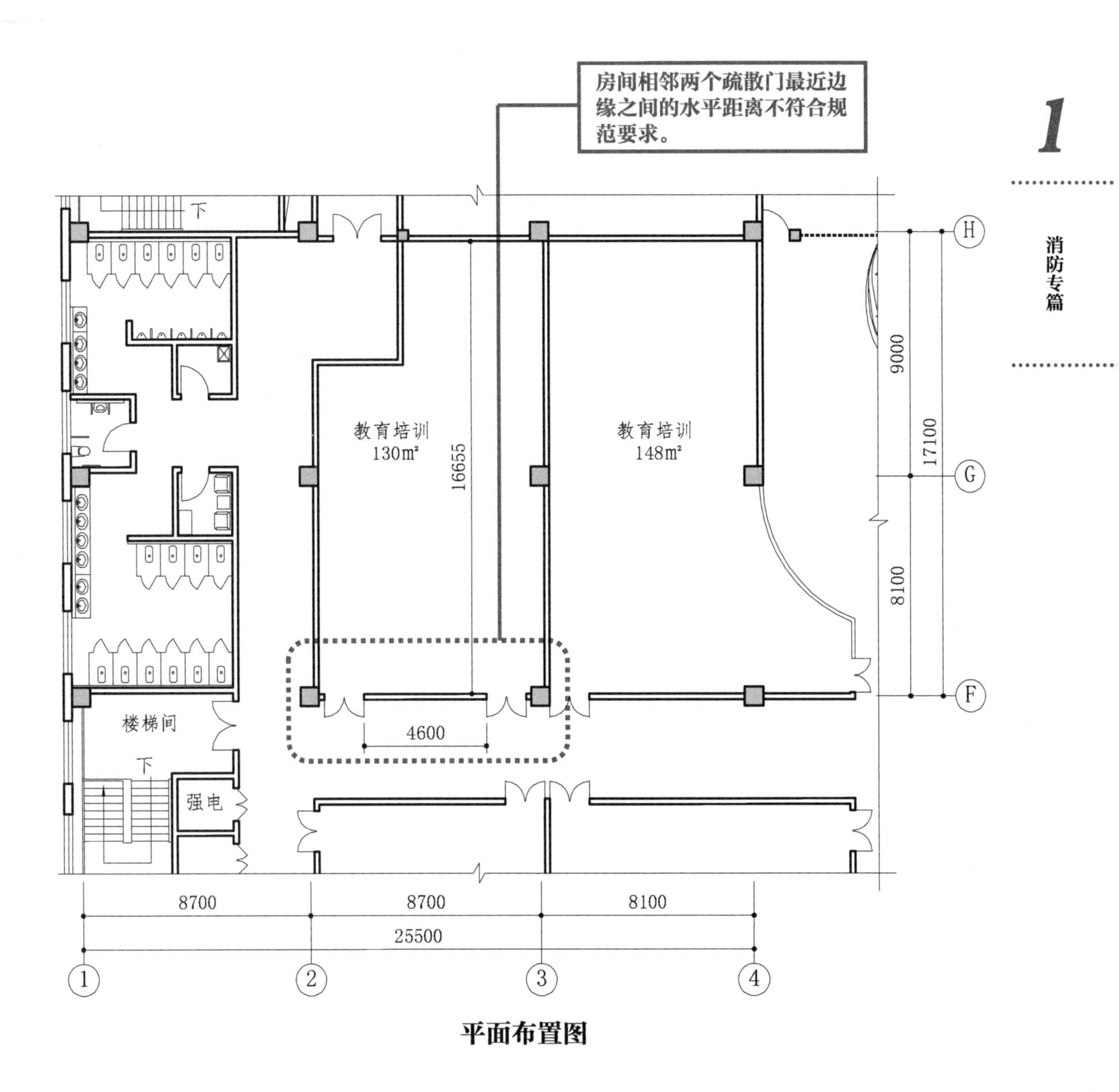

平面布置图

【解析】

《建筑设计防火规范》GB 50016—2014（2018 年版）

5.5.2 建筑内的安全出口和疏散门应分散布置，且建筑内每个防火分区或一个防火分区的每个楼层、每个住宅单元每层相邻两个安全出口以及每个房间相邻两个疏散门最近边缘之间的水平距离不应小于 5m。

案例 6

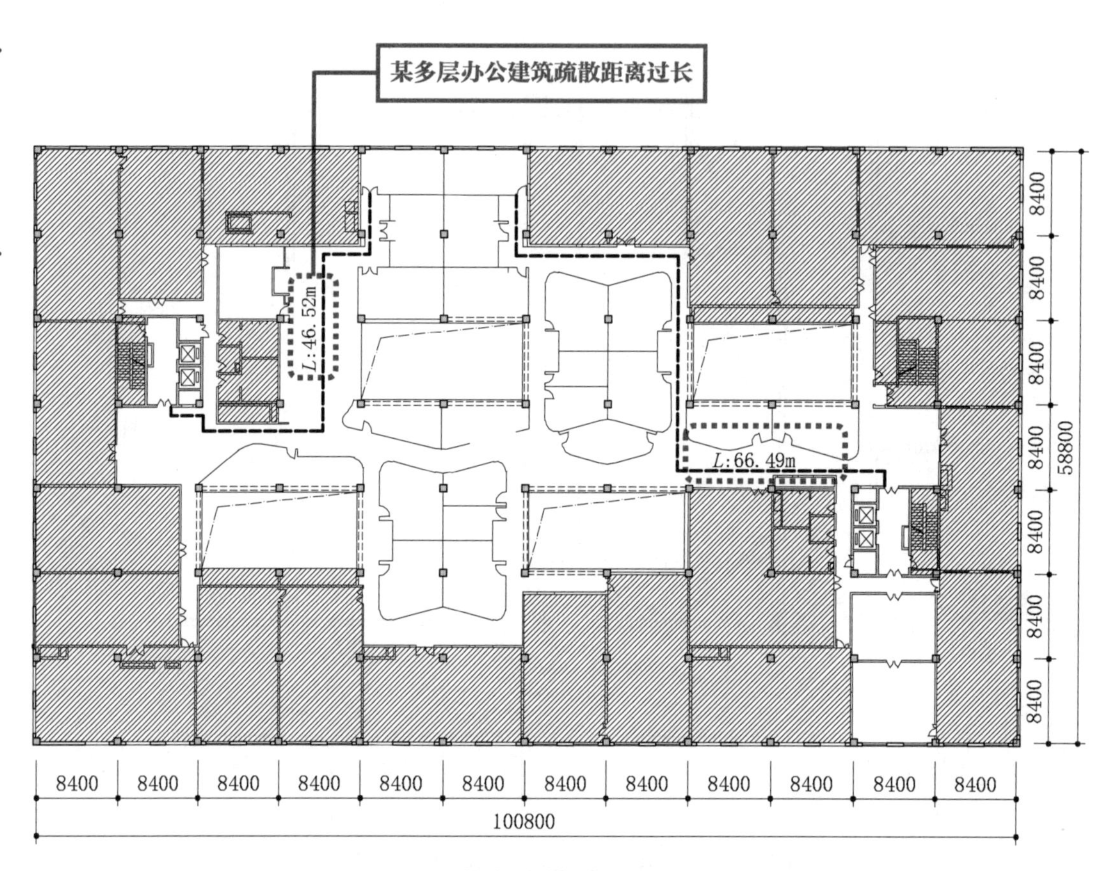

某办公楼平面图

【解析】

案例为某一级耐火等级多层办公建筑，位于两个安全出口之间的疏散门至最近安全出口的直线距离不应大于 40m，设有自动喷水灭火系统时不应大于 50m；位于袋形走道两侧或尽端的疏散门至最近安全出口的直线距离不应大于 22m，设有自动喷水灭火系统时不应大于 27.5m。

案例 7

此楼梯为疏散楼梯，楼梯的修改减少了疏散宽度。

一层原始建筑平面图（局部）

二层平面图（局部）

【解析】

案例是某中学综合楼（含音乐厅），原建筑一、二层有共享门厅，内设疏散楼梯。室内设计方案修改楼梯时，需重新核算疏散宽度。

1.2.4 建筑构造

案例 1

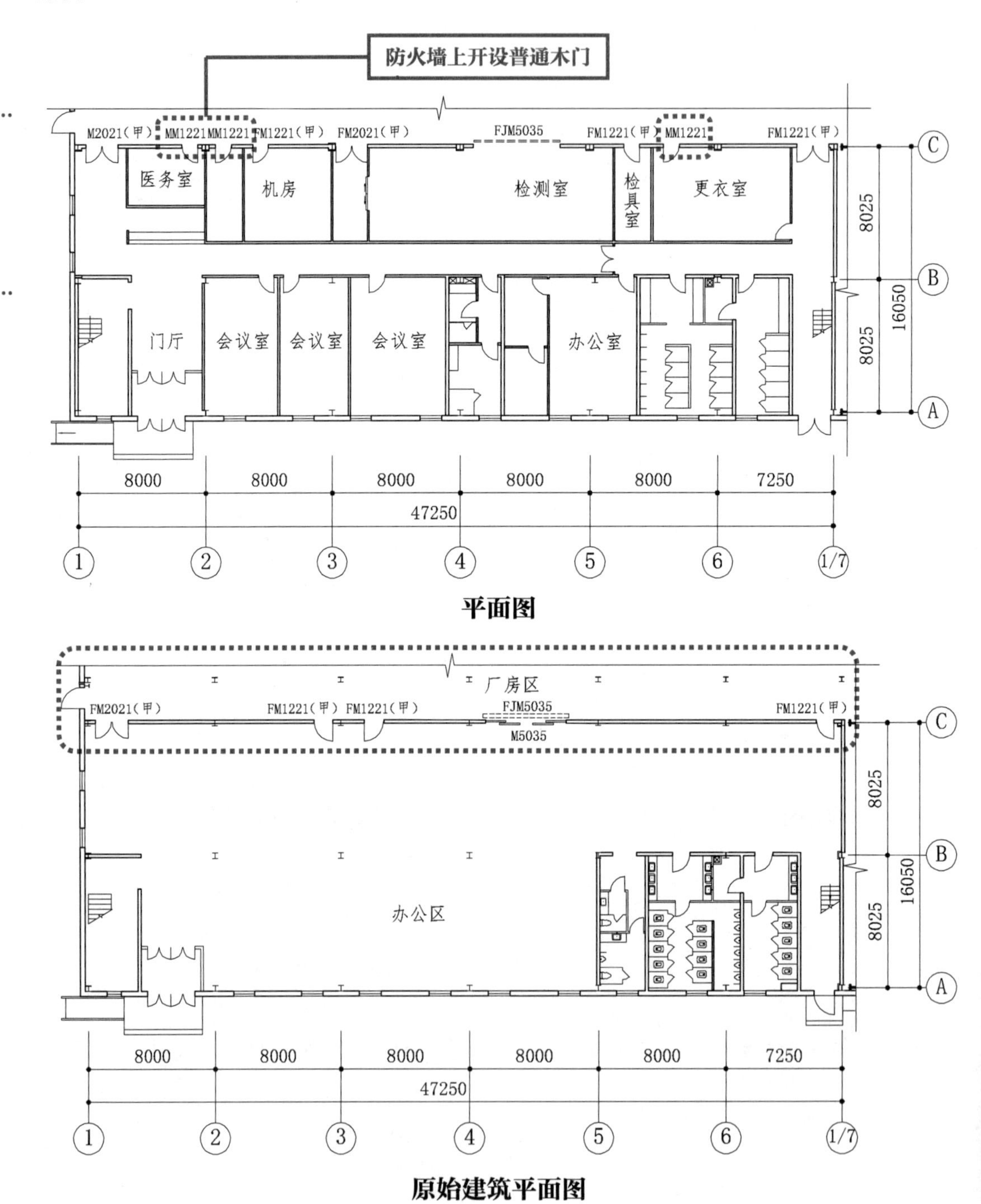

【解析】

防火墙上不应开设门、窗、洞口，确需开设时，应设置不可开启或火灾时能自动关闭的甲级防火门窗。

案例 2

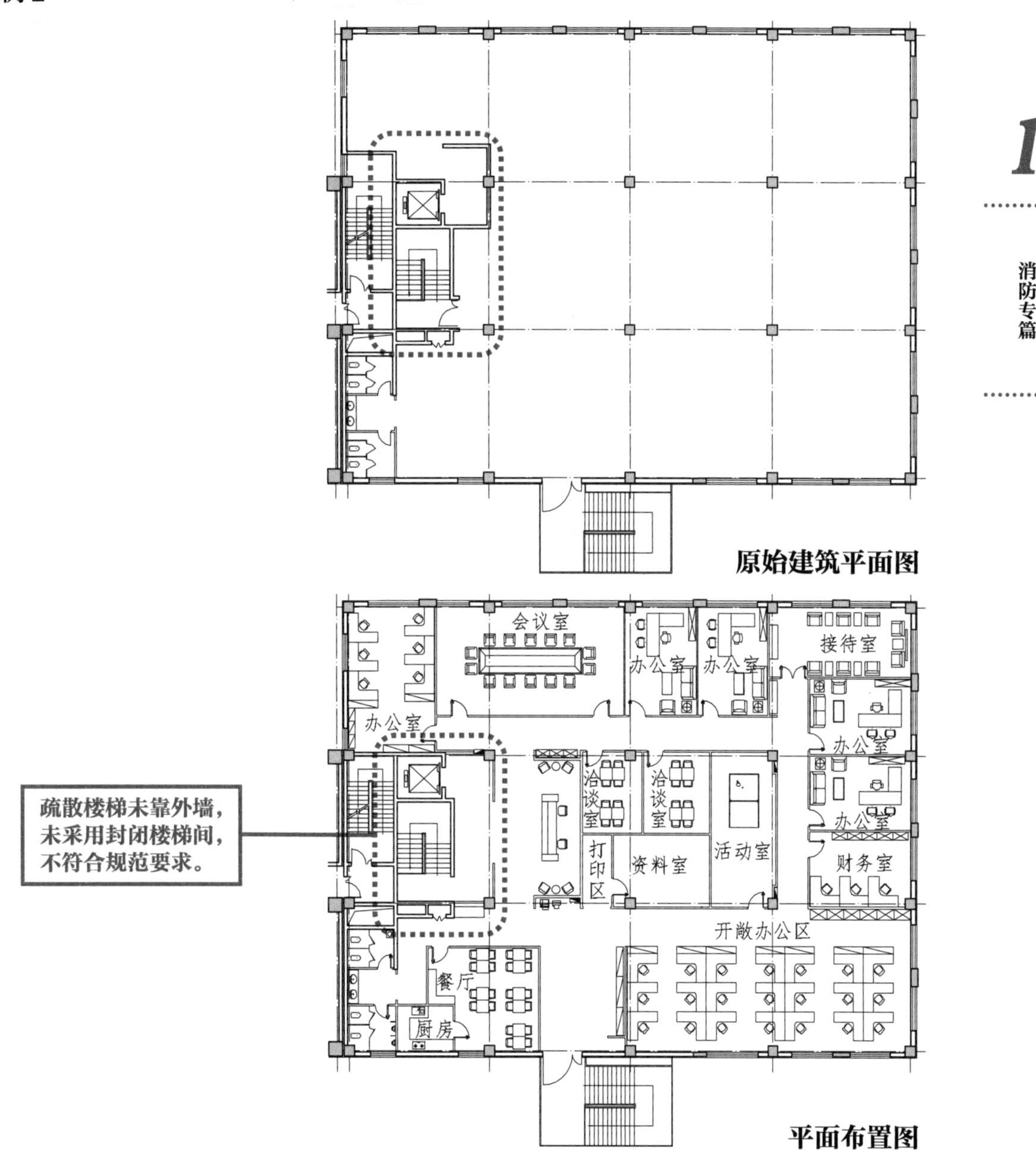

【解析】

《建筑设计防火规范》GB 50016—2014（2018 年版）

6.4.1 疏散楼梯间应符合下列规定：

1 楼梯间应能天然采光和自然通风，并宜靠外墙设置。靠外墙设置时，楼梯间、前室及合用前室外墙上的窗口与两侧门、窗、洞口最近边缘的水平距离不应小于 1.0m。

〖条文说明〗

疏散楼梯间要尽量采用自然通风，以提高排除进入楼梯间内烟气的可靠性，确保楼梯间的安全。楼梯间靠外墙设置，有利于楼梯间直接天然采光和自然通风。不能利用天然采光和自然通风的疏散楼梯间，需按本规范第 6.4.2 条、第 6.4.3 条的要求设置封闭楼梯间或防烟楼梯间，并采取防烟措施。

案例 3

某6层办公建筑，楼梯间在首层未直通室外，采用扩大封闭楼梯间，未采用乙级防火门等与其他走道和房间分隔。

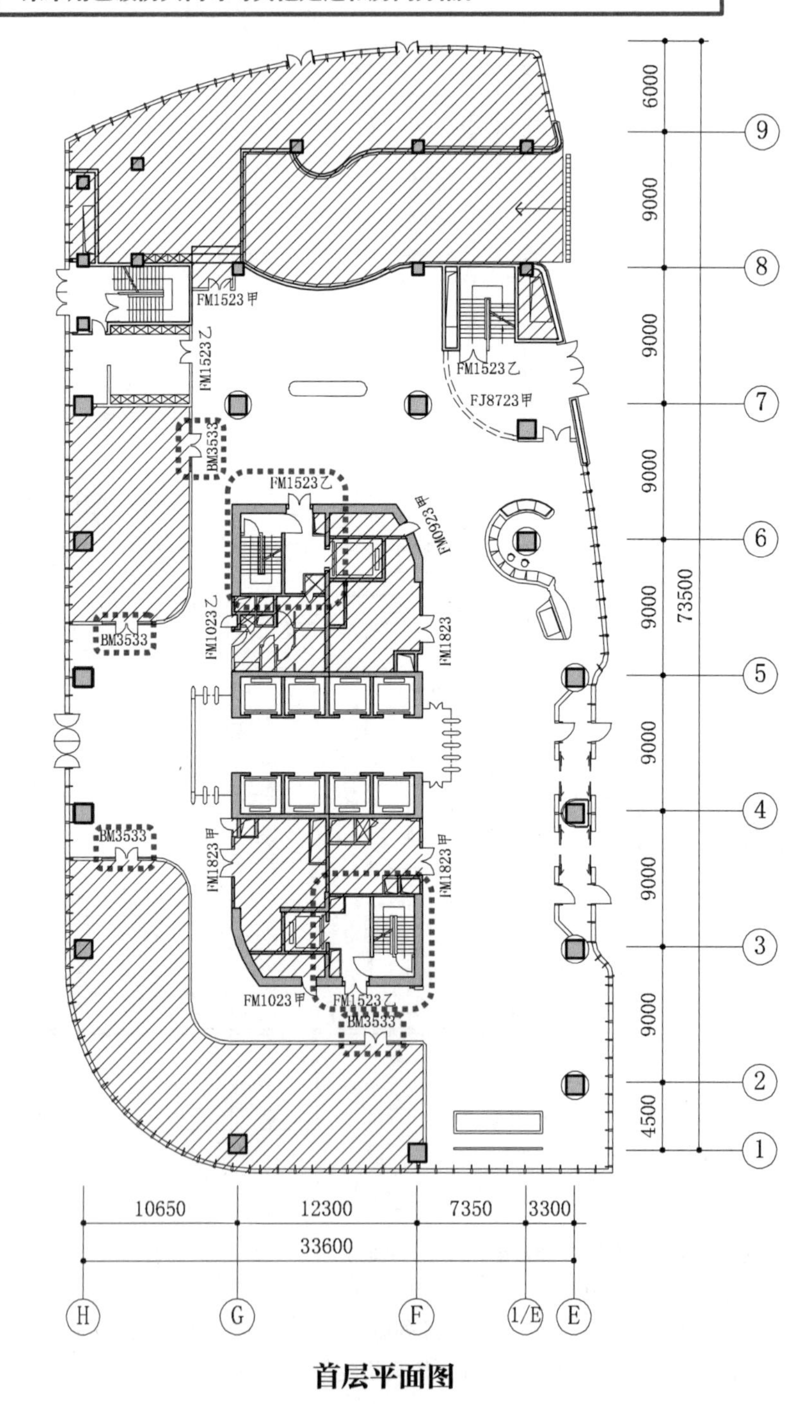

首层平面图

【解析】

楼梯间应在首层直通室外，确有困难时，可在首层采用扩大的封闭楼梯间或防烟楼梯间前室，并采用乙级防火门等与其他走道和房间分隔。

案例 4

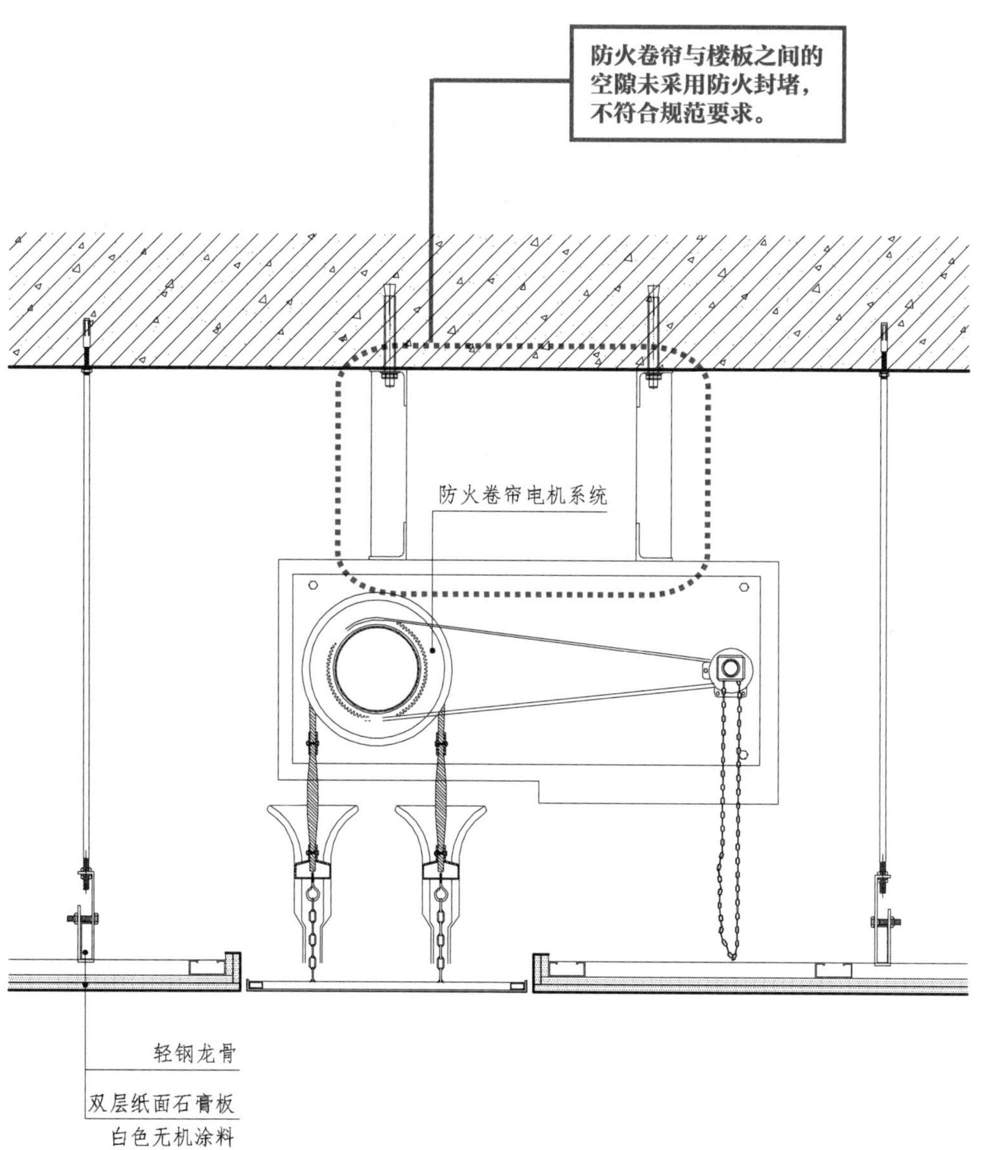

防火卷帘安装详图

【解析】

《建筑设计防火规范》GB 50016—2014（2018 年版）

6.5.3 防火分隔部位设置防火卷帘时，应符合下列规定：

4 防火卷帘应具有防烟性能，与楼板、梁、墙、柱之间的空隙应采用防火封堵材料封堵。

1.3 《建筑内部装修设计防火规范》

1.3.1 装修材料的分类和分级

案例

某办公楼帘盒采用木基层板，燃烧性能等级不符合规范要求。

18mm厚阻燃板

U型轻钢龙骨CB50×20

石膏板表面白色无机涂料

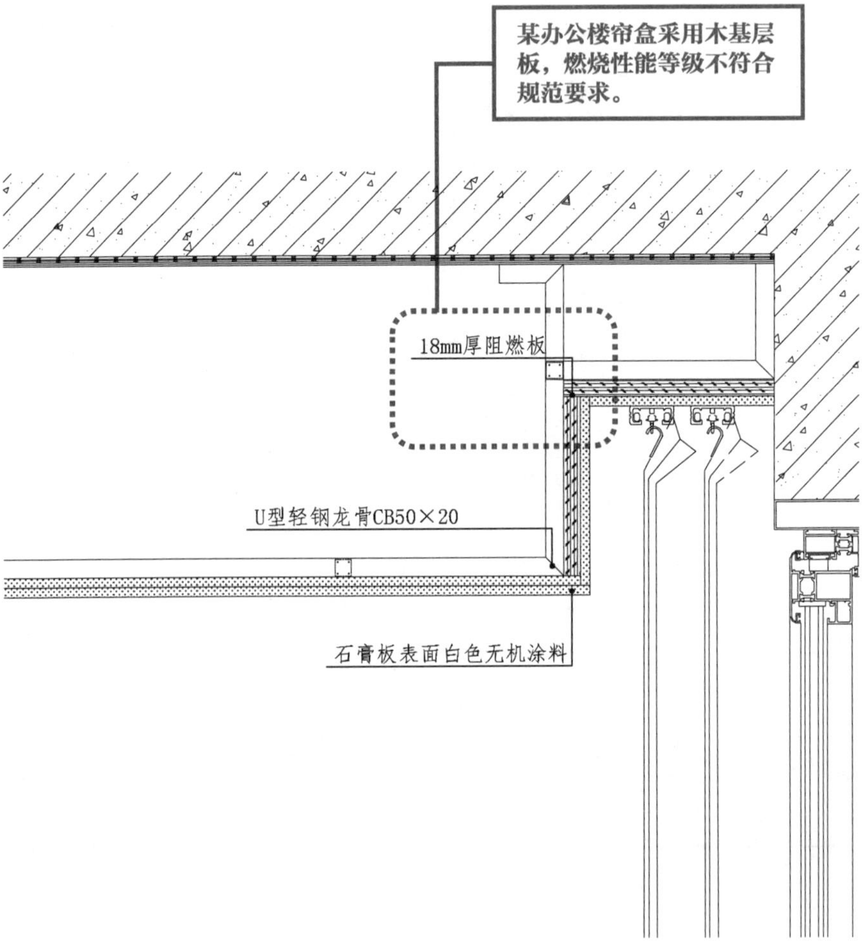

窗帘盒详图

【解析】

《建筑内部装修设计防火规范》GB 50222—2017

3.0.4 安装在金属龙骨上燃烧性能达到 B_1 级的纸面石膏板、矿棉吸声板，可作为 A 级装修材料使用。

1.3.2 特别场所

案例 1

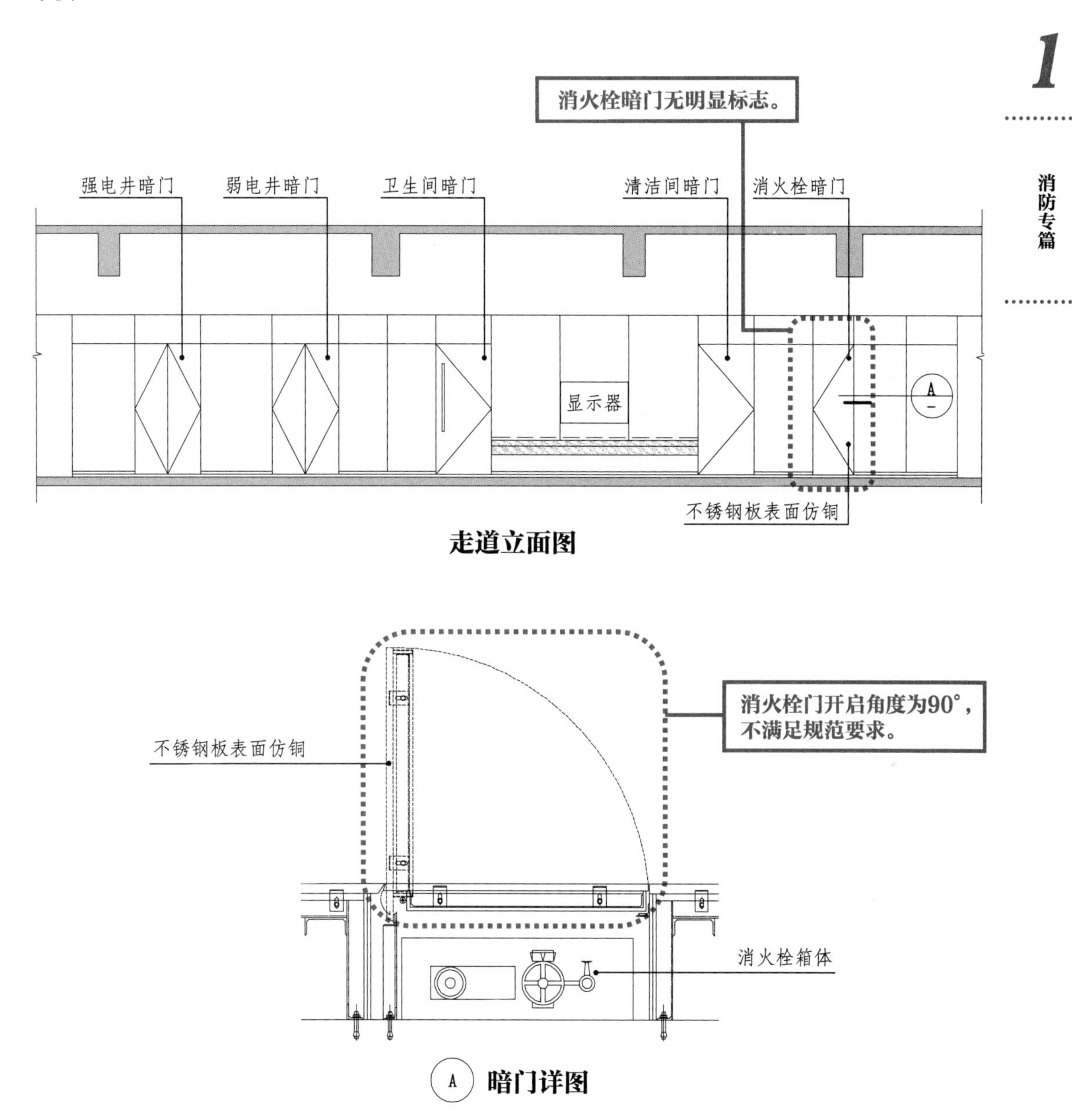

【解析】

建筑内部消火栓箱门不应被装饰物遮掩，消火栓箱门四周的装修材料颜色应与消火栓箱门的颜色有明显区别或在消火栓箱门表面设置发光标志。

《消火栓箱》GB/T 14561—2019

5.5.3 箱门的开启角度不应小于 160°。

案例 2

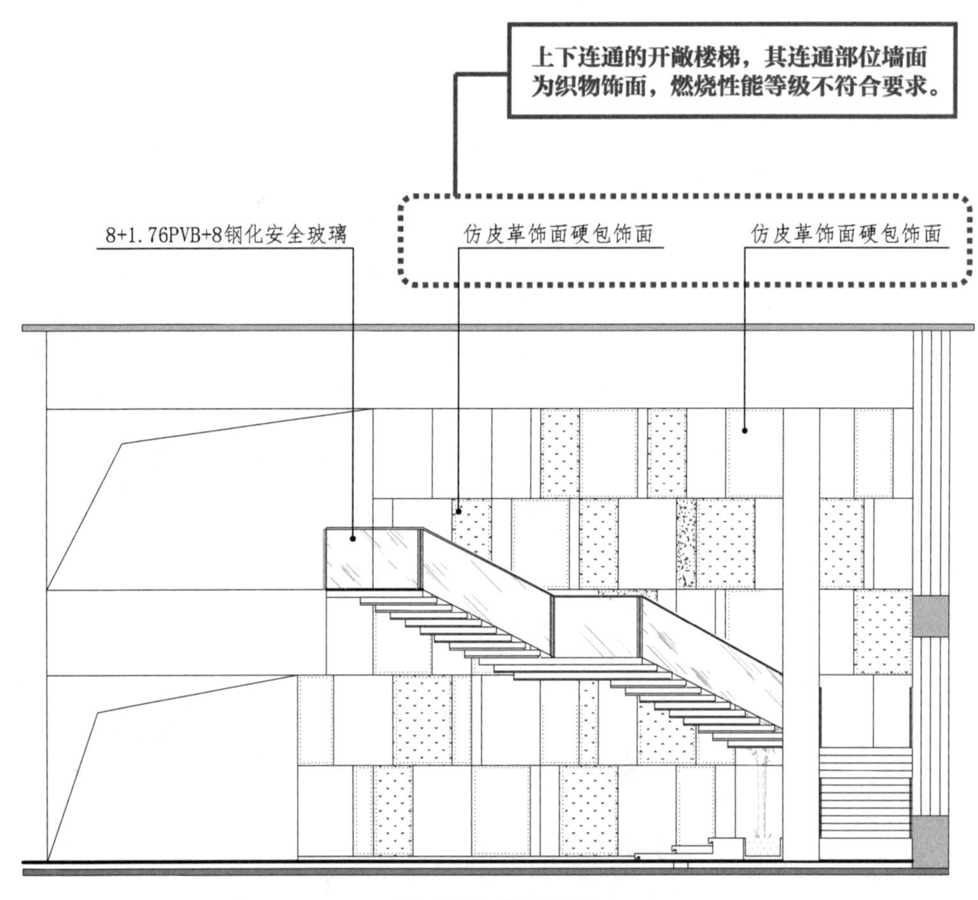

共享门厅立面图

【解析】

建筑物内设有上下层相连通的开敞楼梯时，其连通部位的墙面应采用 A 级装修材料。

案例 3

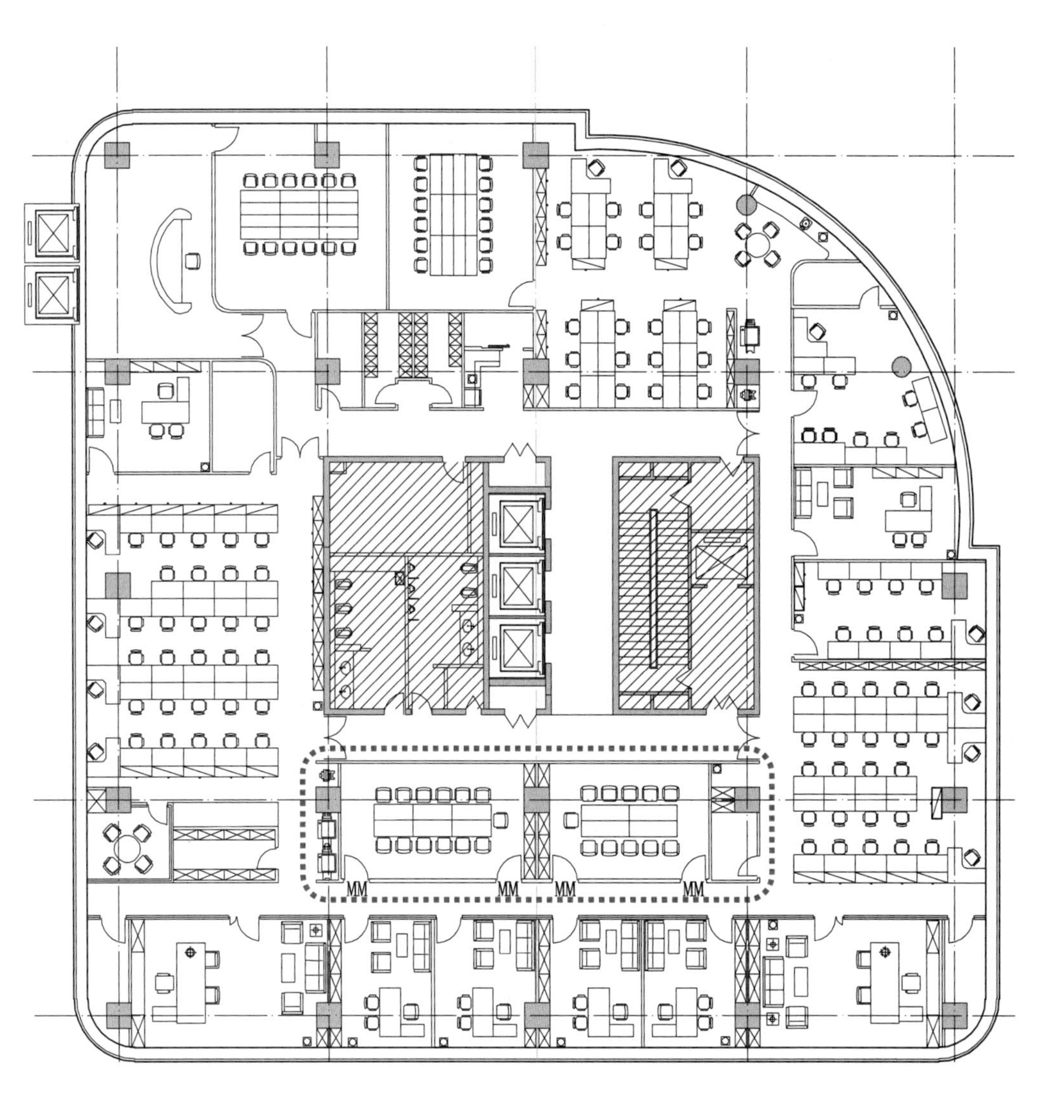

平面布置图

平面图例：

图 例	名 称
═══	轻钢龙骨石膏板隔墙
MM	普通木门

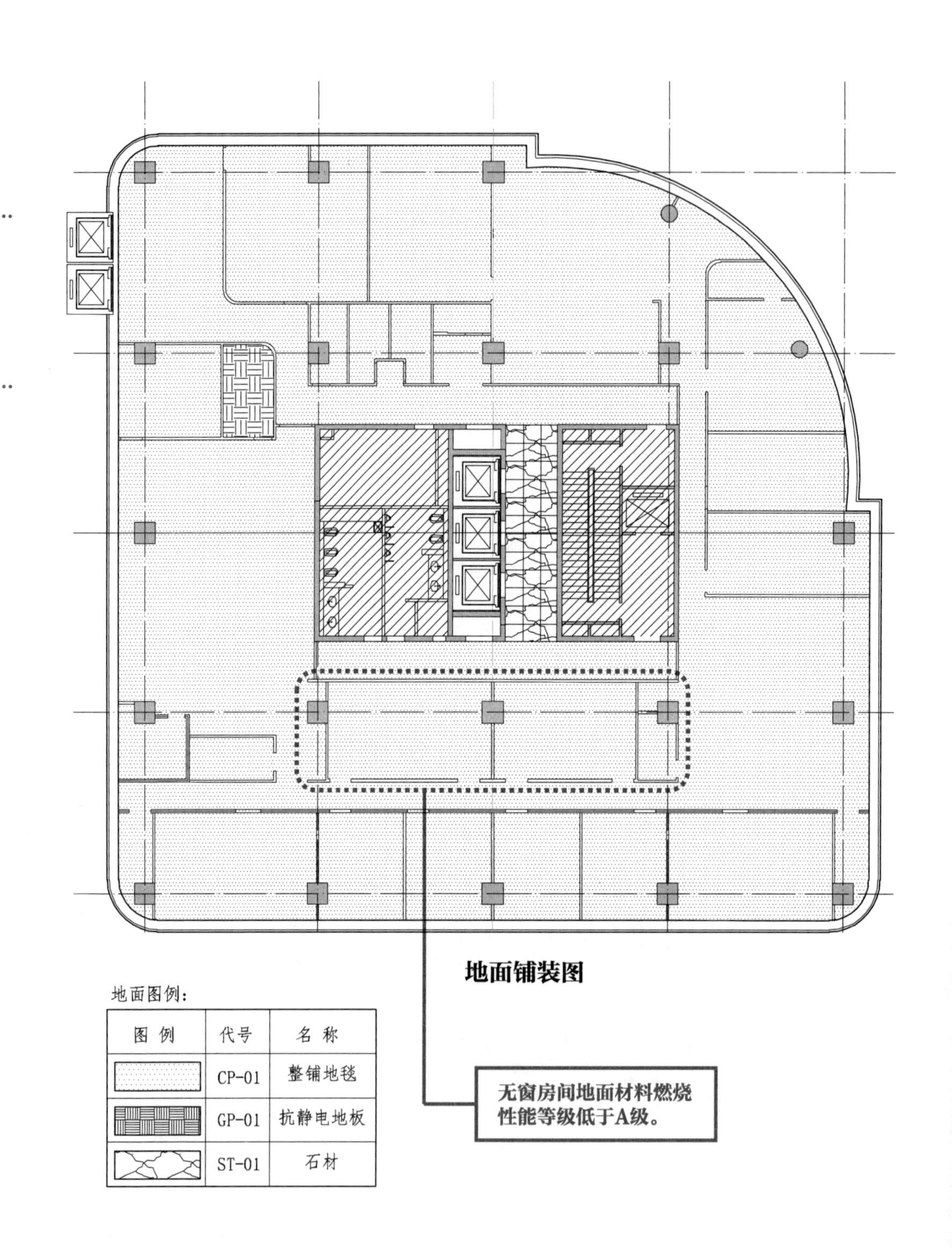

【解析】

本案例为高层民用办公建筑，地面材料燃烧性能等级为 B_1 级，无窗房间地面材料的燃烧性能等级应提高一级，不应低于 A 级。

案例4

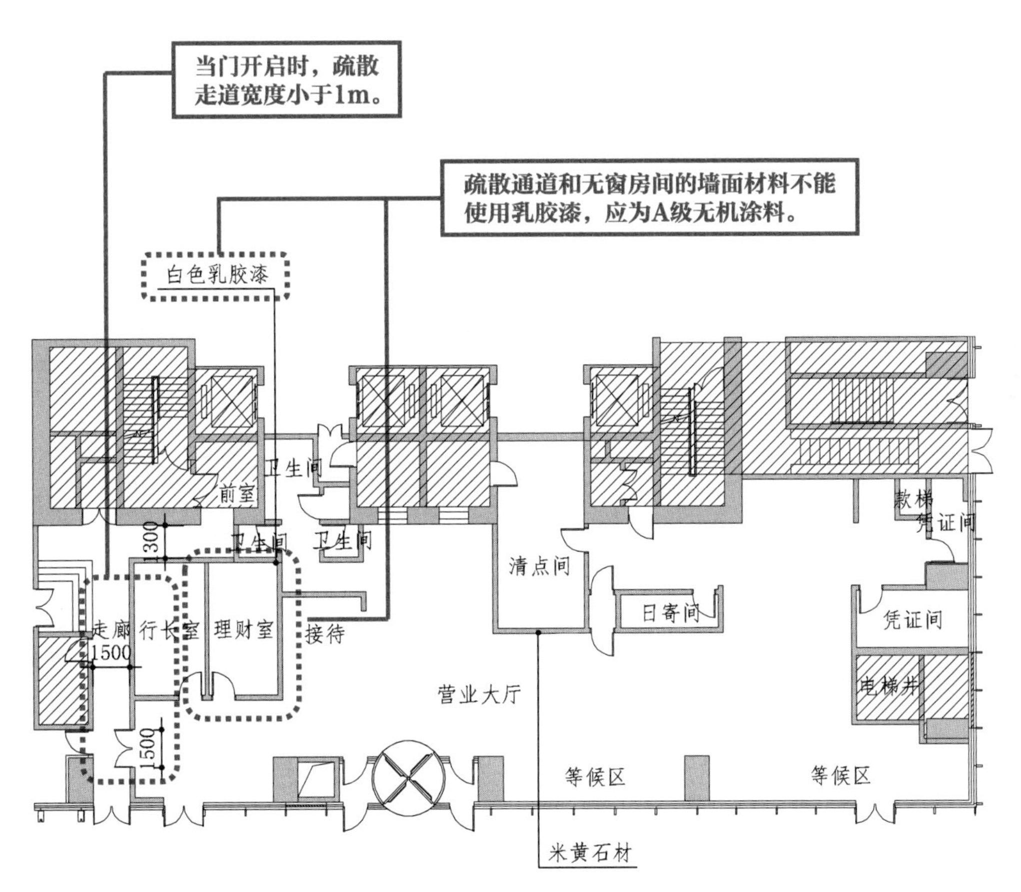

某银行一层平面图

【解析】

无窗房间内部墙面装修材料的燃烧性能等级应为A级。

公共建筑内疏散门和安全出口的净宽度不应小于0.90m，疏散走道和疏散楼梯的净宽度不应小于1.10m。

1.3.3 民用建筑

案例 1

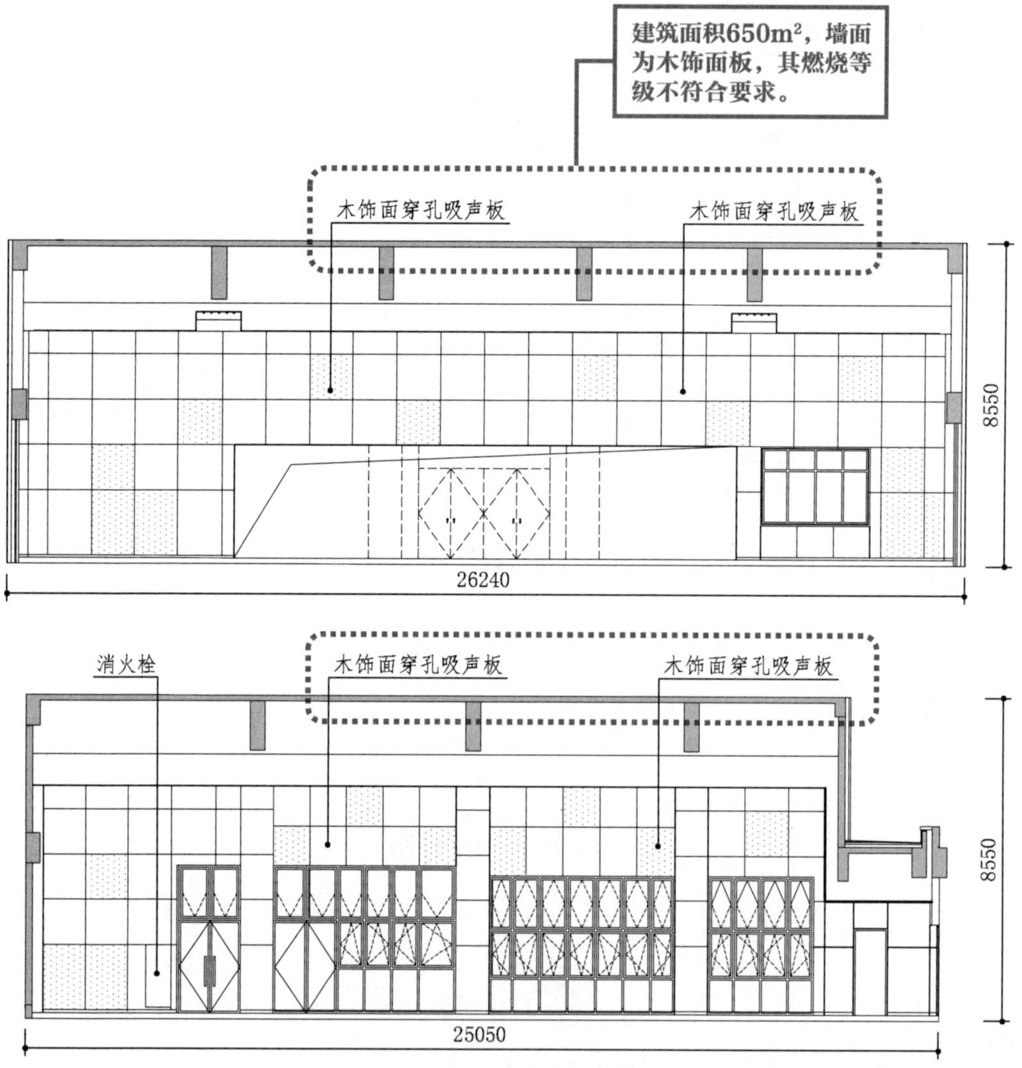

建筑面积650m²，墙面为木饰面板，其燃烧等级不符合要求。

木饰面穿孔吸声板

木饰面穿孔吸声板

8550

26240

消火栓

木饰面穿孔吸声板

木饰面穿孔吸声板

8550

25050

某 650m² 报告厅立面图

【解析】

单层、多层民用建筑的报告厅，当其面积超过 400m² 时，墙面装修材料的燃烧性能等级应为 A 级。

案例 2

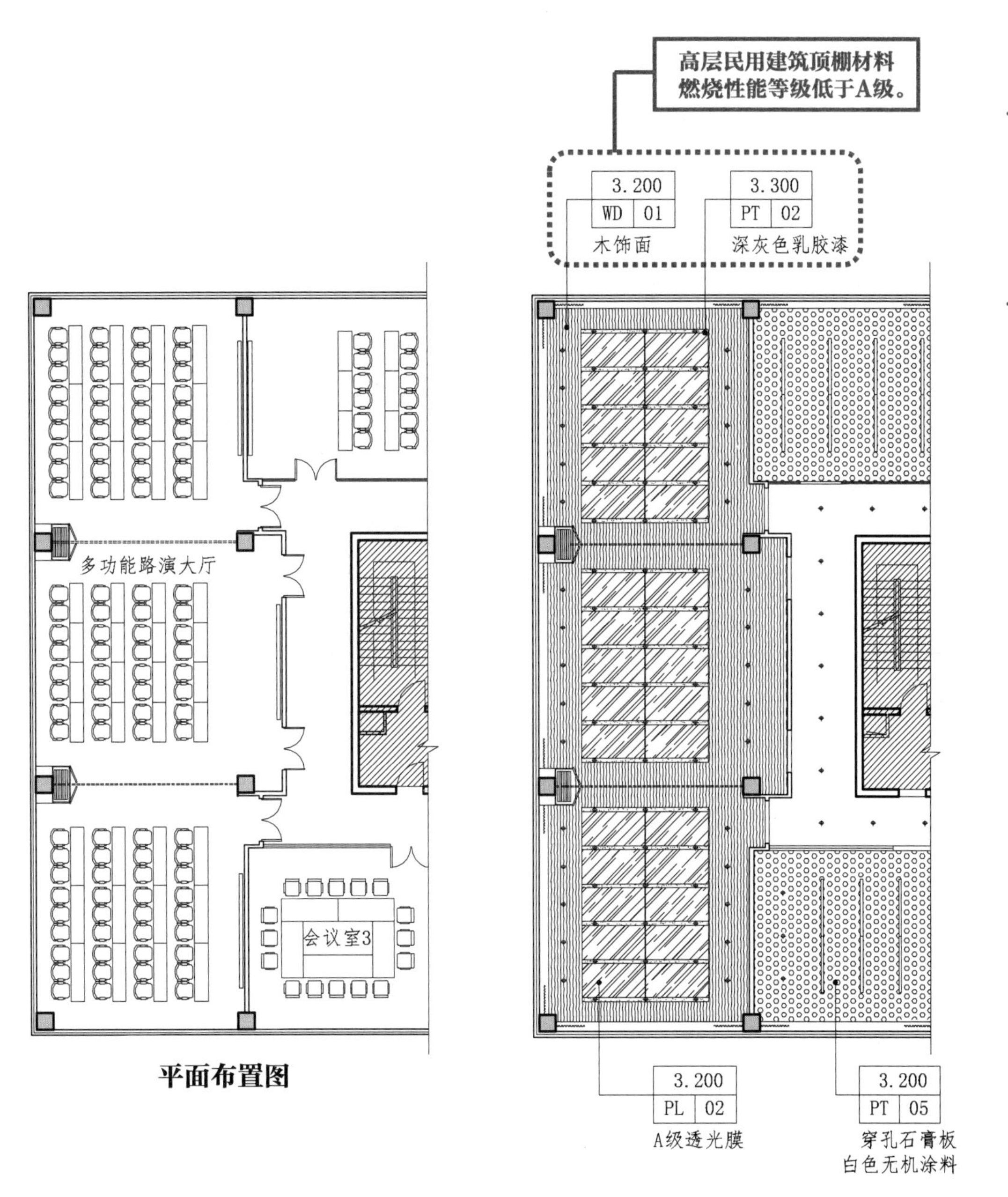

平面布置图　　综合顶平面图

【解析】

案例为某高层民用建筑多功能厅，吊顶装修应选用 A 级材料。

案例 3

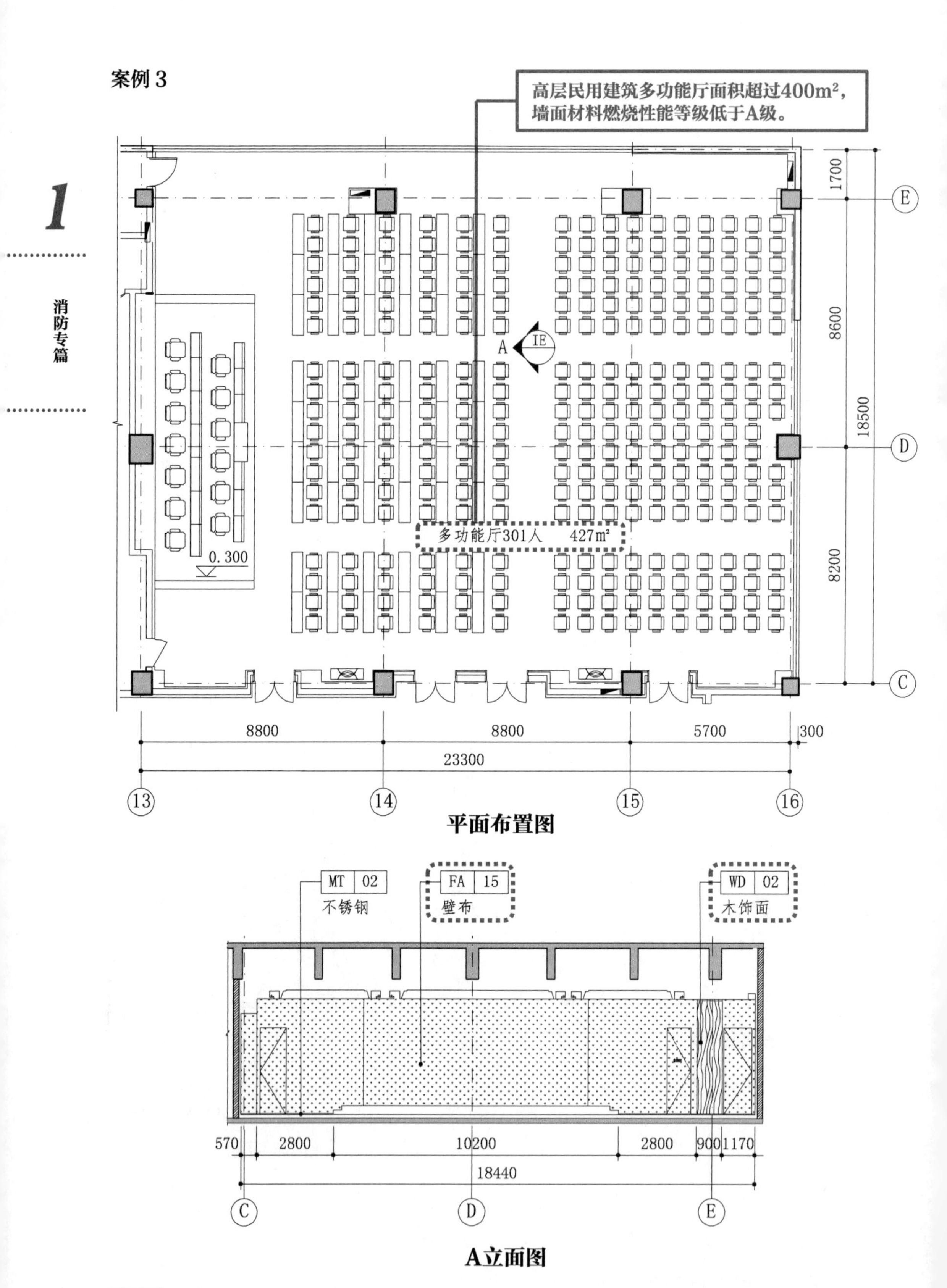

1

消防专篇

【解析】

高层民用建筑多功能厅，面积超过 400m²，墙面装修材料的燃烧性能等级不应低于 A 级。

案例 4

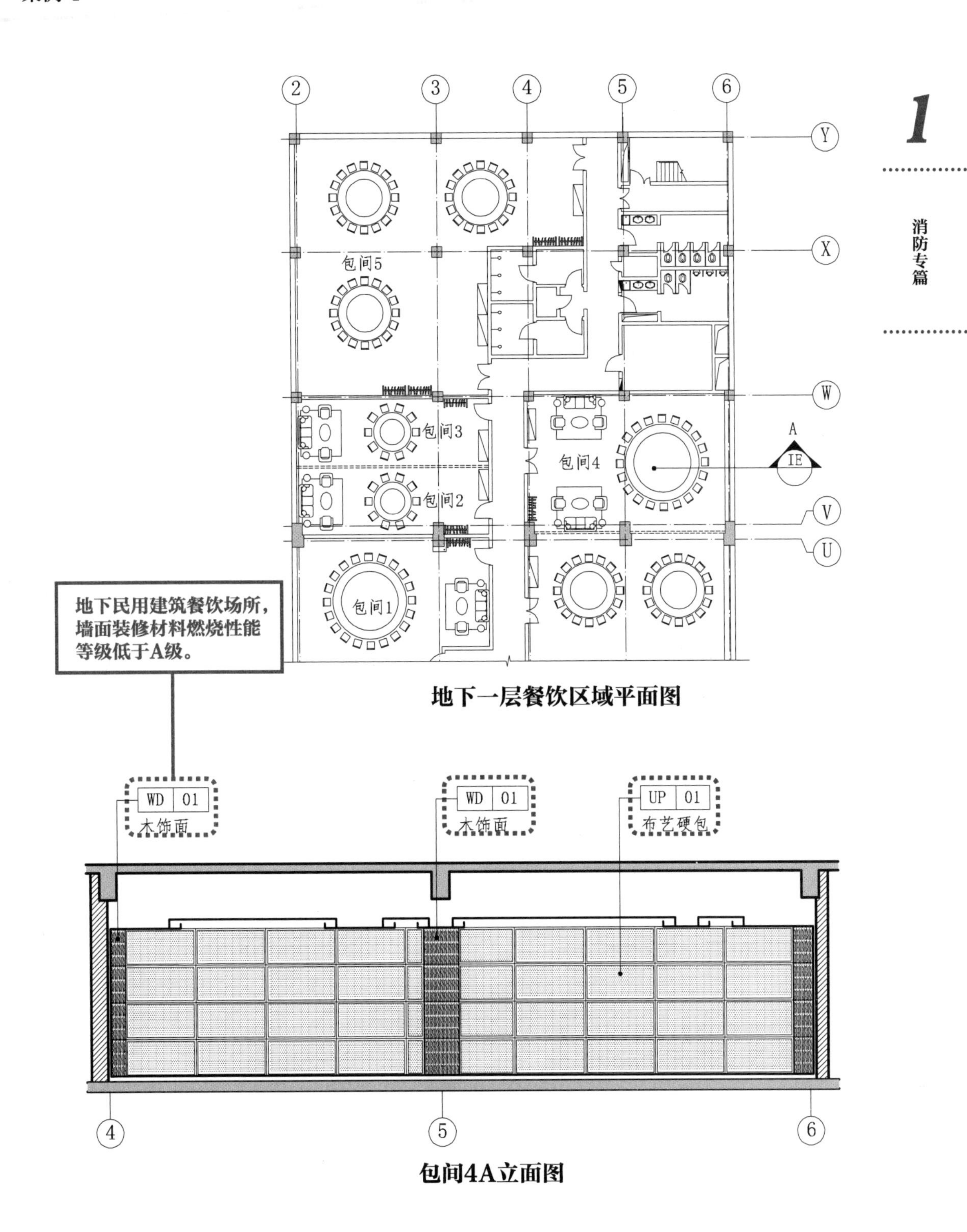

地下一层餐饮区域平面图

包间4A立面图

【解析】

地下民用建筑餐饮场所墙面装修材料的燃烧性能等级应为 A 级。

设计规范法规专篇

2.1 《民用建筑通用规范》

案例 1

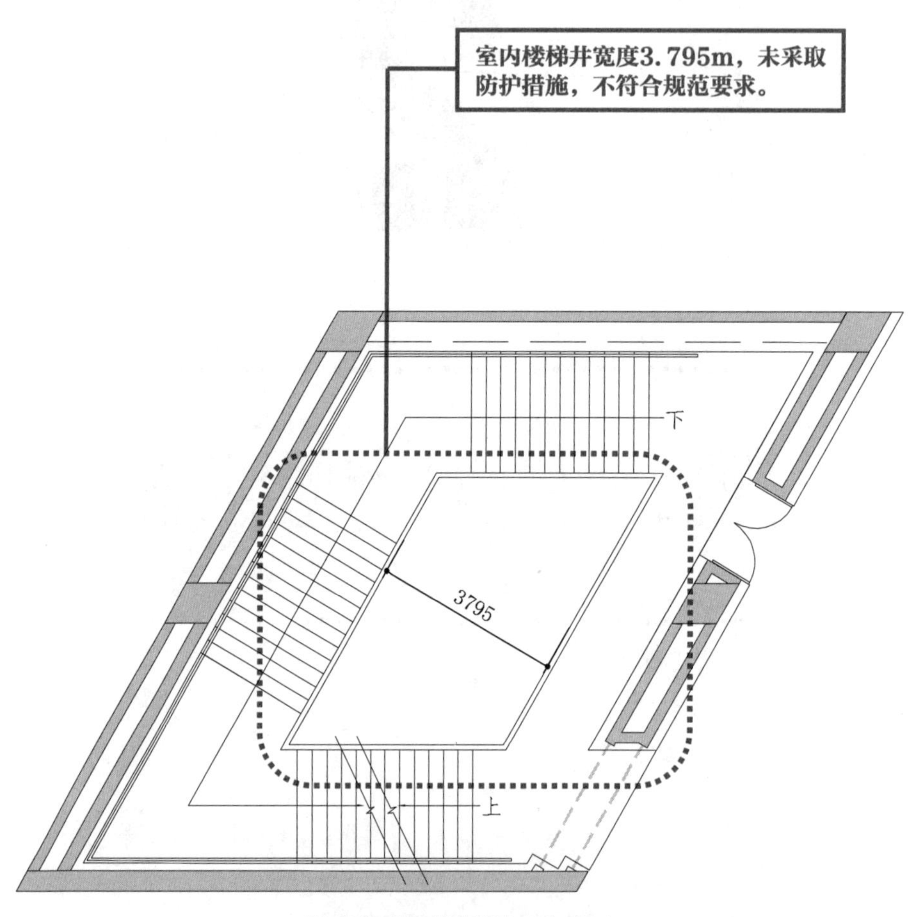

某中学首层楼梯间平面图

【解析】

《民用建筑通用规范》GB 55031—2022

5.3.11 当少年儿童专用活动场所的公共楼梯井净宽大于 0.20m 时，应采取防止少年儿童坠落的措施。

案例 2

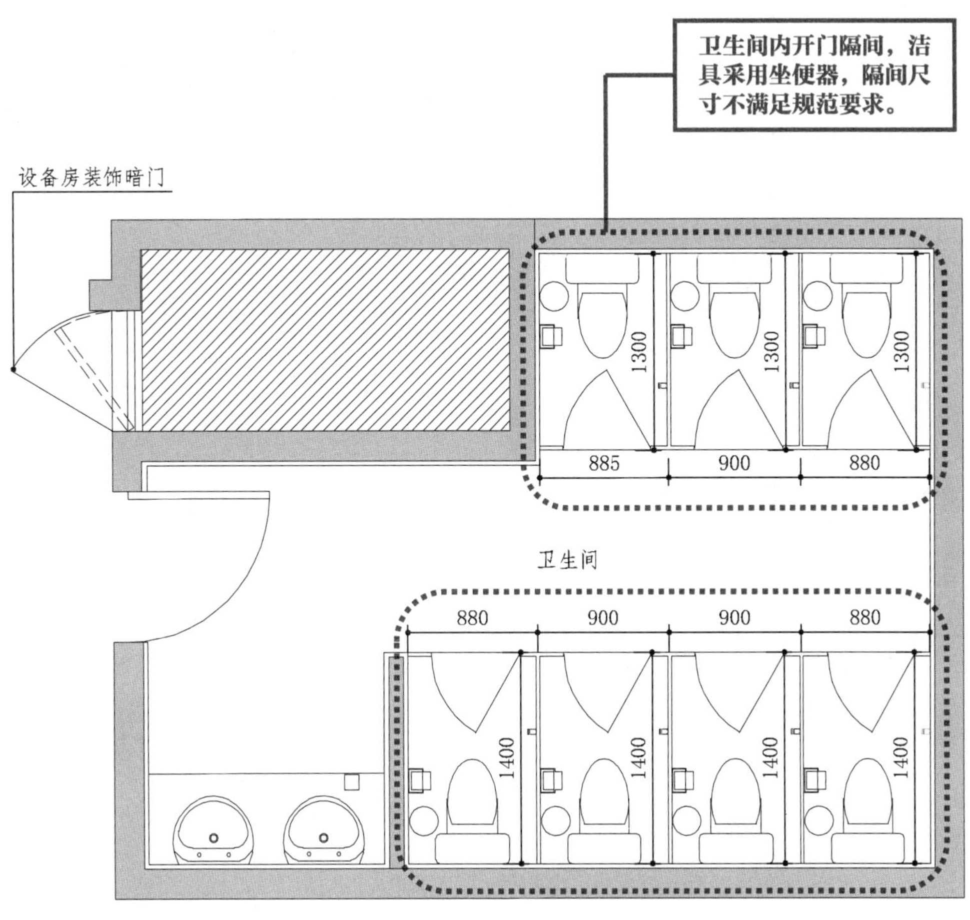

某商场公共女卫生间平面图

【解析】

《民用建筑通用规范》GB 55031—2022

5.6.4 公共厕所（卫生间）隔间的平面净尺寸应根据使用特点合理确定，并不应小于表 5.6.4 的规定值。

表 5.6.4 公共厕所（卫生间）隔间的平面最小净尺寸

类别	平面最小净尺寸（净宽度 m× 净深度 m）
内开门的隔间	0.9×1.50（坐便）、0.9×1.40（蹲便）

案例 3

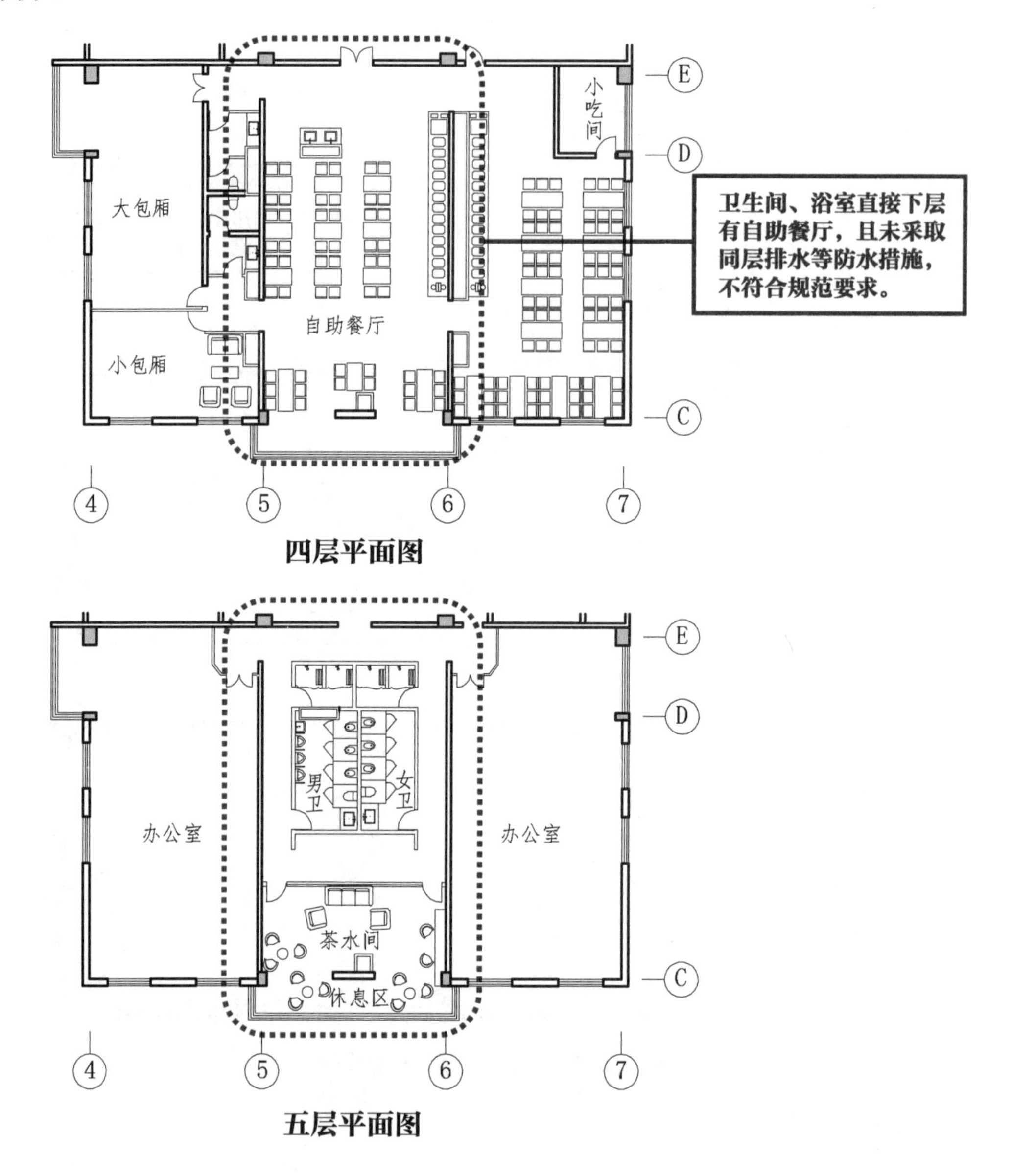

【解析】

《民用建筑通用规范》GB 55031—2022

5.6.2 公共厕所（卫生间）设置应符合下列规定：

2 不应布置在有严格卫生、安全要求房间的直接上层。

《民用建筑设计统一标准》GB 50352—2019

6.6.1 厕所、卫生间、盥洗室和浴室的位置应符合下列规定：

2 在食品加工与贮存、医药及其原材料生产与贮存、生活供水、电气、档案、文物等有严格卫生、安全要求房间的直接上层，不应布置厕所、卫生间、盥洗室、浴室等有水房间；在餐厅、医疗用房等有较高卫生要求用房的直接上层，应避免布置厕所、卫生间、盥洗室、浴室等有水房间，否则应采取同层排水和严格的防水措施。

案例 4

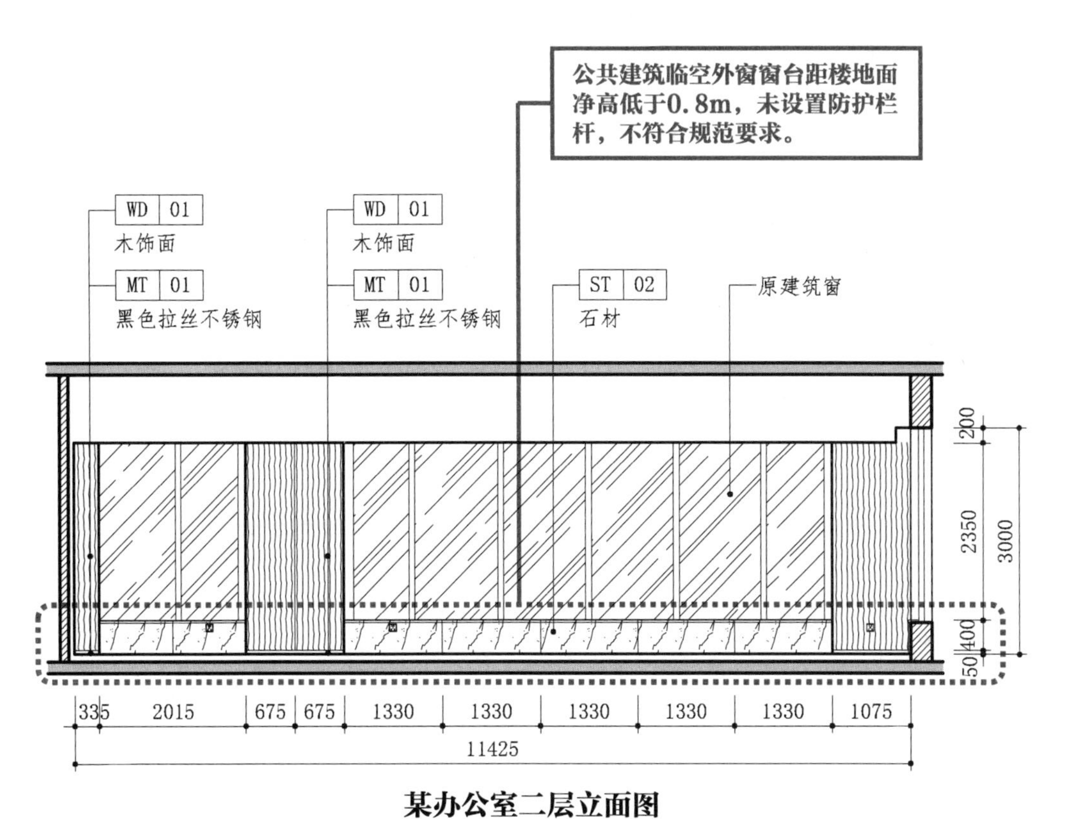

某办公室二层立面图

【解析】

《民用建筑通用规范》GB 55031—2022

6.5.6 民用建筑（除住宅外）临空窗的窗台距楼地面的净高低于 0.80m 时应设置防护设施，防护高度由楼地面（或可踏面）起计算不应小于 0.80m。

案例 5

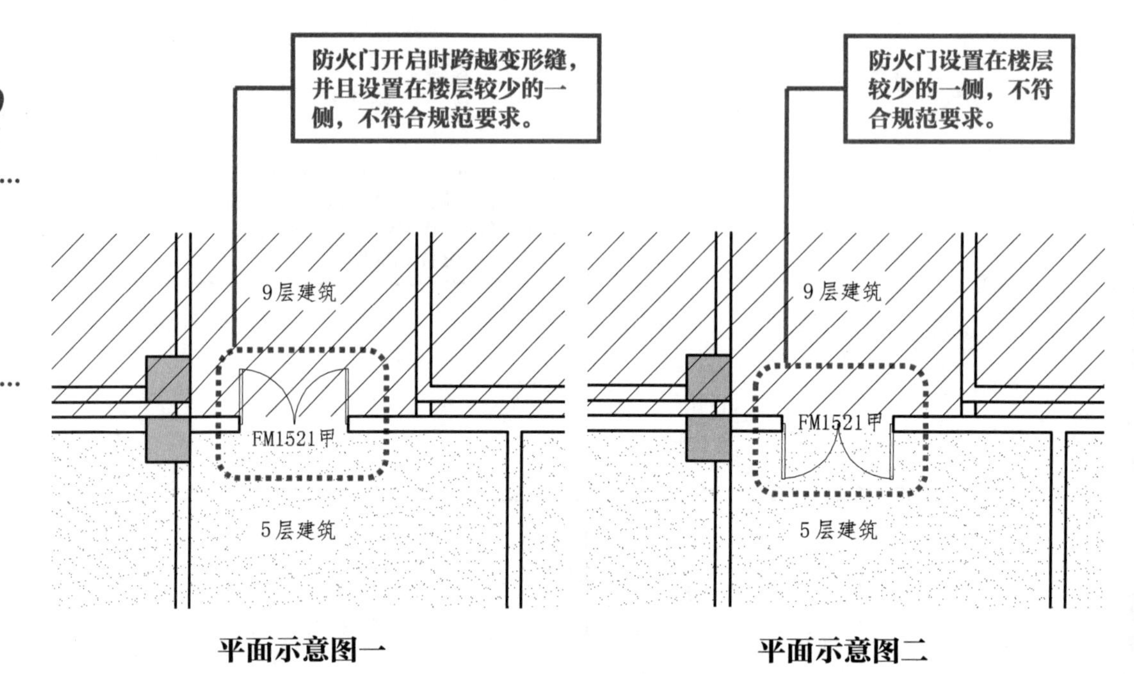

平面示意图一　　平面示意图二

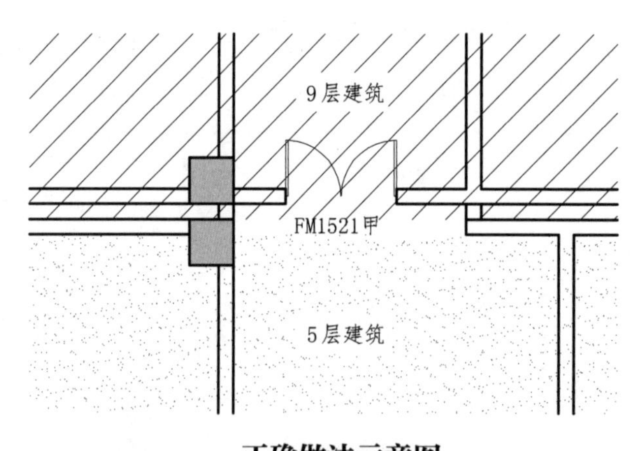

正确做法示意图

【解析】

《民用建筑通用规范》GB 55031—2022

6.8.5 门不应跨越变形缝设置。

《建筑设计防火规范》GB 50016—2014（2018 年版）

6.5.1 防火门的设置应符合下列规定：

5 设置在建筑变形缝附近时，防火门应设置在楼层较多的一侧，并应保证防火门开启时门扇不跨越变形缝。

2.2 《民用建筑设计统一标准》

案例 1

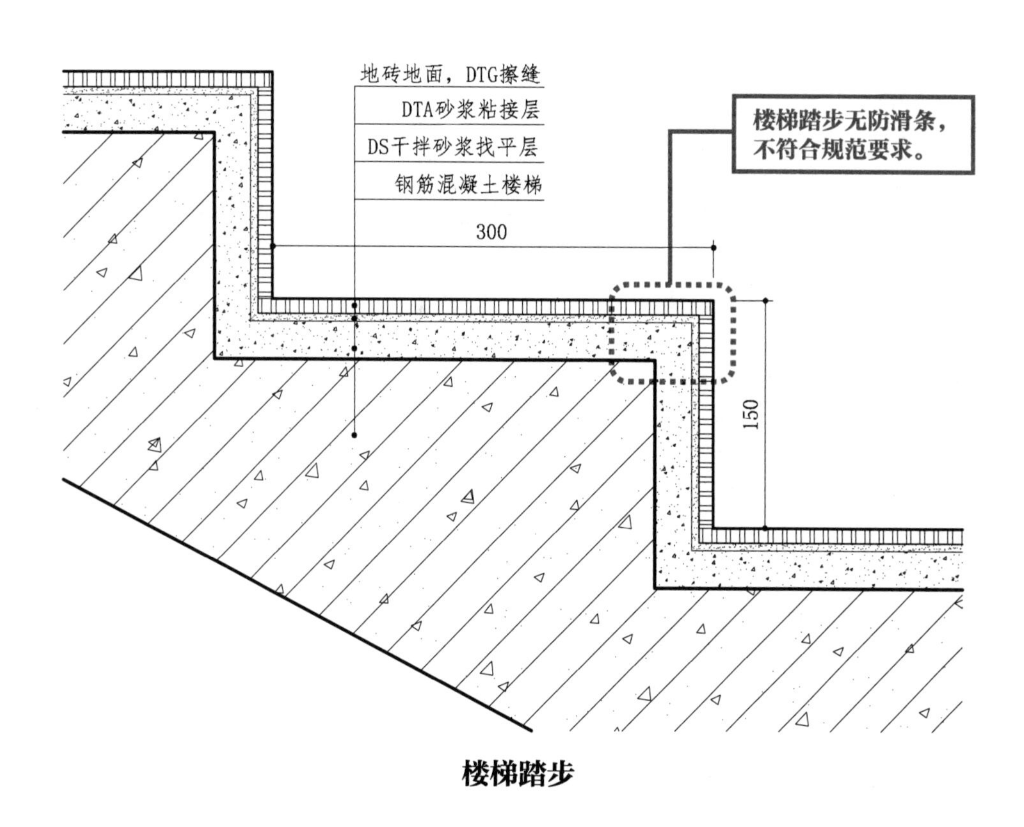

楼梯踏步

【解析】

《民用建筑设计统一标准》GB 50352—2019

6.8.13 踏步应采取防滑措施。

案例 2

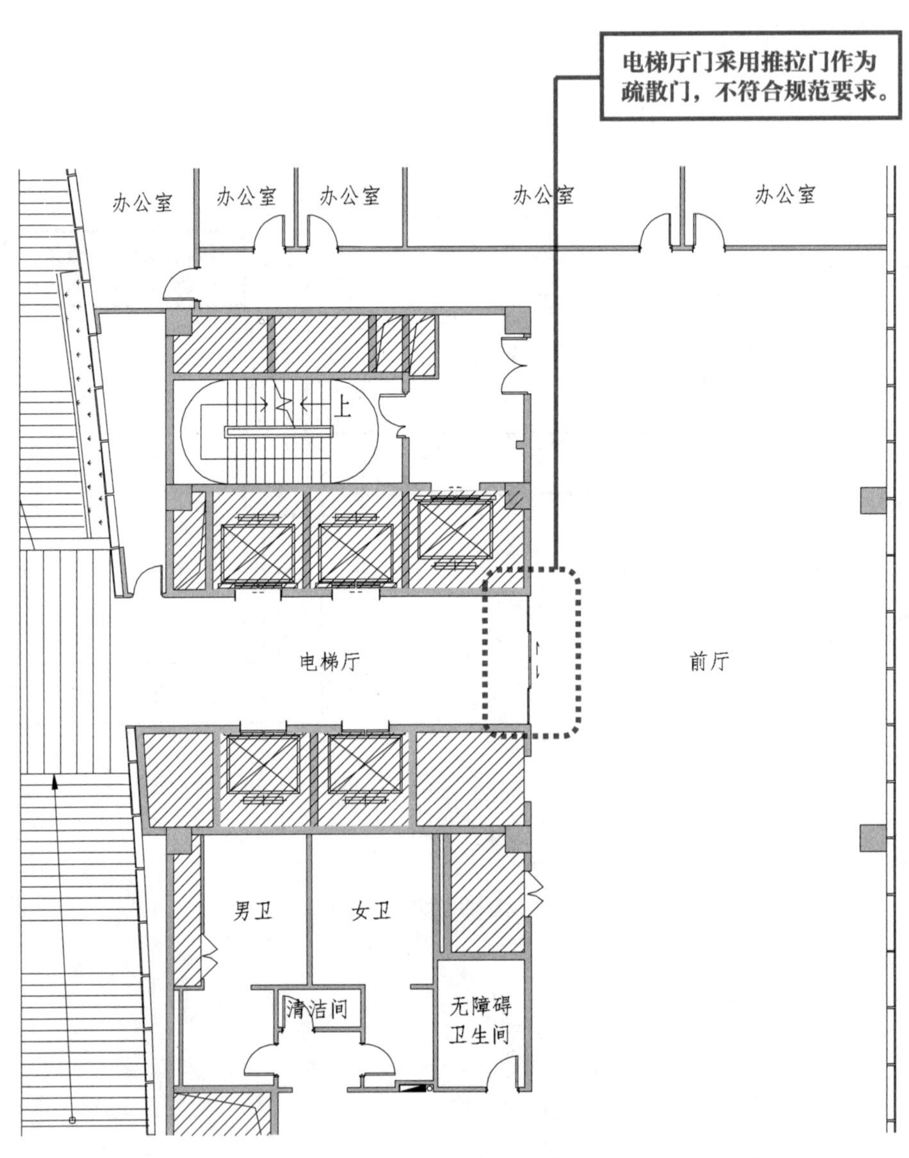

某办公楼二层平面图

【解析】

《民用建筑设计统一标准》GB 50352—2019

6.11.9 门的设置应符合下列规定：

4 推拉门、旋转门、电动门、卷帘门、吊门、折叠门不应作为疏散门。

案例 3

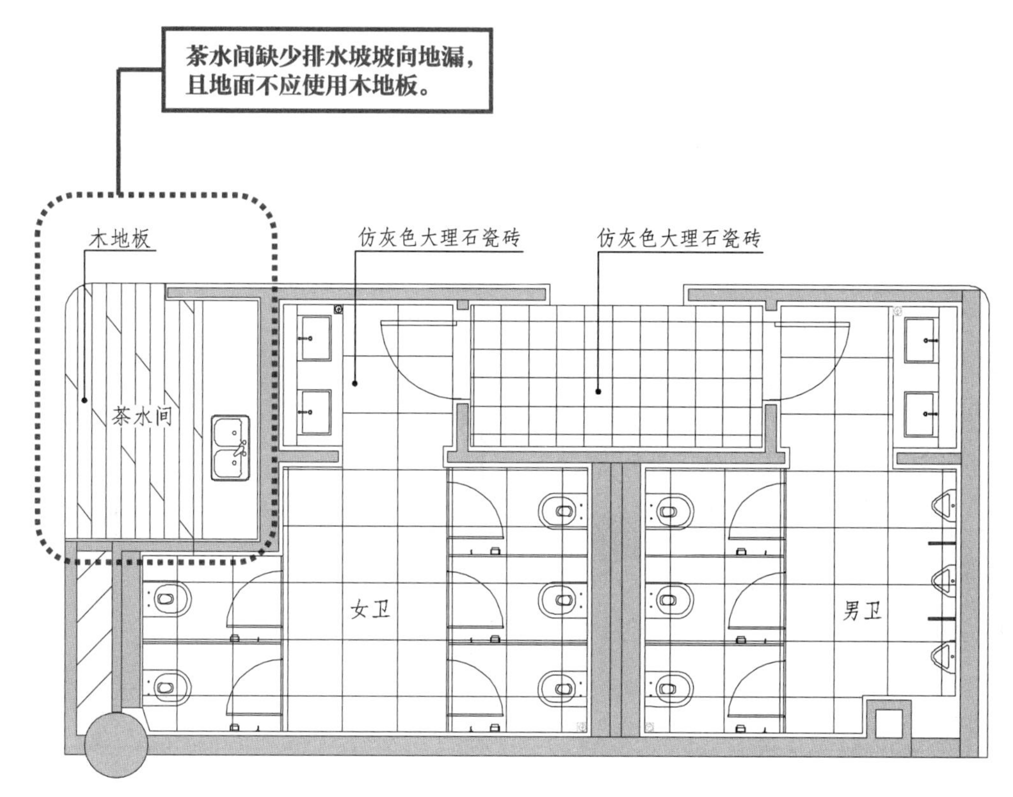

某办公楼核心筒卫生间地面铺装图

【解析】

《民用建筑设计统一标准》GB 50352—2019

6.13.3 厕所、浴室、盥洗室等受水或非腐蚀性液体经常浸湿的楼地面应采取防水、防滑的构造措施，并设排水坡坡向地漏。有防水要求的楼地面应低于相邻楼地面 15.0mm。经常有水流淌的楼地面应设置防水层，宜设门槛等挡水设施，且应有排水措施，其楼地面应采用不吸水、易冲洗、防滑的面层材料，并应设置防水隔离层。

2.3 《建筑与市政工程无障碍通用规范》

2.3.1 无障碍通行设施

案例 1

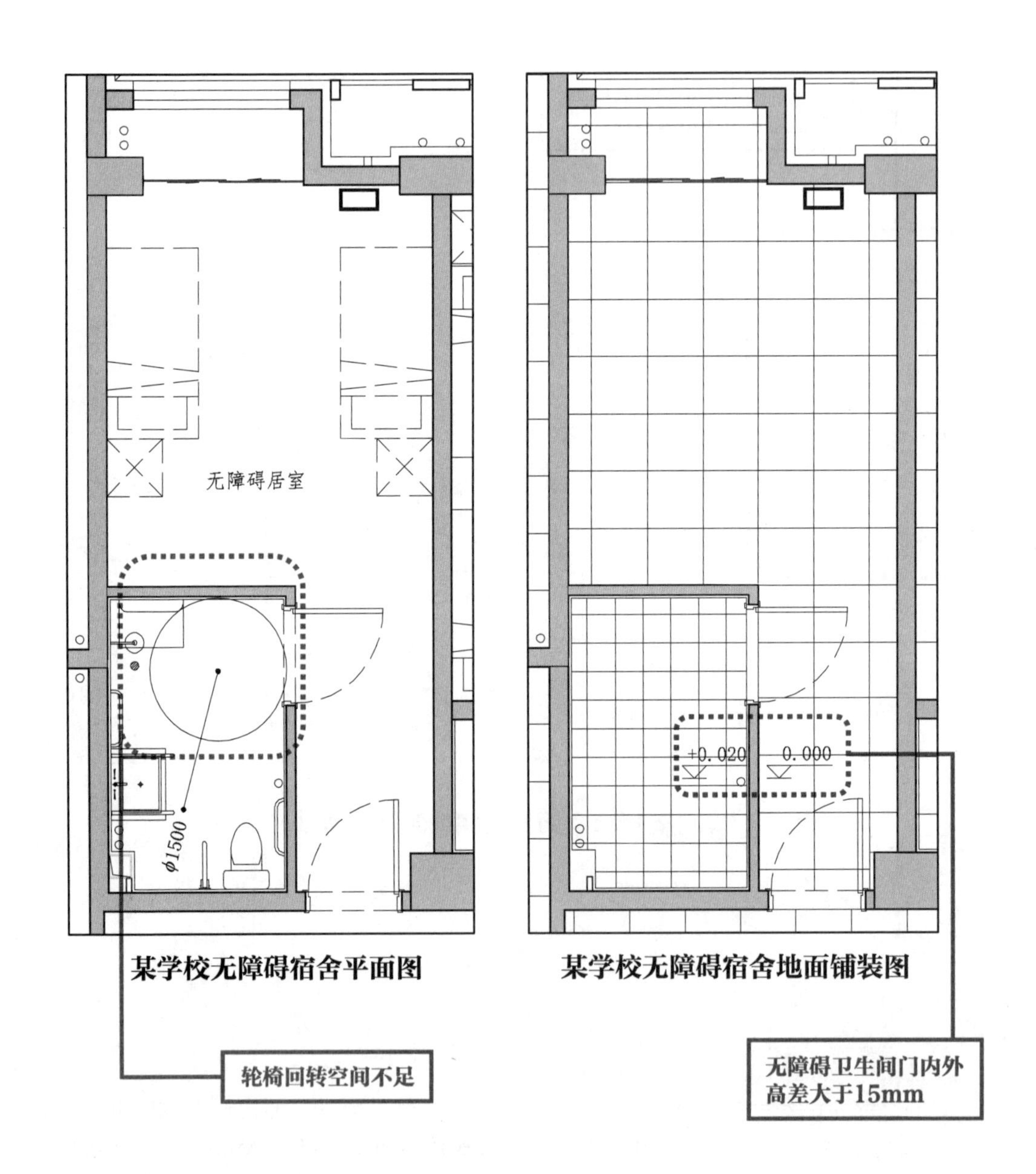

【解析】

《建筑与市政工程无障碍通用规范》GB 55019—2021

2.5.3 满足无障碍要求的门不应设挡块和门槛，门口有高差时，高度不应大于 15mm，并应以斜面过渡，斜面的纵向坡度不应大于 1∶10。

3.4.4 无障碍客房和无障碍住房、居室内应设置无障碍卫生间，并符合下列规定：

1 应保证轮椅进出，内部应设轮椅回转空间。

案例 2

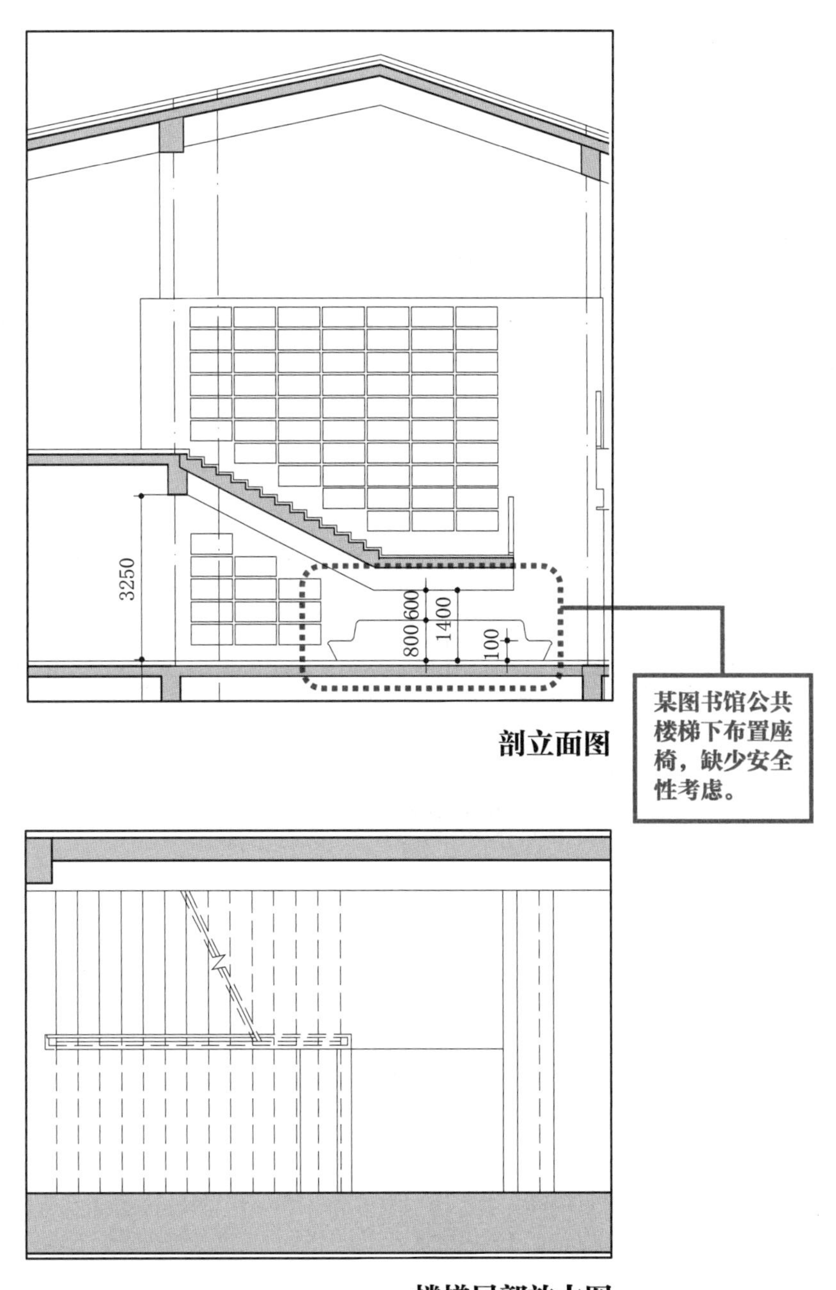

剖立面图

楼梯局部放大图

【解析】

《建筑与市政工程无障碍通用规范》GB 55019—2021

2.2.5 自动扶梯、楼梯的下部和其他室内外低矮空间可以进入时，应在净高不大于 2.0m 处采取安全阻挡措施。

2.3.2 无障碍服务设施

案例 1

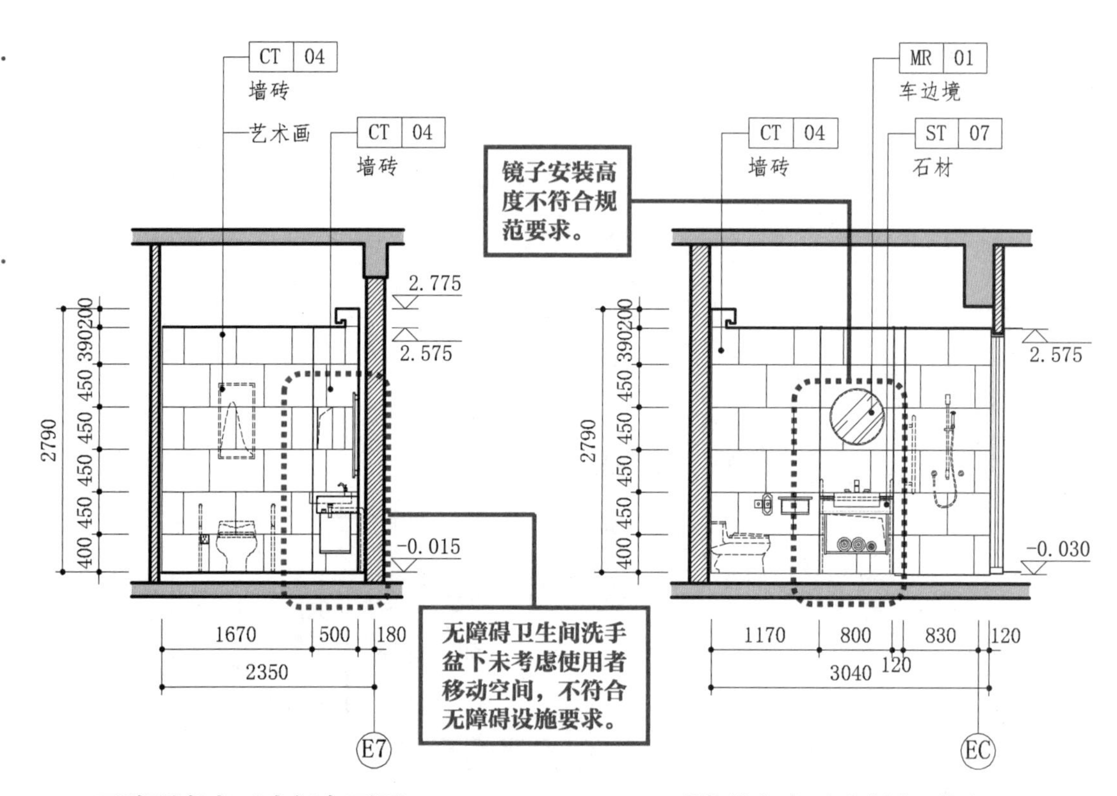

无障碍客房卫生间立面图一　　无障碍客房卫生间立面图二

【解析】

《建筑与市政工程无障碍通用规范》GB 55019—2021

3.1.10 无障碍洗手盆应符合下列规定：

1 台面距地面高度不应大于800mm，水嘴中心距侧墙不应小于550mm，其下部应留出不小于宽750mm、高650mm、距地面高度250mm范围内进深不小于450mm、其他部分进深不小于250mm的容膝容脚空间；

2 应在洗手盆上方安装镜子，镜子反光面的底端距地面的高度不应大于1.00m。

《无障碍设计规范》GB 50763—2012

3.9.4 厕所里的其他无障碍设施应符合下列规定：

2 无障碍洗手盆的水嘴中心距侧墙应大于550mm，其底部应留出宽750mm、高650mm、深450mm供乘轮椅者膝部和足尖部的移动空间，并在洗手盆上方安装镜子，出水龙头宜采用杠杆式水龙头或感应式自动出水方式。

案例 2

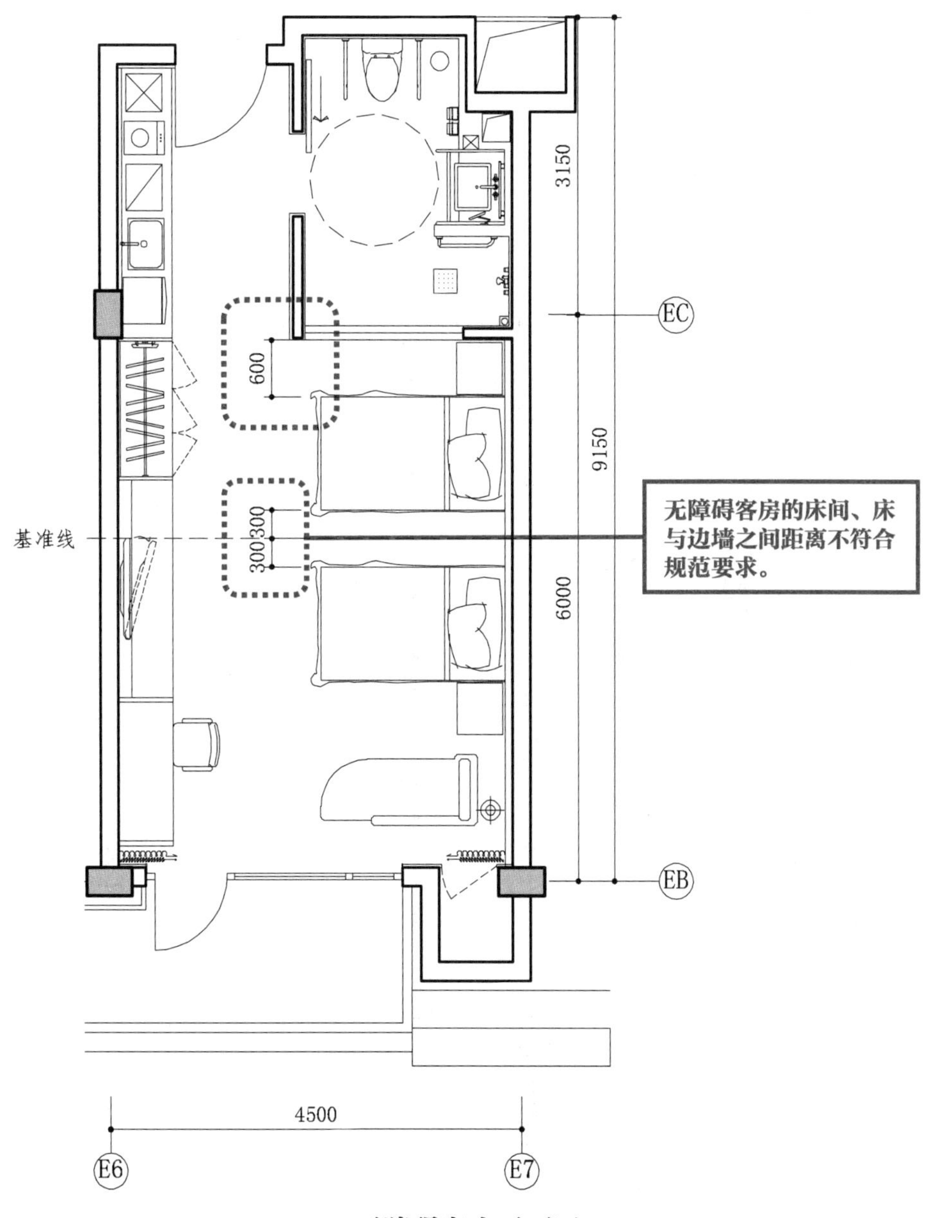

无障碍客房平面图

【解析】

《建筑与市政工程无障碍通用规范》GB 55019—2021

3.4.6 乘轮椅者上下床用的床侧通道宽度不应小于 1.20m。

《无障碍设计规范》GB 50763—2012

3.11.5 无障碍客房的其他规定：

1 床间距离不应小于 1.20m。

2.4 《无障碍设计规范》中公共建筑的相关规定

案例

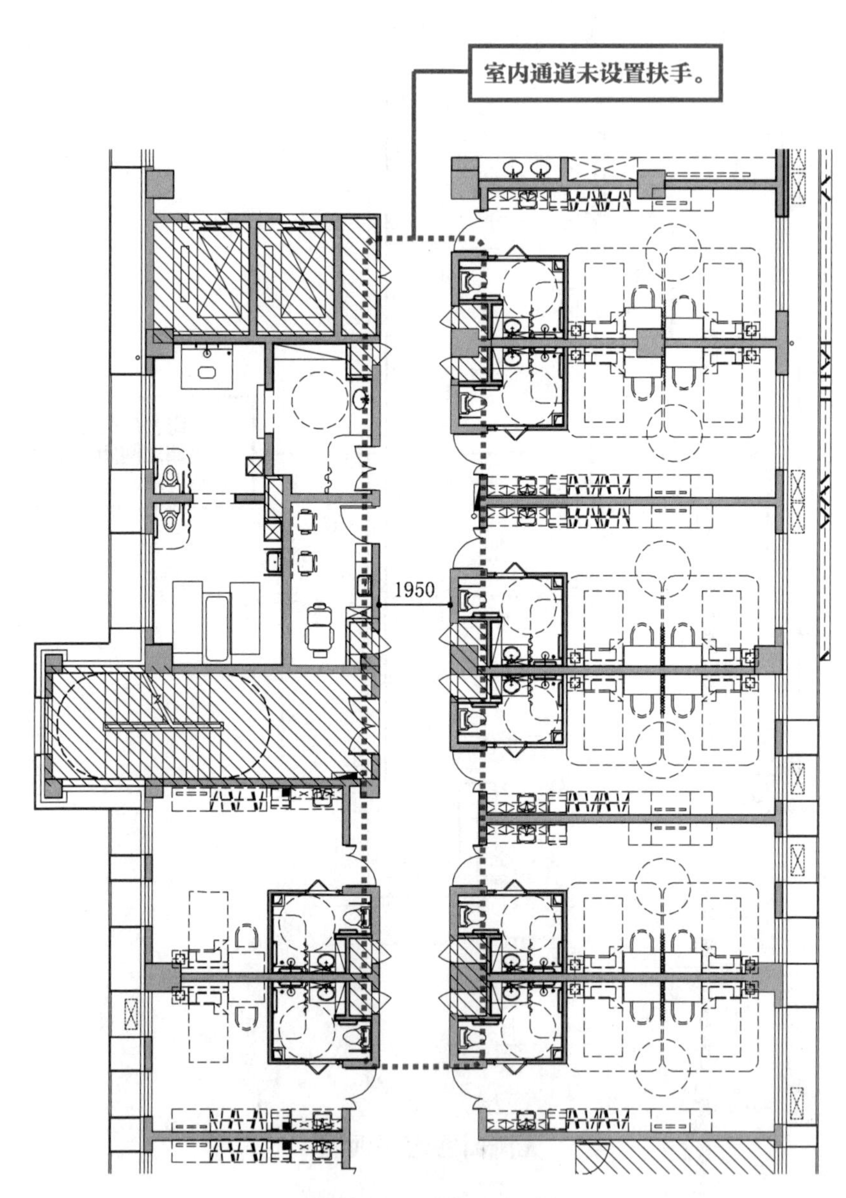

某康复中心楼层平面图

【解析】

《无障碍设计规范》GB 50763—2012

8.4.2 医疗康复建筑中，凡病人、康复人员使用的建筑的无障碍设施应符合下列规定：

4 室内通道应设置无障碍通道，净宽不应小于 1.80m，并按照本规范第 3.8 节的要求设置扶手。

2.5 《建筑环境通用规范》中室内空气质量的相关规定

案例

设计说明与现行《建筑环境通用规范》内容不符。

6　室内环境污染控制

6.1　民用建筑工程根据控制室内环境污染的不同要求，划分为以下两类：

- Ⅰ类民用建筑工程：住宅、医院、老年建筑、幼儿园、学校教室等民用建筑工程；
- Ⅱ类民用建筑工程：办公楼、商店、旅馆、文化娱乐场所、书店、图书馆、展览馆、体育馆、公共交通等候室、餐厅、理发店等民用建筑工程。

6.2　民用建筑工程验收时必须进行室内环境污染物浓度检测，其限量应符合下表的规定：

污染物	一类民用建筑工程	二类民用建筑工程
氡（Bq/m³）	≤200	≤400
甲醛（mg/ m³）	≤0.08	≤0.1
苯（mg/ m³）	≤0.09	≤0.09

某工程设计说明

【解析】

《建筑环境通用规范》GB 55016—2021

5.1.2　工程竣工验收时，室内空气污染物浓度限量应符合表5.1.2的规定。

表5.1.2　室内空气污染物浓度限量

污染物	Ⅰ类民用建筑工程	Ⅱ类民用建筑工程
氡（Bq/m³）	≤150	≤150
甲醛（mg/m³）	≤0.07	≤0.08
氨（mg/m³）	≤0.15	≤0.20
苯（mg/m³）	≤0.06	≤0.09
甲苯（mg/m³）	≤0.15	≤0.20
二甲苯（mg/m³）	≤0.20	≤0.20
TVOC（mg/m³）	≤0.45	≤0.50

注：Ⅰ类民用建筑：住宅、医院、老年人照料房屋设施、幼儿园、学校教室、学生宿舍、军人宿舍等民用建筑；Ⅱ类民用建筑：办公楼、商店、旅馆、文化娱乐场所、书店、图书馆、展览馆、体育馆、公共交通等候室、餐厅、理发店等民用建筑。

2.6 《建筑与市政工程防水通用规范》

2.6.1 材料工程要求

案例

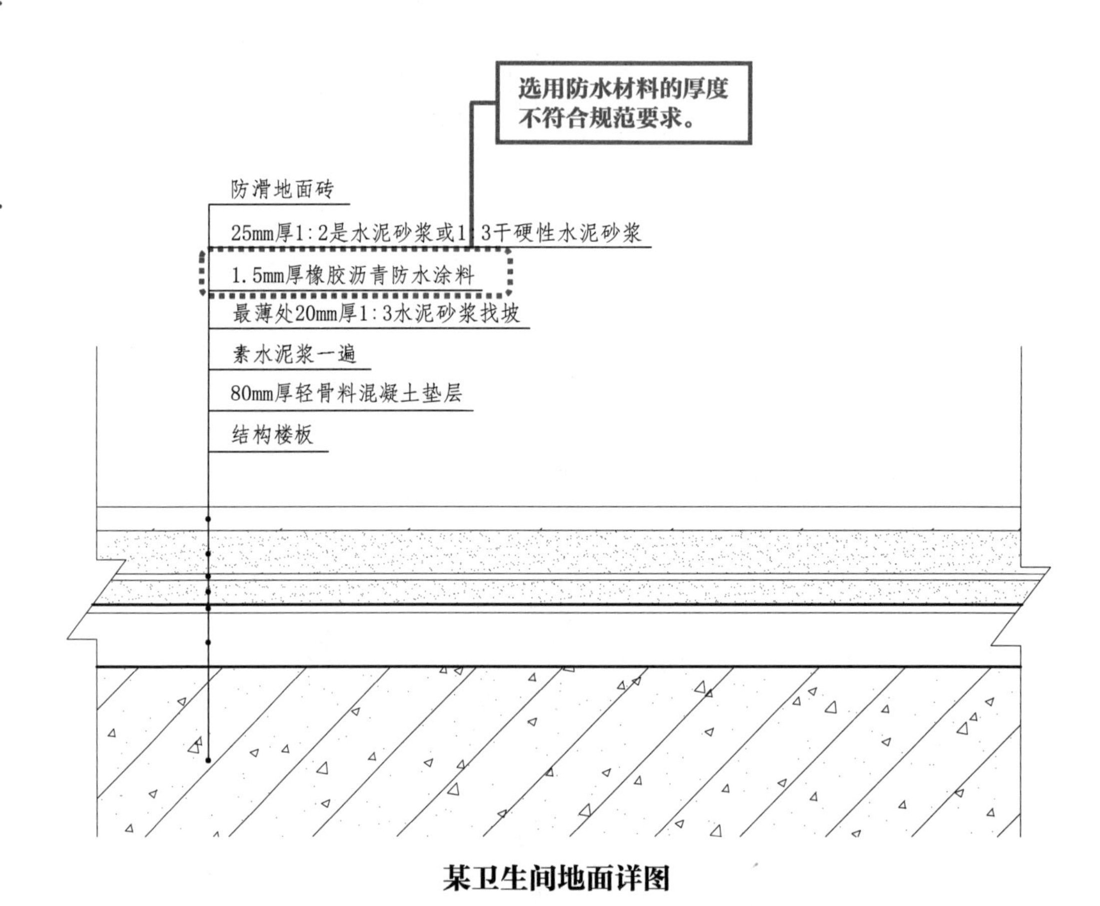

某卫生间地面详图

【解析】

《建筑与市政工程防水通用规范》GB 55030—2022

3.3.11 反应型高分子类防水涂料、聚合物乳液类防水涂料和水性聚合物沥青类防水涂料等涂料防水层最小厚度不应小于1.5mm，热熔施工橡胶沥青类防水涂料防水层最小厚度不应小于2.0mm。

3.3.12 当热熔施工橡胶沥青类防水涂料与防水卷材配套使用作为一道防水层时，其厚度不应小于1.5mm。

2.6.2 设计

案例

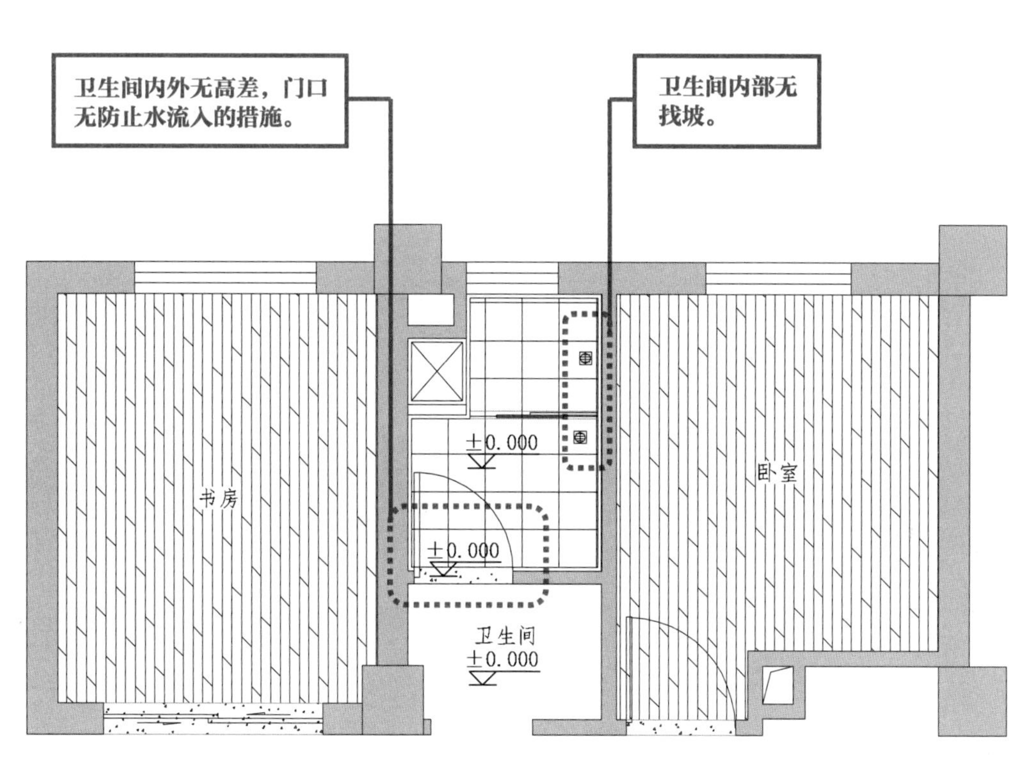

某住宅户内局部平面图

【解析】

《建筑与市政工程防水通用规范》GB 55030—2022

4.6.3 有防水要求的楼地面应设排水坡，并应坡向地漏或排水设施，排水坡度不应小于 1.0%。

4.6.4 用水空间与非用水空间楼地面交接处应有防止水流入非用水房间的措施。

2.7 《地下工程防水技术规范》中地下工程混凝土结构主体防水的相关规定

案例

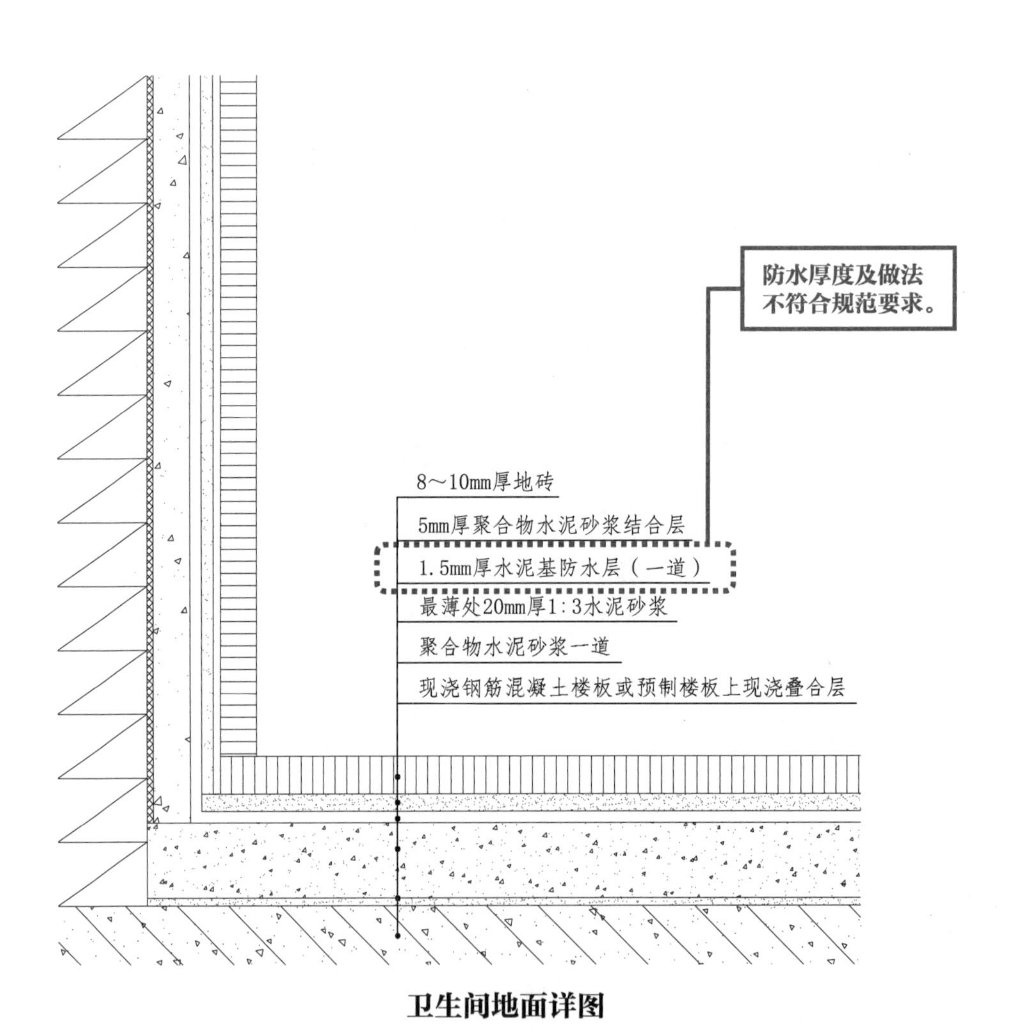

卫生间地面详图

【解析】

《地下工程防水技术规范》GB 50108—2008

4.4.6 掺外加剂、掺合料的水泥基防水涂料厚度不得小于 3.0mm；水泥基渗透结晶型防水涂料的用量不应小于 1.5kg/m^2，且厚度不应小于 1.0mm；有机防水涂料的厚度不得小于 1.2mm。

2.8 《建筑玻璃应用技术规程》中的建筑玻璃防人体冲击规定

案例 1

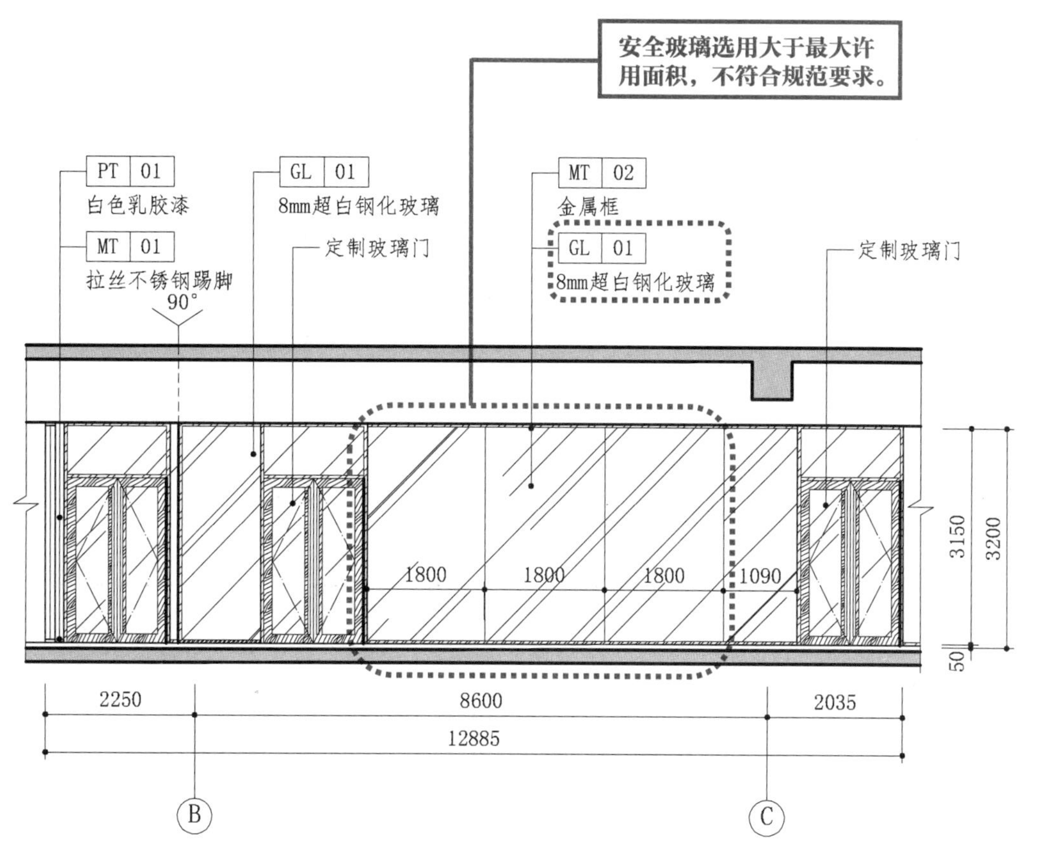

某公共走道立面图

【解析】

《建筑玻璃应用技术规程》JGJ 113—2015

7.1.1 安全玻璃的最大许用面积应符合表 7.1.1-1 的规定；有框平板玻璃、真空玻璃和夹丝玻璃的最大许用面积应符合表 7.1.1-2 的规定。

表 7.1.1-1 安全玻璃最大使用面积

玻璃种类	公称厚度（mm）	最大许用面积（m^2）
钢化玻璃	4	2.0
	5	2.0
	6	3.0
	8	4.0
	10	5.0
	12	6.0
夹层玻璃	6.38 6.76 7.52	3.0
	8.38 8.76 9.52	5.0
	10.38 10.76 11.52	7.0
	12.38 12.76 13.52	8.0

表 7.1.1-2 有框平板玻璃，超白浮法玻璃和真空玻璃的最大使用面积

玻璃种类	公称厚度（mm）	最大许用面积（m^2）
平板玻璃 超白浮法玻璃 真空玻璃	3	0.1
	4	0.3
	5	0.5
	6	0.9
	8	1.8
	10	2.7
	12	4.5

案例 2

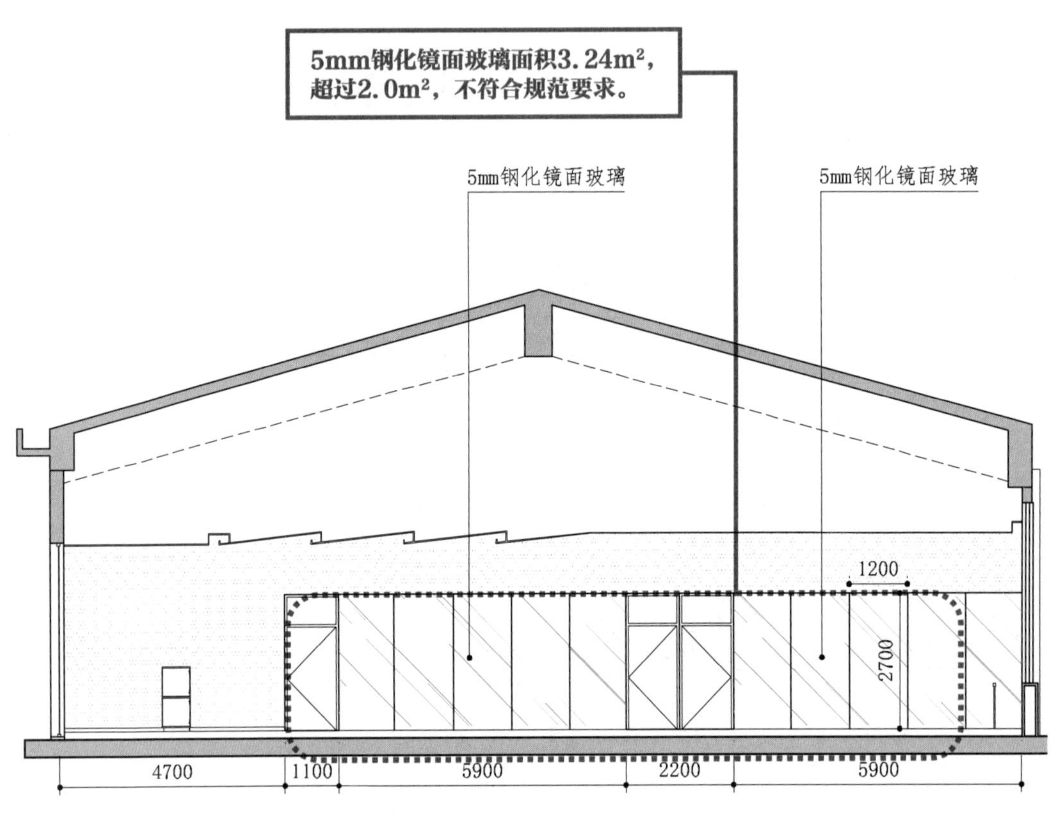

某活动室立面图

【解析】

《建筑玻璃应用技术规程》JG 113—2015

7.1.1 安全玻璃的最大许用面积应符合表 7.1.1-1 的规定；有框平板玻璃、真空玻璃和夹丝玻璃的最大许用面积应符合表 7.1.1-2 的规定。

表 7.1.1-1 安全玻璃最大使用面积

玻璃种类	公称厚度（mm）	最大许用面积（m^2）
钢化玻璃	4	2.0
	5	2.0
	6	3.0
	8	4.0
	10	5.0
	12	6.0
夹层玻璃	6.38 6.76 7.52	3.0
	8.38 8.76 9.52	5.0
	10.38 10.76 11.52	7.0
	12.38 12.76 13.52	8.0

表 7.1.1-2 有框平板玻璃，超白浮法玻璃和真空玻璃的最大使用面积

玻璃种类	公称厚度（mm）	最大许用面积（m^2）
平板玻璃 超白浮法玻璃 真空玻璃	3	0.1
	4	0.3
	5	0.5
	6	0.9
	8	1.8
	10	2.7
	12	4.5

案例 3

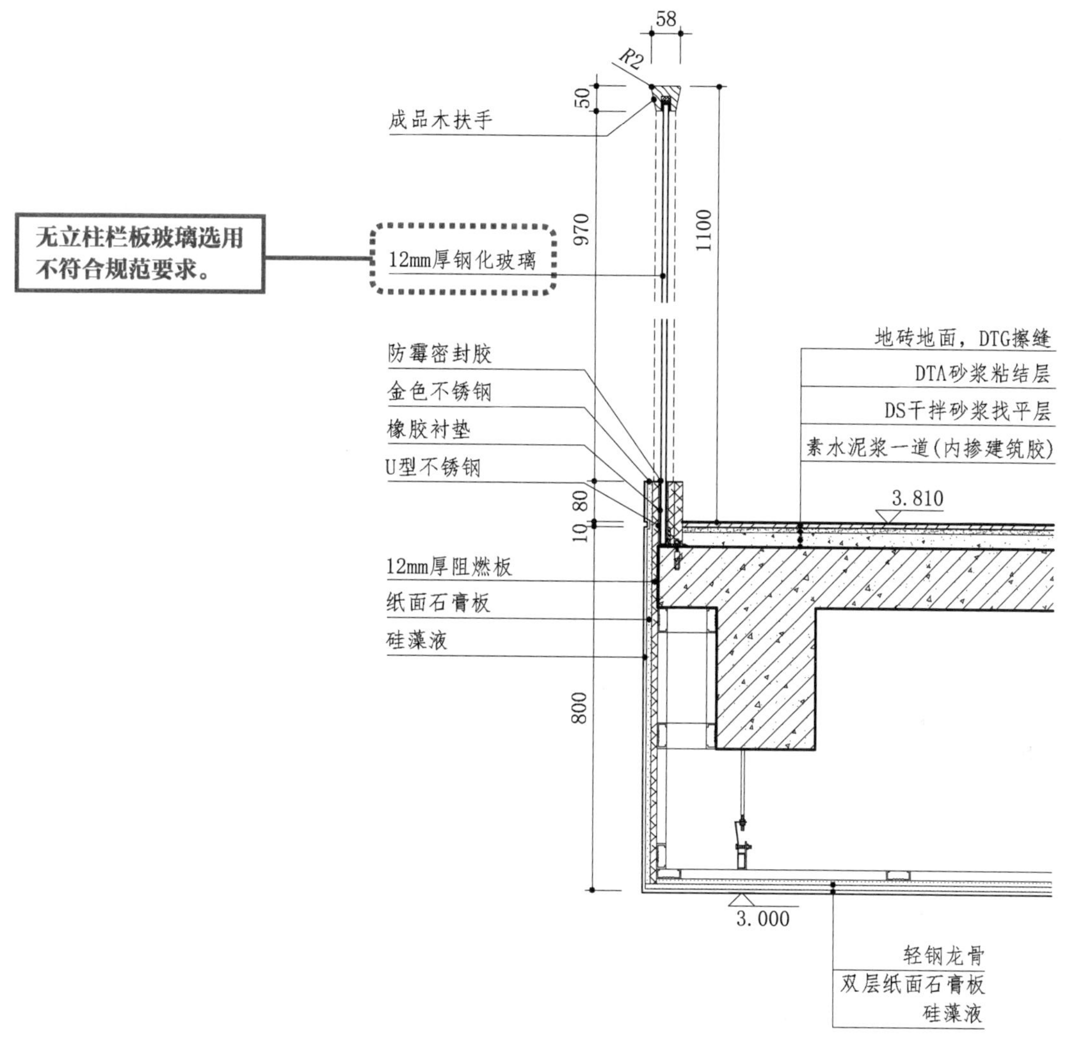

中庭扶手剖面图

【解析】

《建筑玻璃应用技术规范》JGJ 113—2015

7.2.5 室内栏板用玻璃应符合下列规定：

1 设有立柱和扶手，栏板玻璃作为镶嵌面板安装在护栏系统中，栏板玻璃应使用符合本规程表 7.1.1-1 规定的夹层玻璃；

2 栏板玻璃固定在结构上且直接承受人体荷载的护栏系统，其栏板玻璃应符合下列规定：

1）当栏板玻璃最低点离一侧楼地面高度不大于 5m 时，应使用公称厚度不小于 16.76mm 钢化夹层玻璃。

2）当栏板玻璃最低点离一侧楼地面高度大于 5m 时，不得采用此类护栏系统。

2.9 《公共建筑吊顶工程技术规程》中设计的相关规定

案例

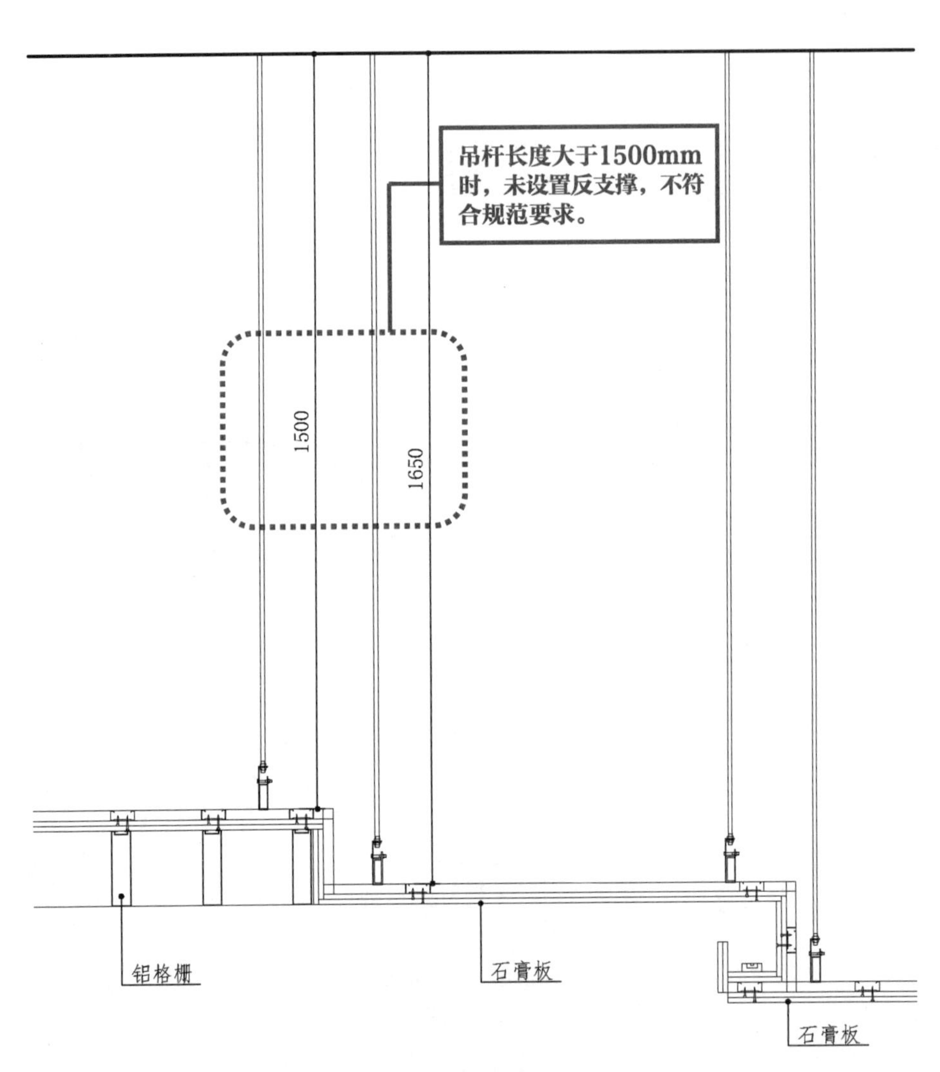

某吊顶详图

【解析】

《民用建筑通用规范》GB 55031—2022

6.4.3 吊杆长度大于1.50m时，应设置反支撑。

《公共建筑吊顶工程技术规程》JGJ 345—2014

4.2.3 当吊杆长度大于1500mm时，应设置反支撑。反支撑间距不宜大于3600mm，距墙不应大于1800mm。反支撑应相邻对向设置。当吊杆长度大于2500mm时，应设置钢结构转换层。

2.10 《办公建筑设计标准》

2.10.1 建筑设计

案例

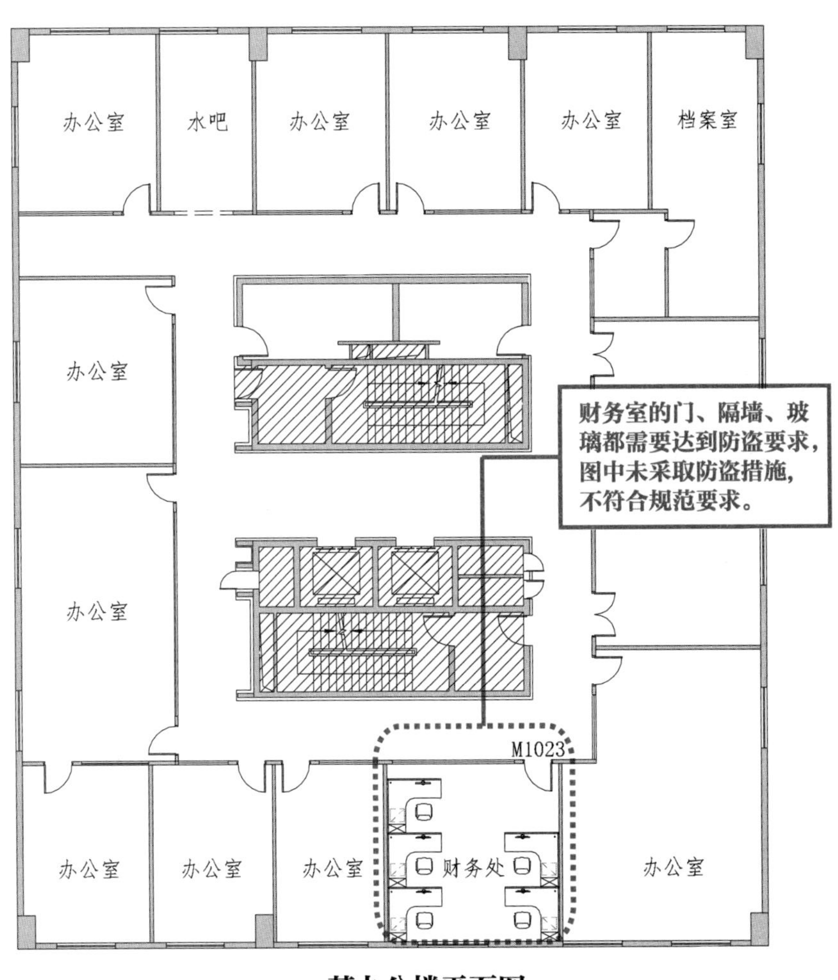

某办公楼平面图

【解析】

《办公建筑设计标准》JGJ/T 67—2019

4.1.7 办公建筑的门应符合下列规定：

2 机要办公室、财务办公室、重要档案库、贵重仪表间和计算机中心的门应采取防盗措施，室内宜设防盗报警装置。

2.10.2 防火设计

案例 1

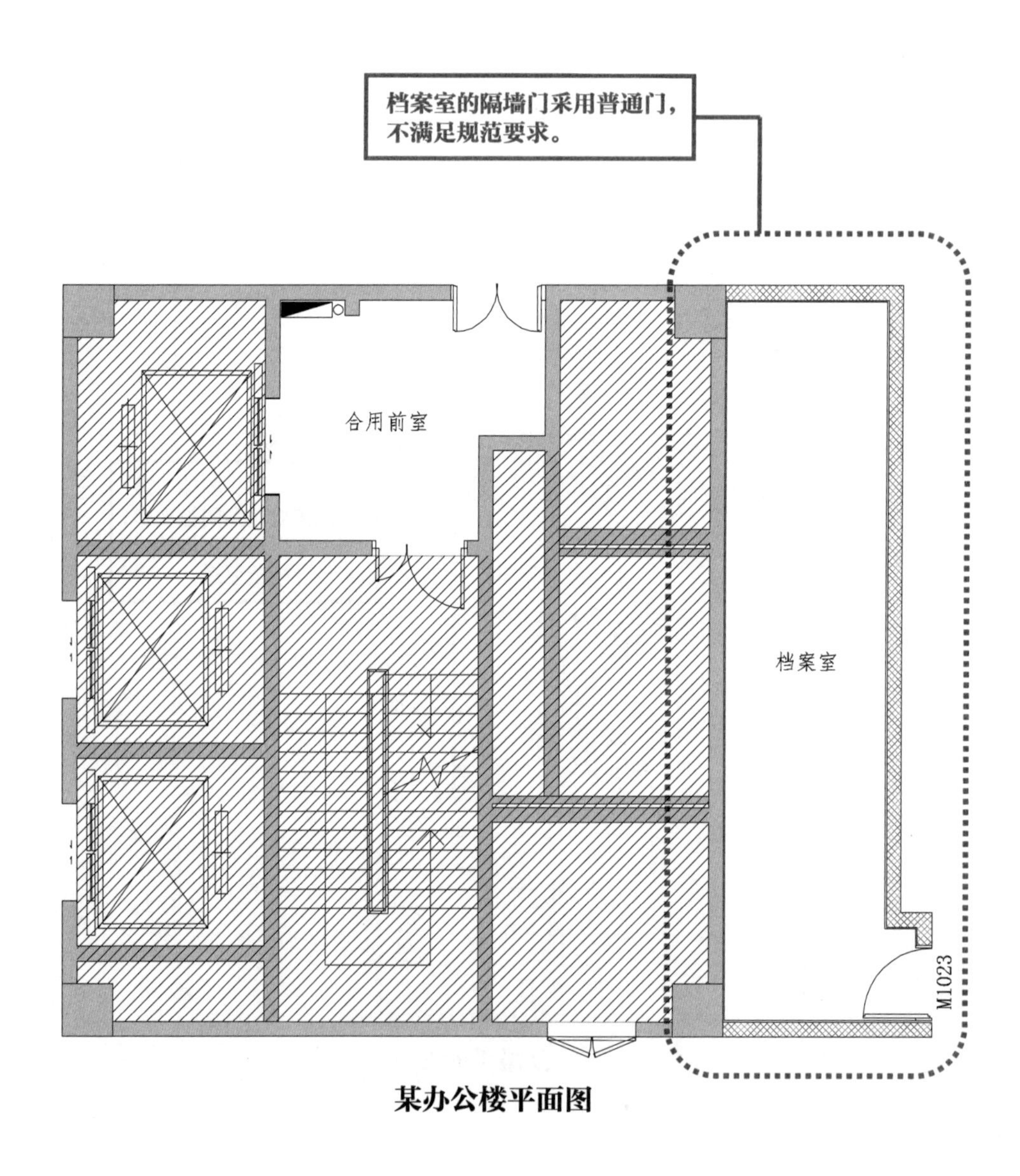

某办公楼平面图

【解析】

《办公建筑设计标准》JGJ/T 67—2019

5.0.4 机要室、档案室、电子信息系统机房和重要库房等隔墙的耐火极限不应小于 2h，楼板不应小于 1.5h，并应采用甲级防火门。

案例 2

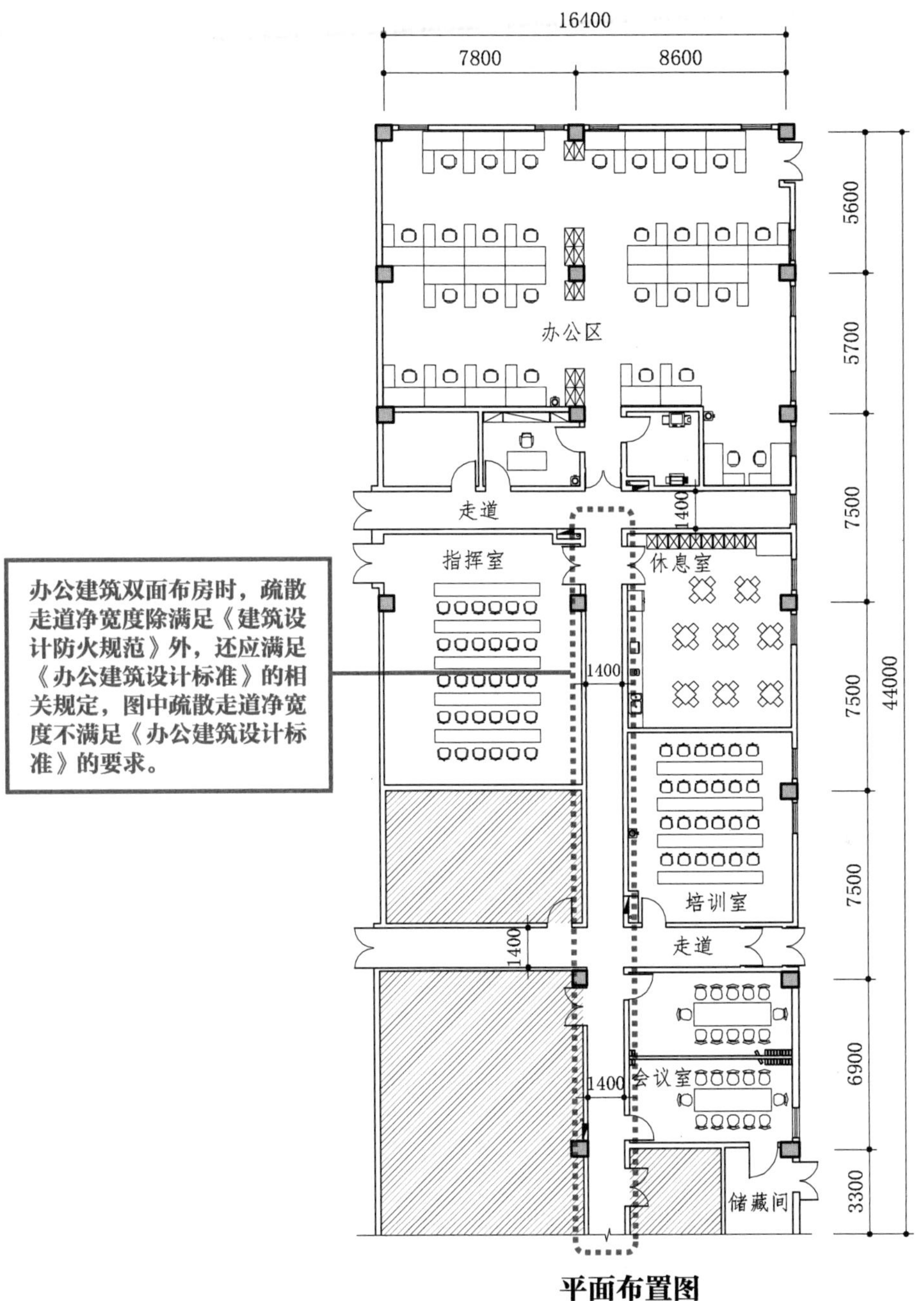

平面布置图

【解析】

《办公建筑设计标准》JGJ/T 67—2019

4.1.9 办公建筑的走道应符合下列规定：

1 宽度应满足防火疏散要求，最小净宽应符合表 4.1.9 的规定。

表 4.1.9 走道最小净宽

走道长度（m）	走道净宽（m）	
	单面布房	双面布房
≤ 40	1.30	1.50
＞ 40	1.50	1.80

注：高层内筒结构的回廊式走道净宽最小值同单面布房走道。

2.11 《托儿所、幼儿园建筑设计规范》中建筑设计的相关规定

案例 1

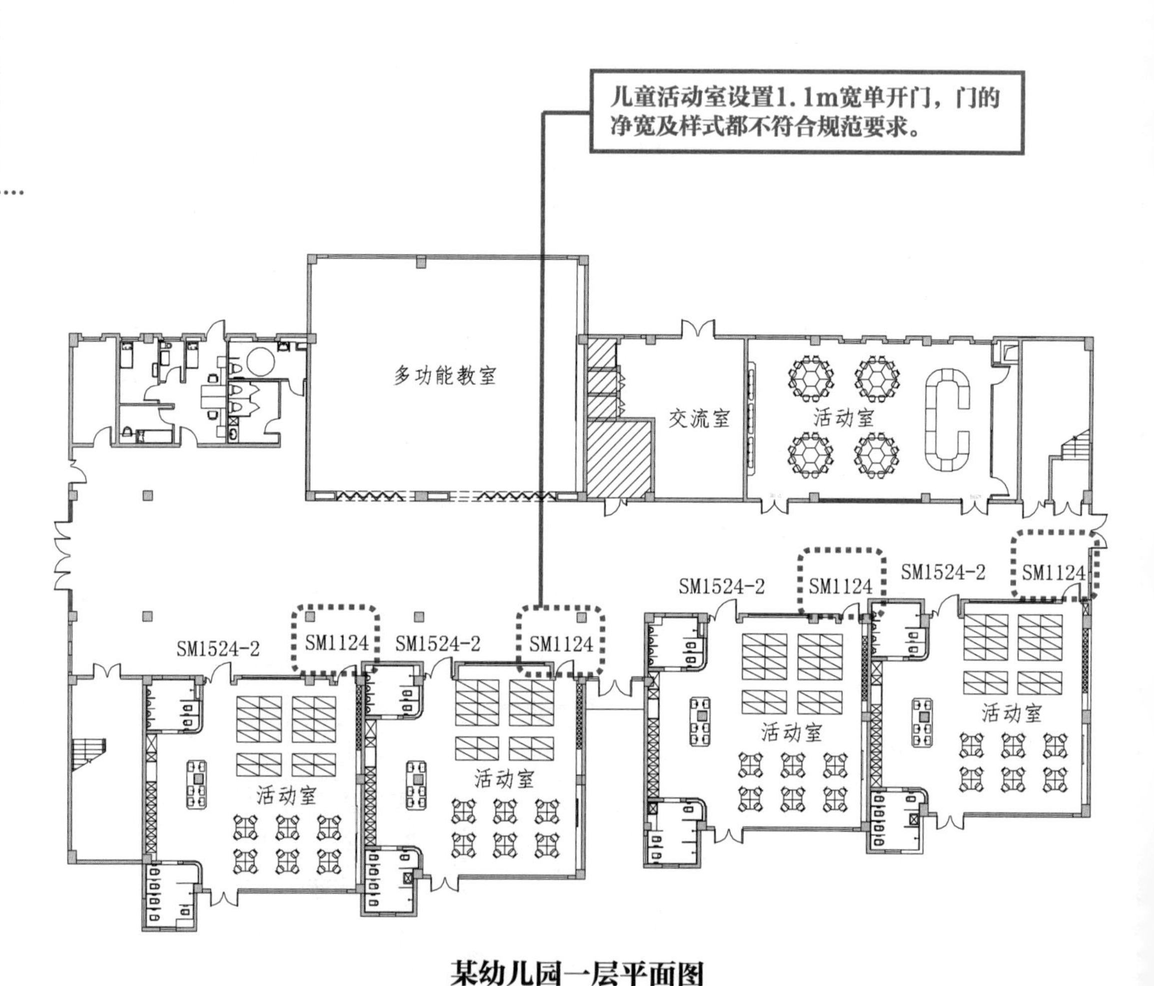

某幼儿园一层平面图

【解析】

《托儿所、幼儿园建筑设计规范》JGJ 39—2016（2019 年版）

4.1.6 活动室、寝室、多功能活动室等幼儿使用的房间应设双扇平开门，门净宽不应小于 1.20m。

案例 2

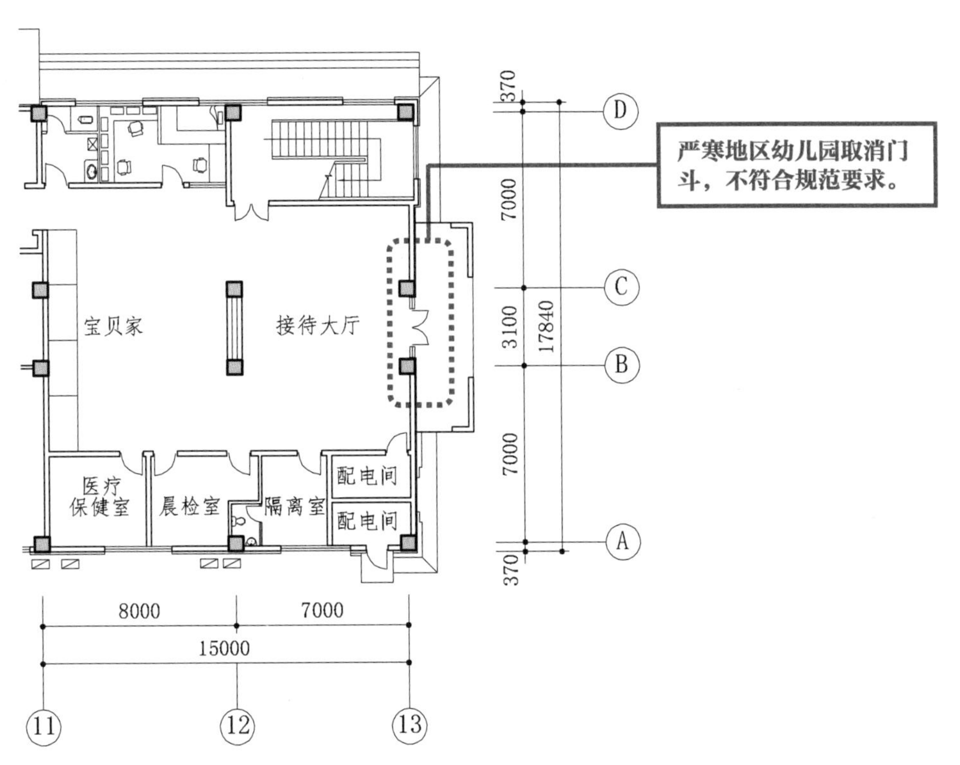

哈尔滨某幼儿园平面布置图

【解析】

《托儿所、幼儿园建筑设计规范》JGJ 39—2016（2019 年版）

4.1.7 严寒地区托儿所、幼儿园建筑的外门应设门斗，寒冷地区宜设门斗。

案例 3

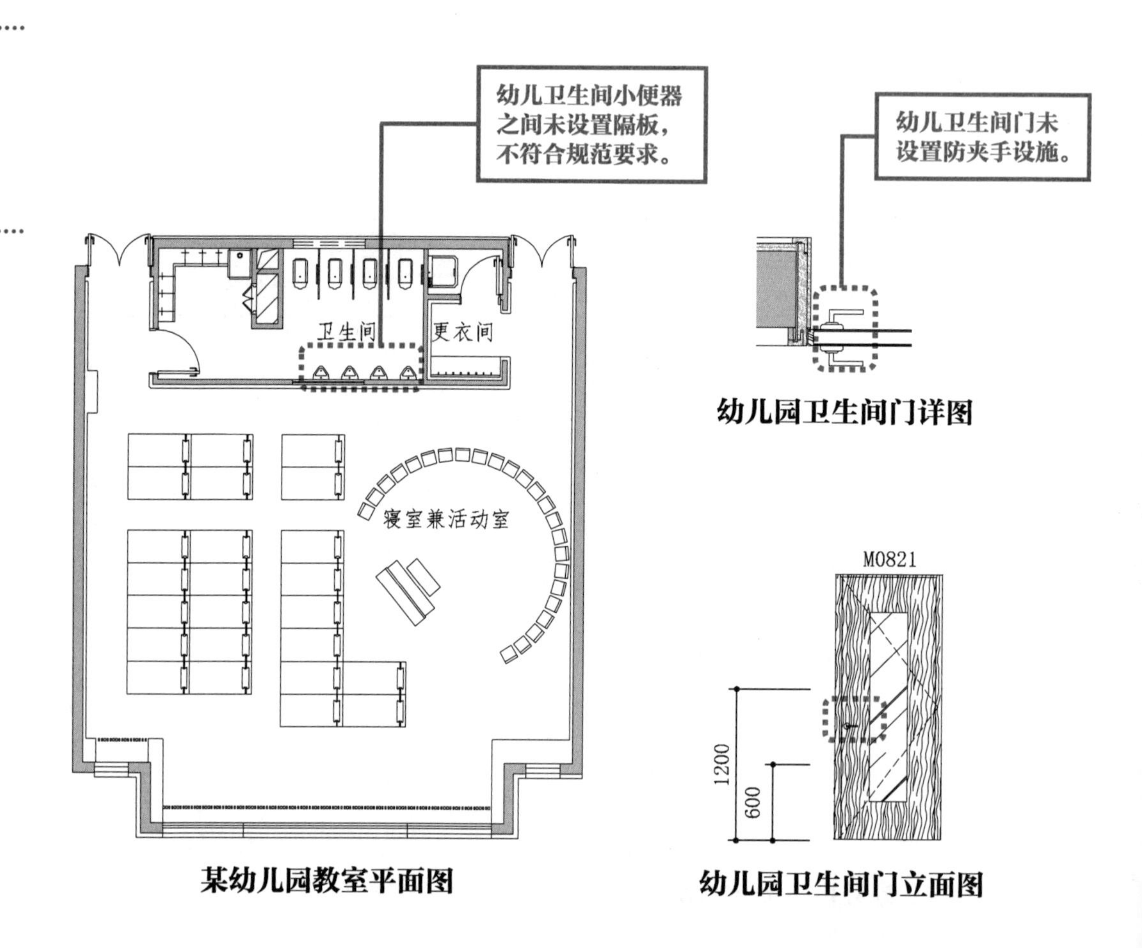

某幼儿园教室平面图

幼儿园卫生间门详图

幼儿园卫生间门立面图

【解析】

《托儿所、幼儿园建筑设计规范》JGJ 39—2016（2019 年版）

4.3.13 卫生间所有设施的配置、形式、尺寸均应符合幼儿人体尺度和卫生防疫的要求。卫生洁具布置应符合下列规定：

2 大便器宜采用蹲式便器，大便器或小便器之间均应设隔板，隔板处应加设幼儿扶手。

4.1.8 幼儿出入的门应符合下列规定：

2 距离地面 0.60m 处宜加设幼儿专用拉手；

4 门下不应设门槛；平开门距离地面 1.20m 以下部分应设防止夹手设施。

案例 4

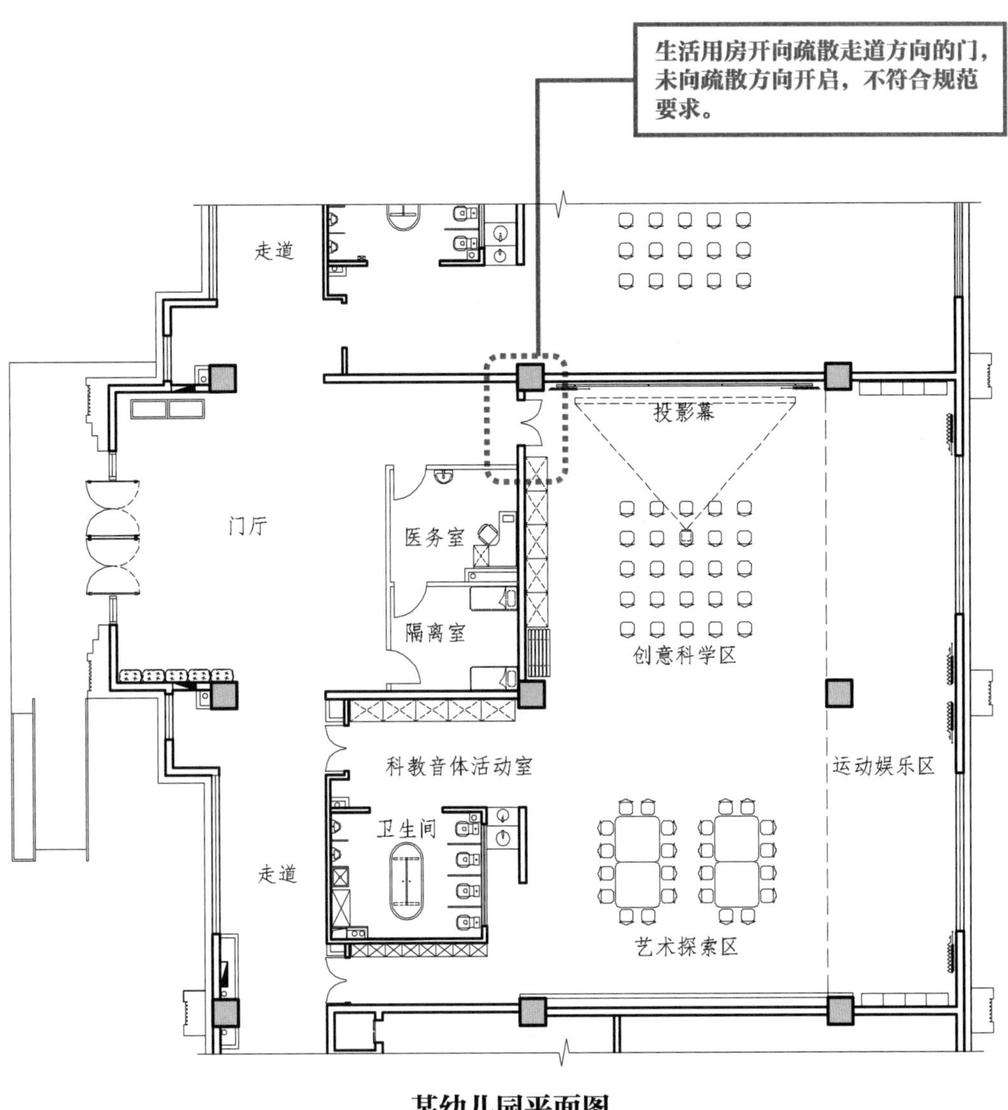

某幼儿园平面图

【解析】

《托儿所、幼儿园建筑设计规范》JGJ 39—2016（2019 年版）

4.1.8 幼儿出入的门应符合下列规定：

6 生活用房开向疏散走道的门均应向人员疏散方向开启，开启的门扇不应妨碍走道疏散通行。

案例 5

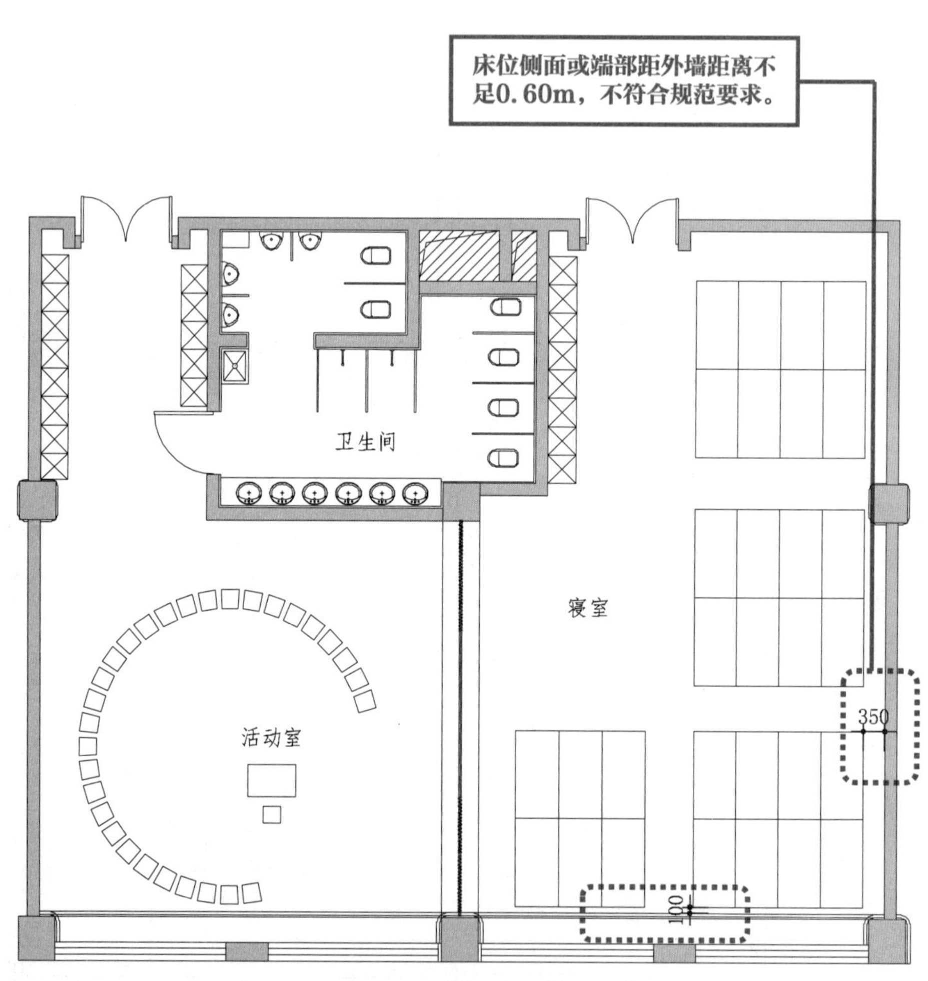

北方地区某幼儿园平面图

【解析】

《托儿所、幼儿园建筑设计规范》JGJ 39—2016（2019 年版）

4.3.9 寝室应保证每一幼儿设置一张床铺的空间，不应布置双层床。床位侧面或端部距外墙距离不应小于 0.60m。

2.12 《中小学校设计规范》

2.12.1 主要教学用房及教学辅助用房面积指标和净高

案例 1

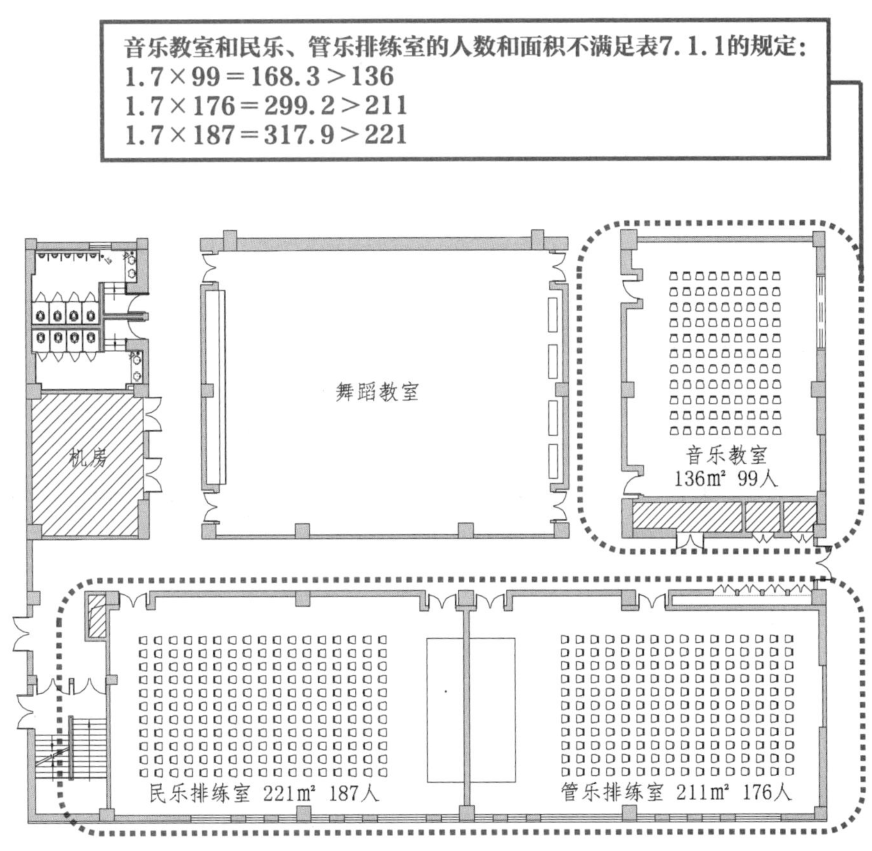

某小学教学楼局部平面图

【解析】

《中小学校设计规范》GB 50099—2011

7.1.1 主要教学用房的使用面积指标应符合表 7.1.1 的规定。

表 7.1.1 主要教学用房的使用面积指标（m^2/ 每座）

房间名称	小学	中学	备注
音乐教室	1.70	1.64	—

案例 2

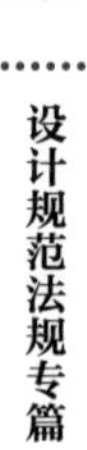

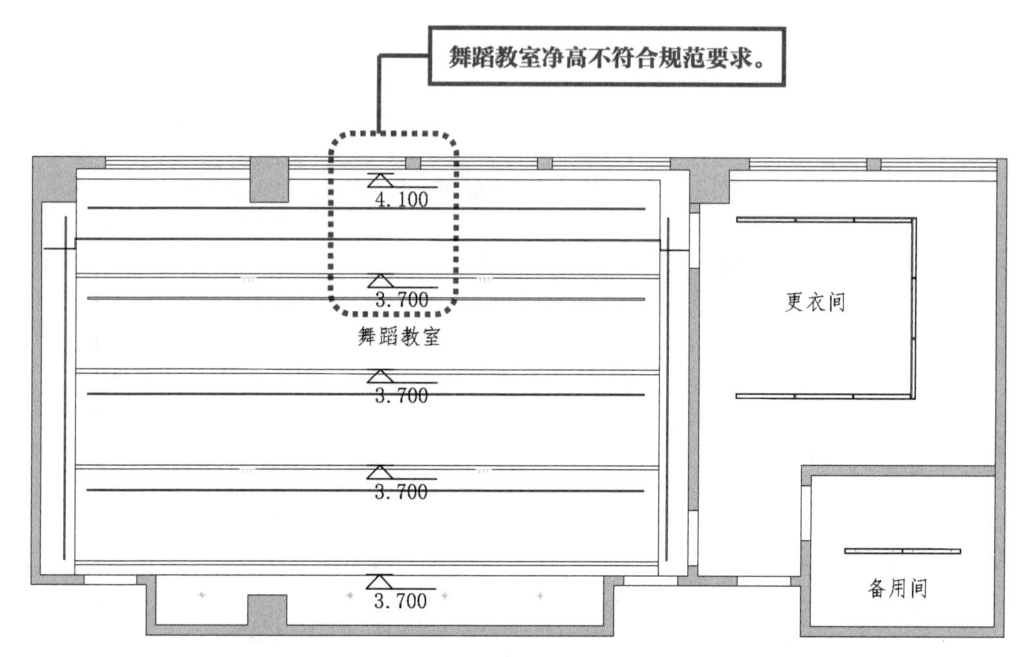

舞蹈教室顶平面图

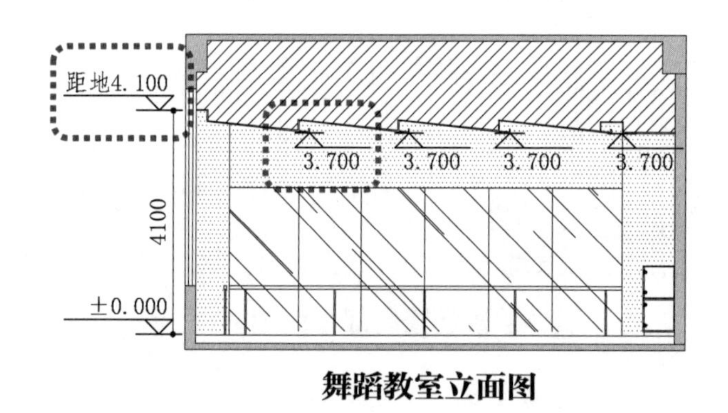

舞蹈教室立面图

【解析】

《中小学校设计规范》GB 50099—2011

7.2.1 中小学校主要教学用房的最小净高应符合表 7.2.1 的规定。

表 7.2.1 主要教学用房的最小净高（m）

教室	小学	初中	高中
舞蹈教室	4.50		

案例 3

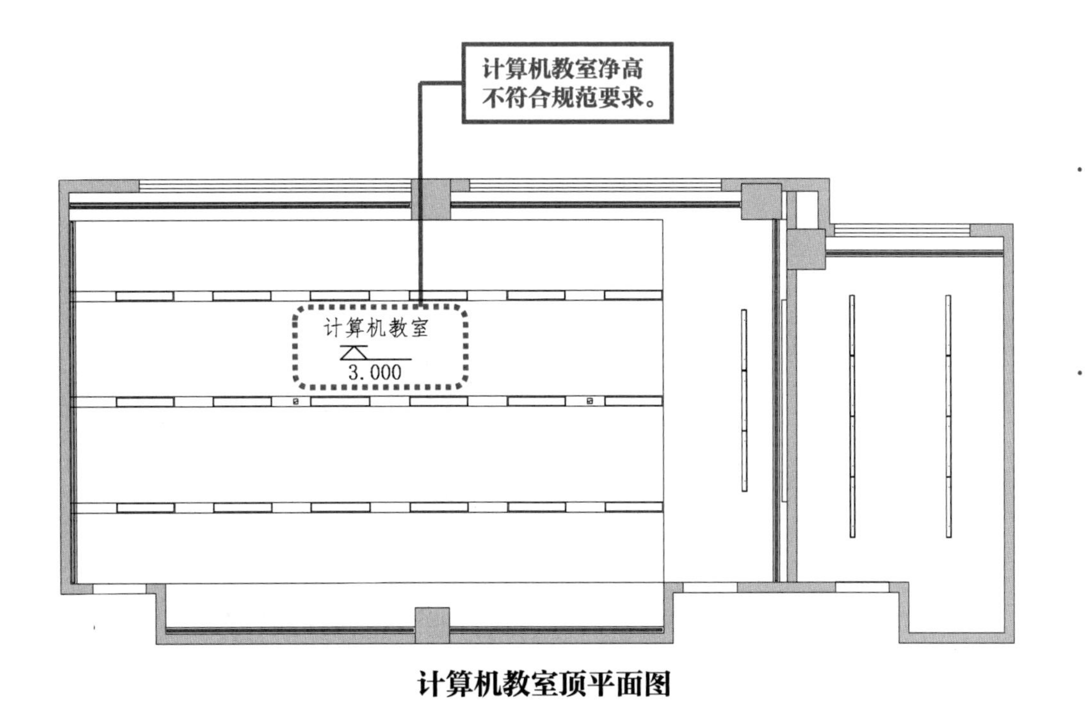

计算机教室顶平面图

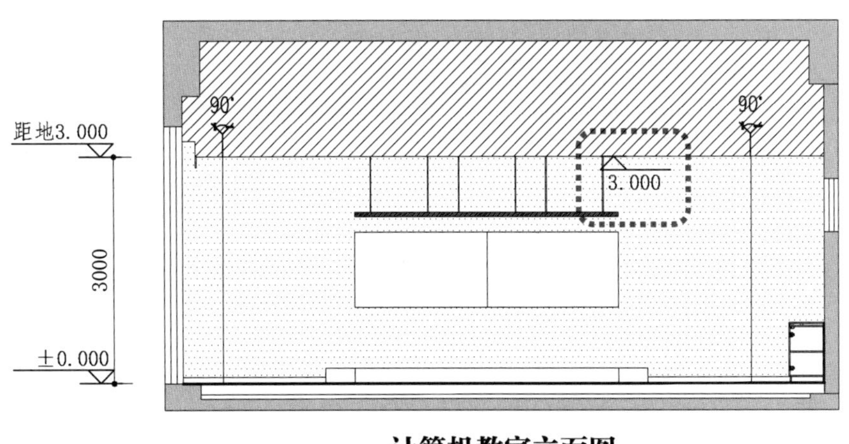

计算机教室立面图

【解析】

《中小学校设计规范》GB 50099—2011

7.2.1 中小学校主要教学用房的最小净高应符合表 7.2.1 的规定。

表 7.2.1 主要教学用房的最小净高（m）

教室	小学	初中	高中
科学教室、实验室、计算机教室、劳动教室、技术教室、合班教室	3.10		

2.12.2 安全、通行与疏散

案例 1

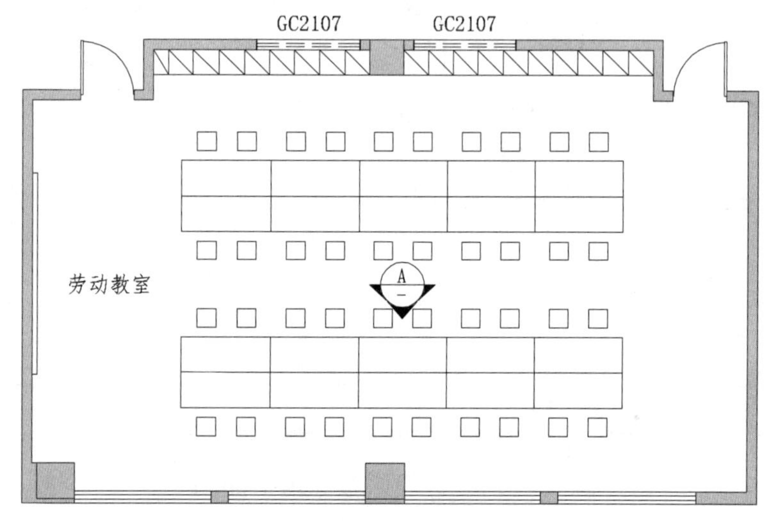

劳动教室平面图

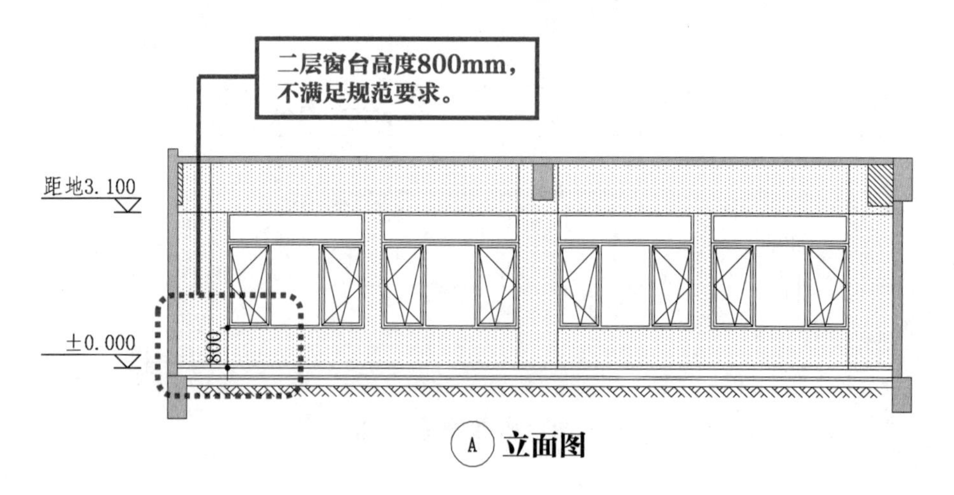

A 立面图

【解析】

《中小学校设计规范》GB 50099—2011

8.1.5 临空窗台高度不应低于 0.90m。

案例 2

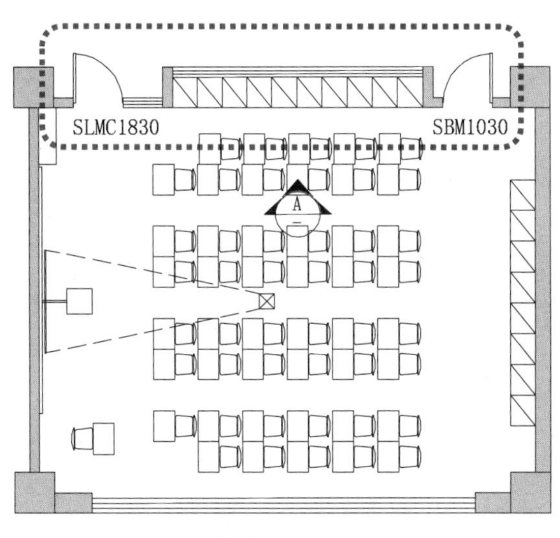

教室平面图

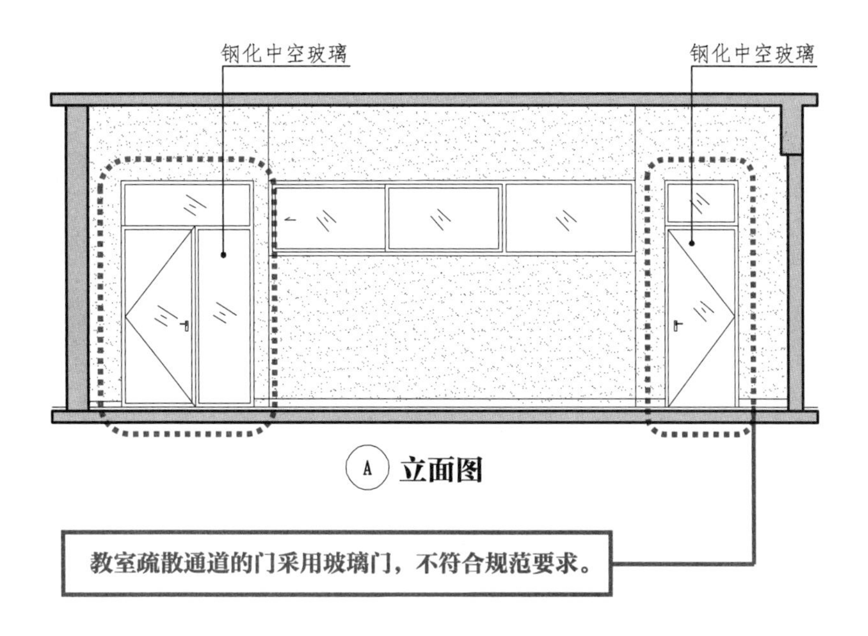

Ⓐ 立面图

教室疏散通道的门采用玻璃门，不符合规范要求。

【解析】

《中小学校设计规范》GB 50099—2011

8.1.8 教学用房的门窗设置应符合下列规定：

1 疏散通道上的门不得使用弹簧门、旋转门、推拉门、大玻璃门等不利于疏散通畅、安全的门。

案例 3

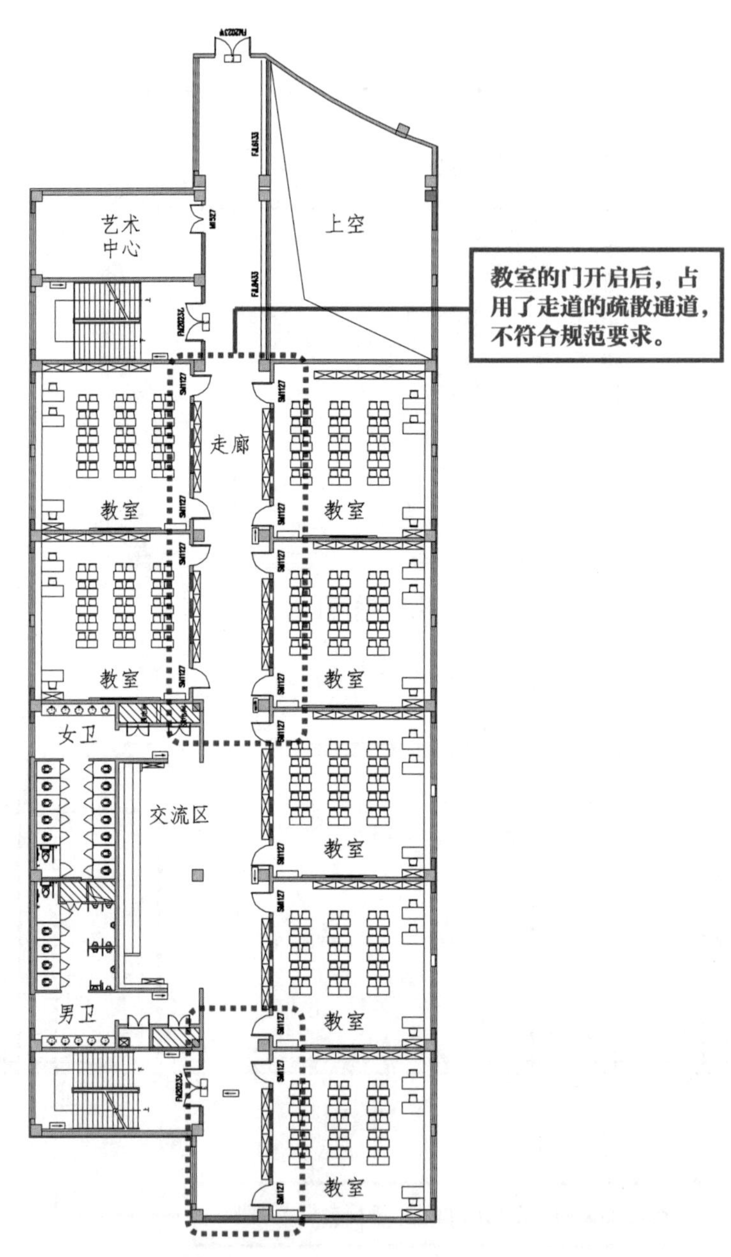

某教学楼平面图

【解析】

《中小学校设计规范》GB 50099—2011

8.1.8 教学用房的门窗设置应符合下列规定：

2 各教学用房的门均应向疏散方向开启，开启的门扇不得挤占走道的疏散通道。

案例 4

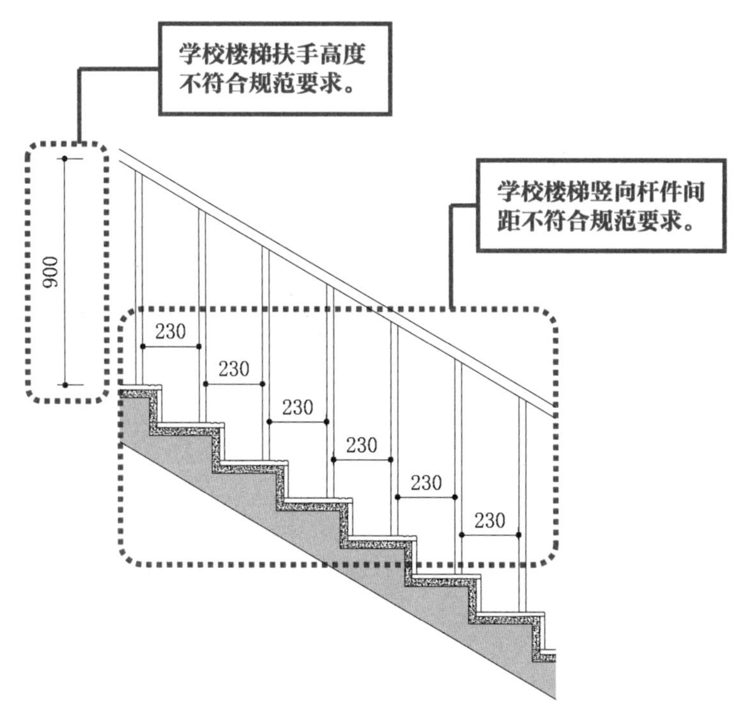

某中学楼梯剖面图

【解析】

《民用建筑通用规范》GB 55031—2022

6.6.1 阳台、外廊、室内回廊、中庭、内天井、上人屋面及楼梯等处的临空部位应设置防护栏杆（栏板），并应符合下列规定：

2 栏杆（栏板）垂直高度不应小于 1.10m。栏杆（栏板）高度应按所在楼地面或屋面至扶手顶面的垂直高度计算，如底面有宽度大于或等于 0.22m，且高度不大于 0.45m 的可踏部位，应按可踏部位顶面至扶手顶面的垂直高度计算。

6.6.3 少年儿童专用活动场所的栏杆应采取防止攀滑措施，当采用垂直杆件做栏杆时，其杆件净间距不应大于 0.11m。

《中小学校设计规范》GB 50099—2011

8.7.6 中小学校的楼梯扶手的设置应符合下列规定：

4 中小学校室内楼梯扶手高度不应低于 0.90m，室外楼梯扶手高度不应低于 1.10m；水平扶手高度不应低于 1.10m；

5 中小学校的楼梯栏杆不得采用易于攀登的构造和花饰；杆件或花饰的镂空处净距不得大于 0.11m。

2.13 《中小学校体育设施技术规程》

2.13.1 风雨操场（小型体育馆、室内田径综合馆）

案例 1

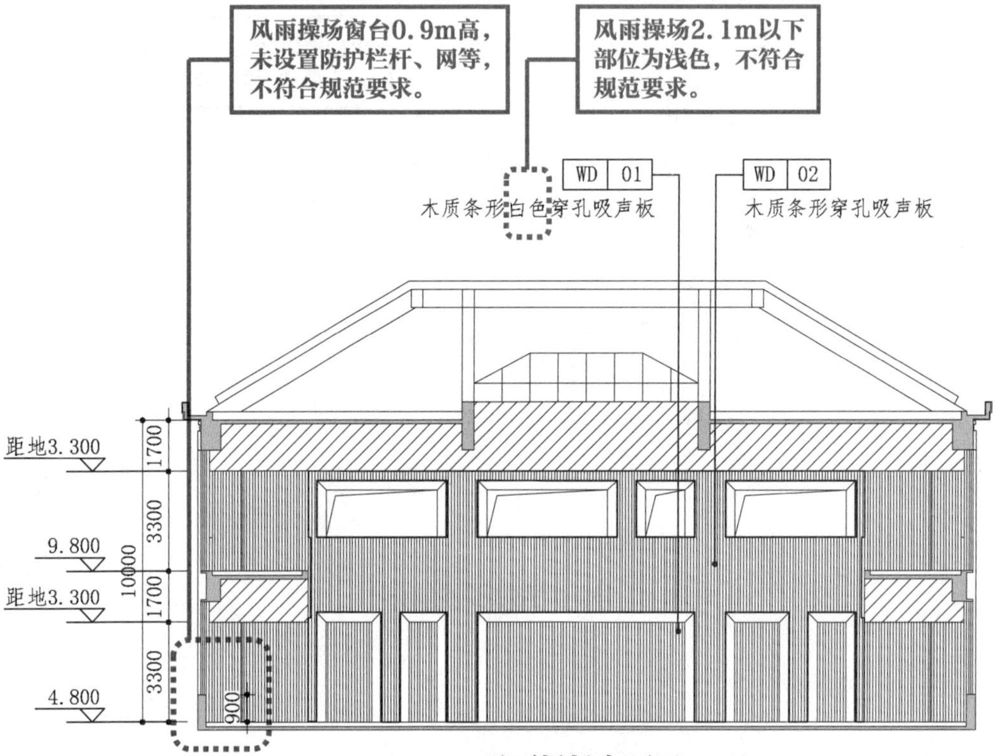

风雨操场窗台0.9m高，未设置防护栏杆、网等，不符合规范要求。

风雨操场2.1m以下部位为浅色，不符合规范要求。

WD 01 木质条形白色穿孔吸声板

WD 02 木质条形穿孔吸声板

距地3.300

9.800

距地3.300

4.800

1700

3300

10000

1700

3300

900

风雨操场立面图

【解析】

《中小学校体育设施技术规程》JGJ/T 280—2012

5.7.7 风雨操场（小型体育馆、室内田径综合馆）宜采用自然采光，并应根据项目和多功能使用时对光线的要求，设置必要的遮光和防眩光措施。高度在2.10m以下的墙面宜为深色。

5.7.9 风雨操场（小型体育馆、室内田径综合馆）应优先采用自然通风，在场地、标高、环境许可的条件下，宜采取低位开窗；当场地条件不满足时，应设机械通风或空调；气候适宜地区的场馆宜安装低位通风百叶窗；窗台高度小于2.10m时，窗户的室内侧应采取安全防护措施。

案例 2

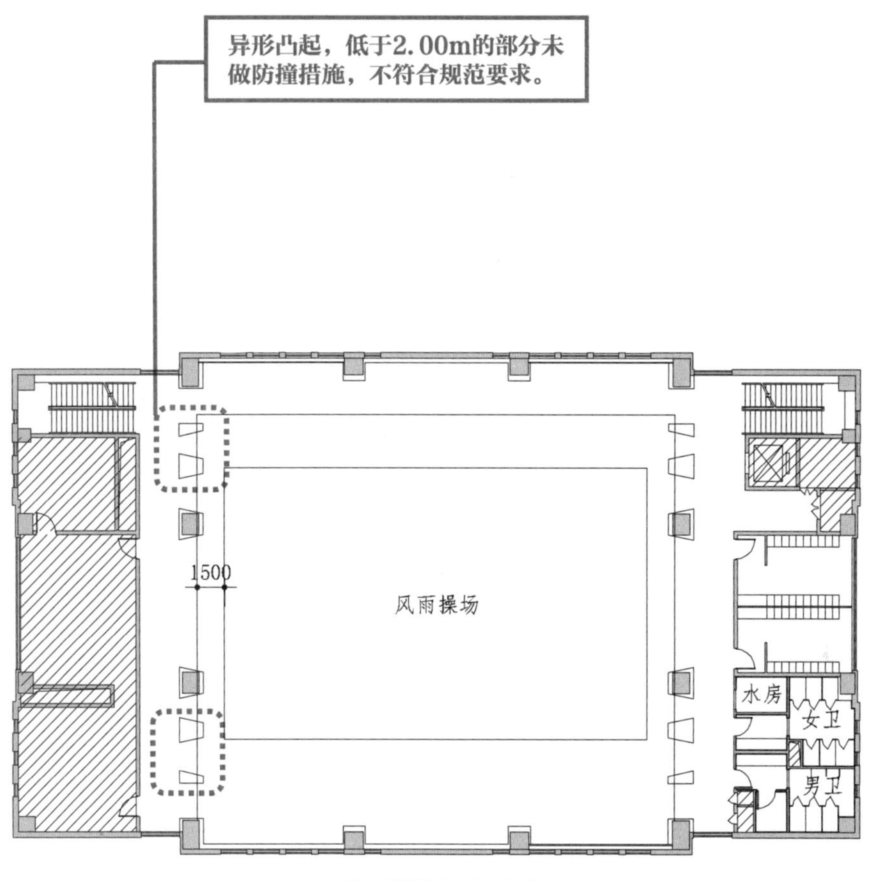

风雨操场平面图

【解析】

《中小学校体育设施技术规程》JGJ/T 280—2012

5.7.13 风雨操场（小型体育馆、室内田径综合馆）室内的墙面应坚固、平整、无凸起，对于柱、低窗窗口、暖气等高度低于 2.00m 的部分应设有防撞措施；门和门框应与墙平齐，门应向场外或疏散方向开启，并应符合安全疏散的规定。

2.13.2　舞蹈教室

案例

2

设计规范法规专篇

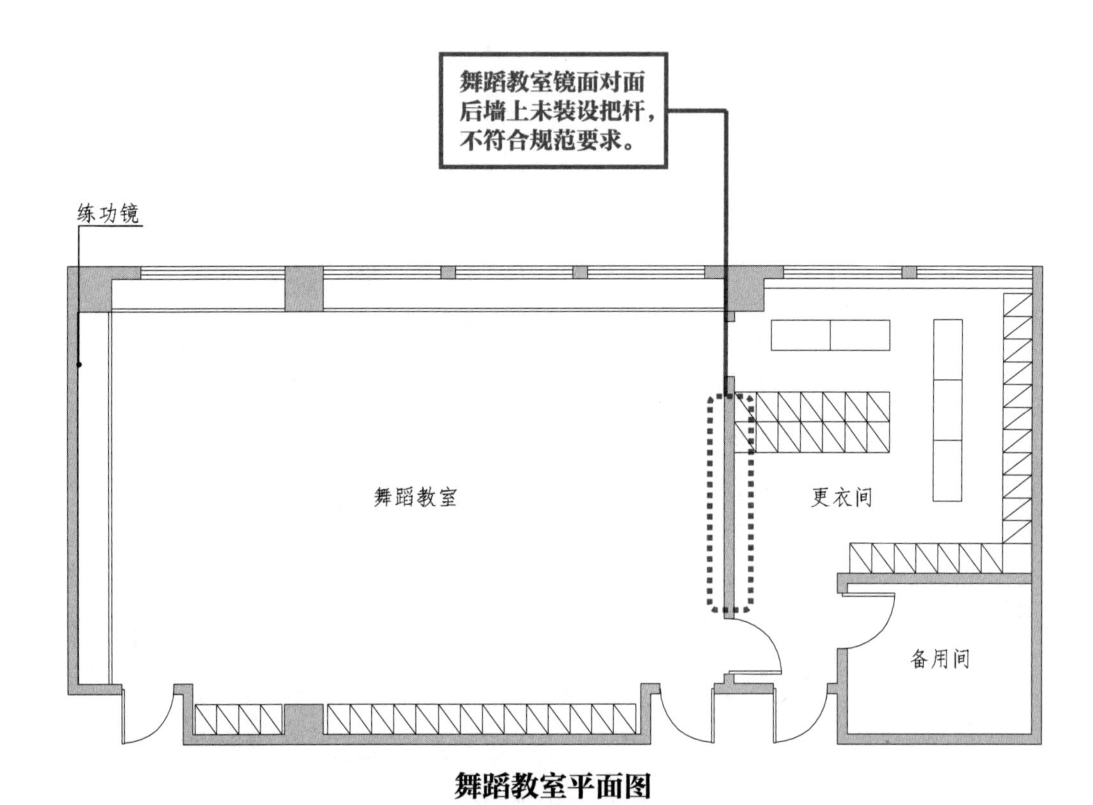

舞蹈教室平面图

【解析】

《中小学校体育设施技术规程》JGJ/T 280—2012

5.9.4　舞蹈教室内应在与采光窗相垂直的一面墙上设通长镜面，镜面（含镜座）总高度不宜小于2.10m，镜座高度不宜大于0.30m。镜面两侧的墙上及对面后墙上应装设把杆，镜面上宜装设固定把杆。把杆升高时的高度应为0.90m；把杆与墙面的最小净距离不应小于0.40m。

2.14 《体育建筑设计规范》

2.14.1 建筑设计通用规定

案例

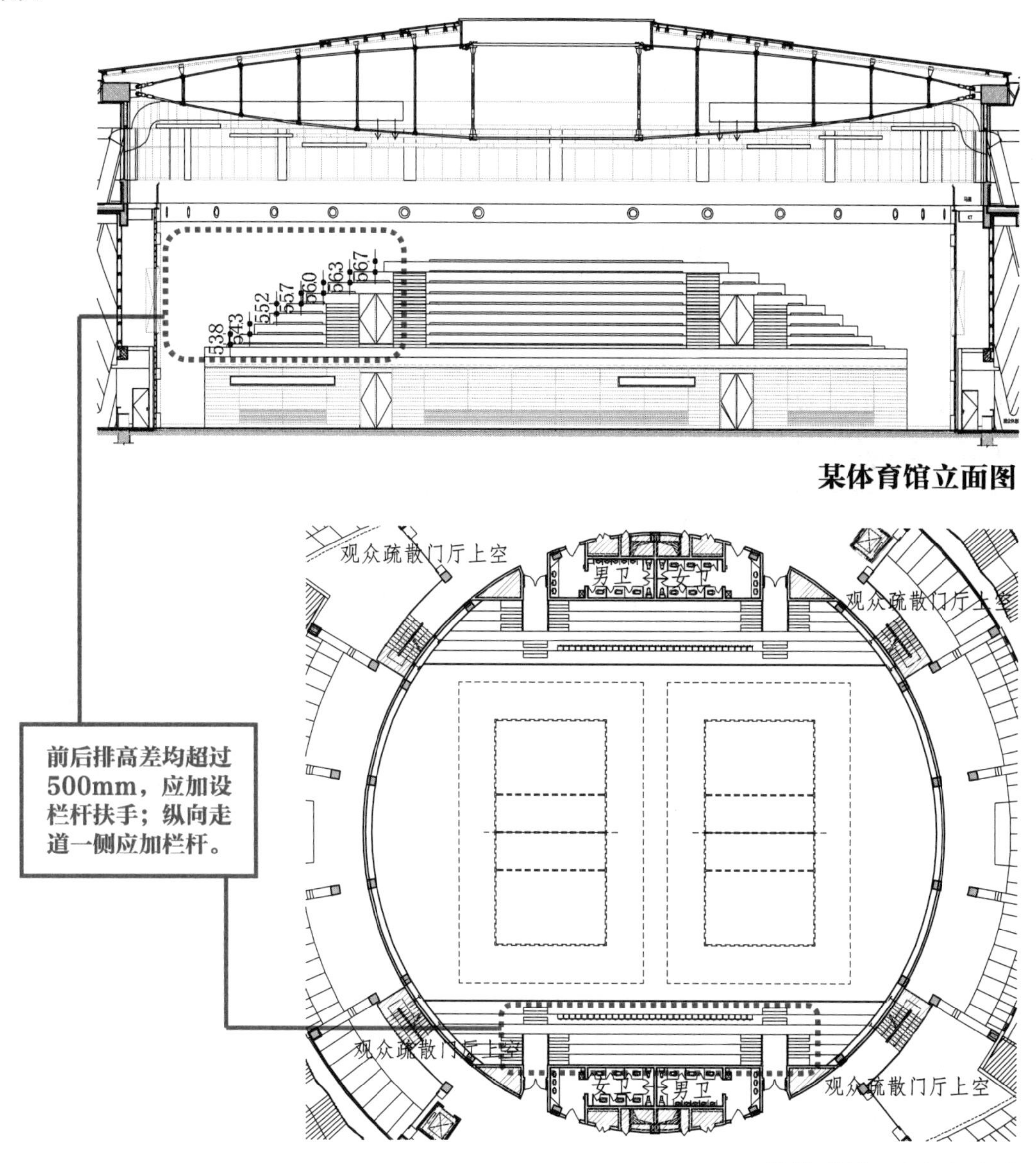

某体育馆立面图

某体育馆二层平面图

【解析】

《体育建筑设计规范》JGJ 31—2003

4.3.9 看台栏杆应符合下列要求：

1 栏杆高度不应低于 0.9m，在室外看台后部危险性较大处严禁低于 1.1m。

2 栏杆形式不应遮挡观众视线并保障观众安全。当设楼座时，栏杆下部实心部分不得低于 0.4m。

3 横向过道两侧至少一侧应设栏杆。

4 当看台坡度较大、前后排高差超过 0.5m 时，其纵向过道上应加设栏杆扶手。

2.14.2　体育馆

案例

比赛场地尺寸不符合小型体育馆（可进行篮球比赛）的38m×20m的规定。

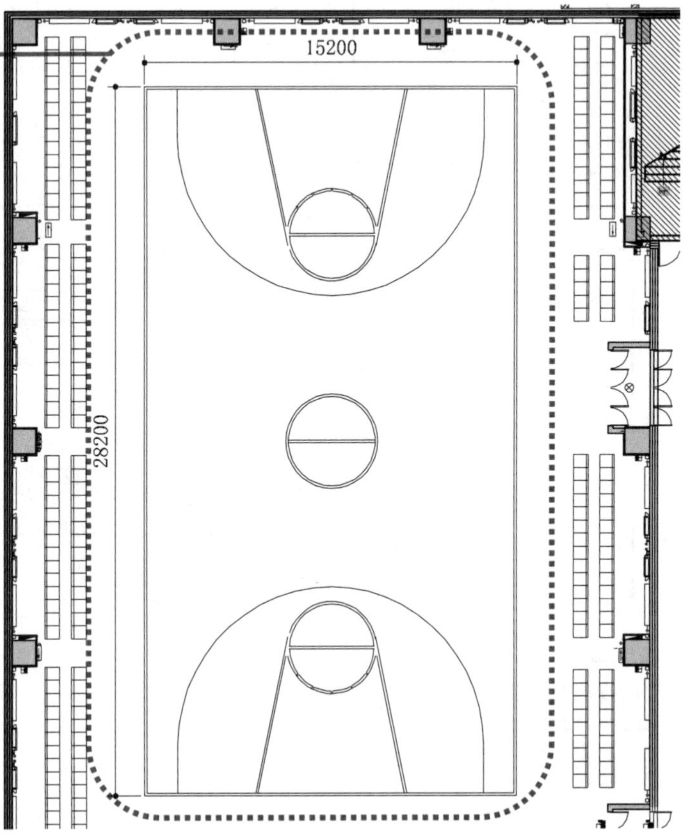

15200

28200

某市体育馆一层平面图

【解析】

《体育建筑设计规范》JGJ 31—2003

6.2.1　体育馆的比赛场地要求及最小尺寸应符合表6.2.1的规定：

表 6.2.1　比赛场地要求及最小尺寸

分类	要求	最小尺寸（长×宽，m×m）
特大型	可设置周长200m田径跑道或室内足球、棒球等比赛	根据要求确定
大型	可进行冰球比赛或搭设体操台	70×40
中型	可进行手球比赛	44×24
小型	可进行篮球比赛	38×20

6.2.4　比赛场地周围应根据比赛项目的不同要求满足在高度、材料、色彩、悬挂护网等方面的要求，当场地周围有玻璃门窗时，应考虑防护措施。

2.14.3　防火设计

案例

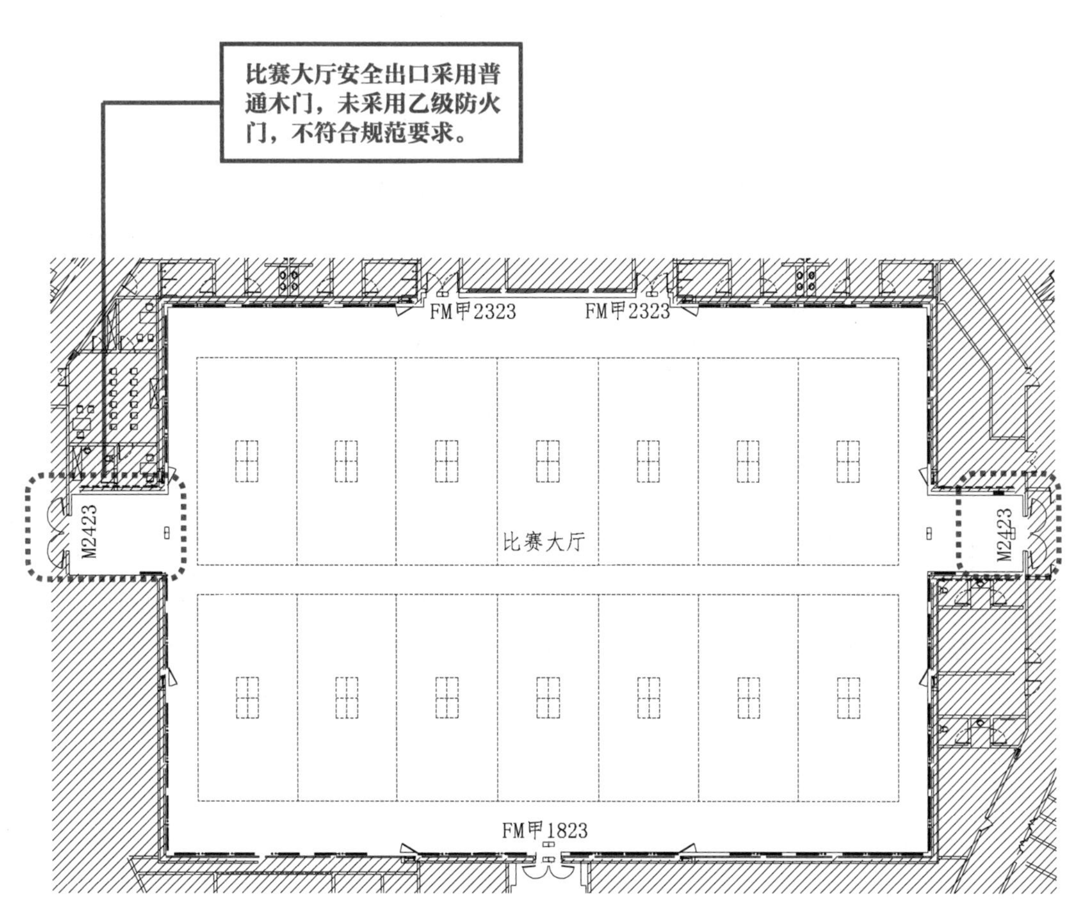

某体育馆地下一层平面图

【解析】

《体育建筑设计规范》JGJ 31—2003

8.1.3　防火分区应符合下列要求：

　　2　观众厅、比赛厅或训练厅的安全出口应设置乙级防火门。

2.15 《宿舍、旅馆建筑项目规范》中宿舍的相关规定

案例

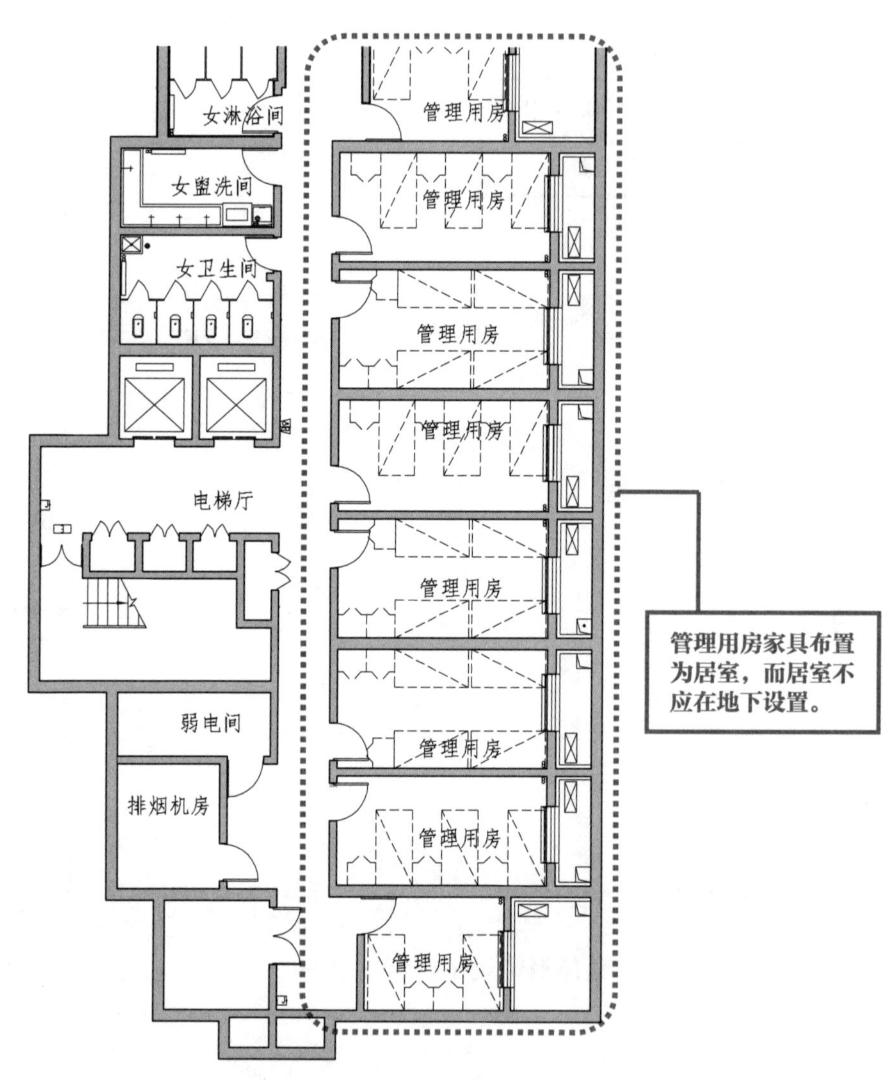

某宿舍楼地下一层平面图

【解析】

《宿舍、旅馆建筑项目规范》GB 55025—2022

3.2.1 居室不应布置在地下室。

2.16 《宿舍建筑设计规范》中建筑设计的相关规定

案例 1

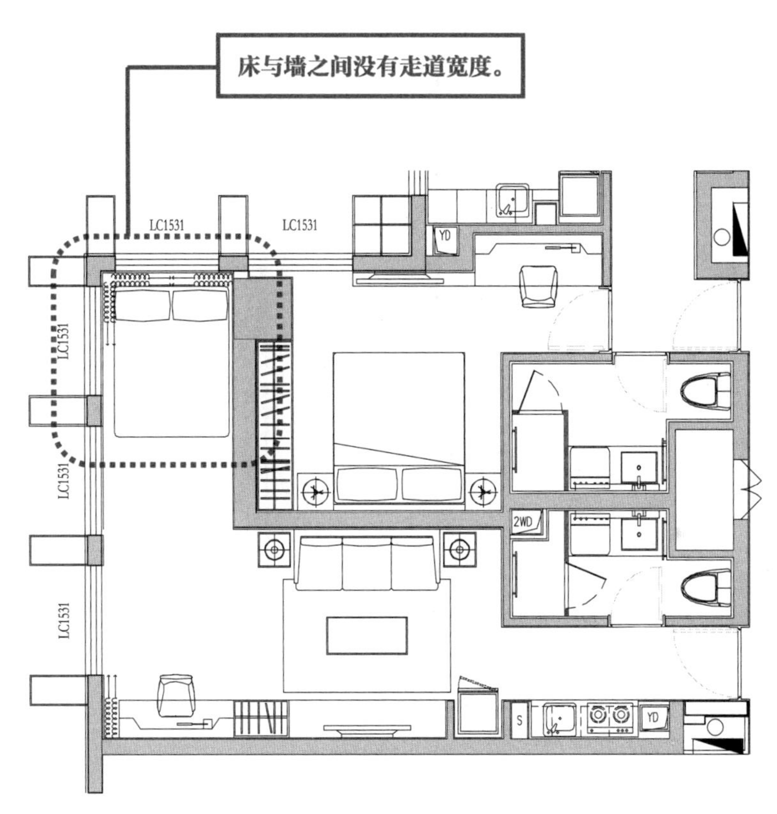

某教师公寓平面图

【解析】

《宿舍建筑设计规范》JGJ 36—2016

4.2.2 居室床位布置应符合下列规定：

3 两排床或床与墙之间的走道宽度不应小于 1.20m，残疾人居室应留有轮椅回转空间。

案例 2

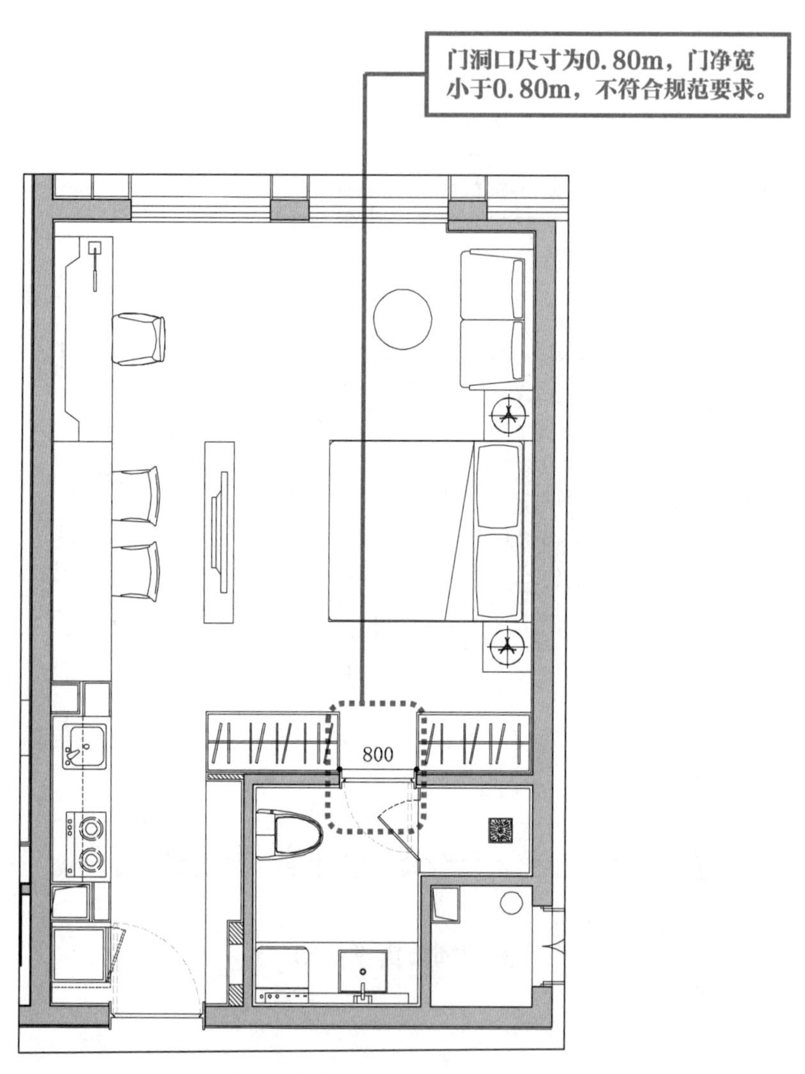

某教师公寓平面图

【解析】

《宿舍建筑设计规范》JGJ 36—2016

4.6.7 居室和辅助房间的门净宽不应小于 0.90m，阳台门和居室内附设卫生间的门净宽不应小于 0.80m。门洞口高度不应低于 2.10m。居室居住人数超过 4 人时，居室门应带亮窗，设亮窗的门洞口高度不应低于 2.40m。

2.17 《综合医院建筑设计规范》中建筑设计的相关规定

案例 1

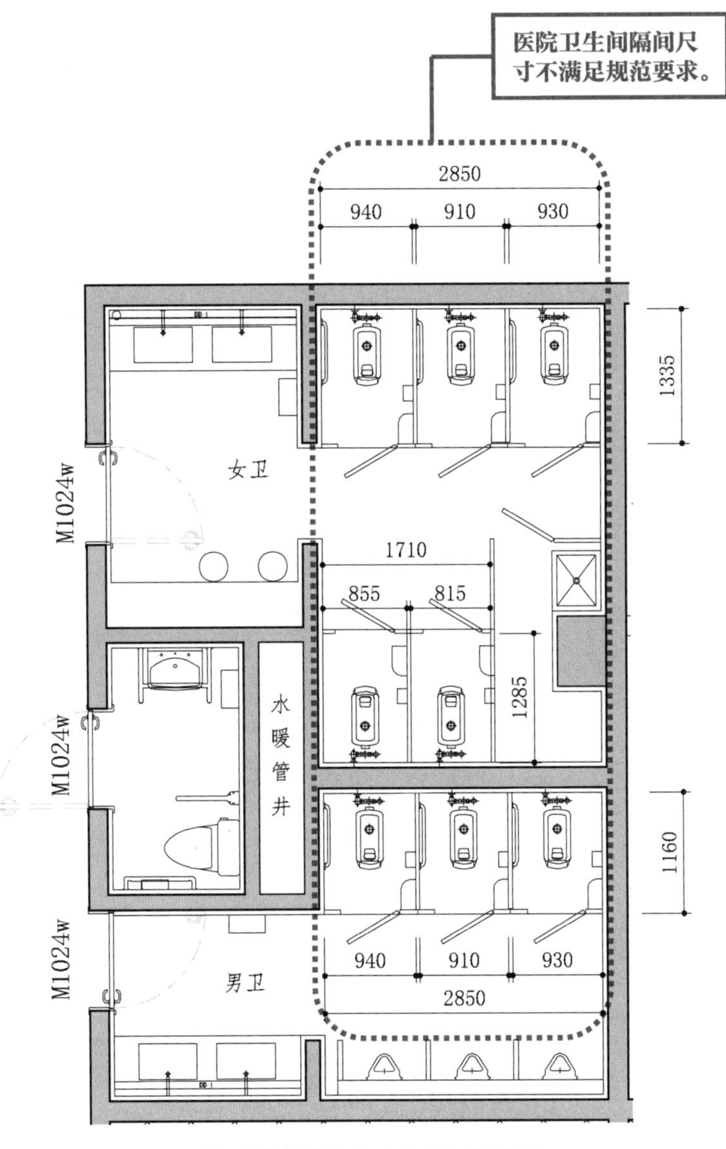

某医院就诊区卫生间平面图

【解析】

《综合医院建筑设计规范》GB 51039—2014

5.1.13 卫生间的设置应符合下列要求：

1 患者使用的卫生间隔间的平面尺寸，不应小于 1.10m×1.40m，门应朝外开，门闩应能里外开启。卫生间隔间内应设输液吊钩。

2 患者使用的坐式大便器坐圈宜采用不易被污染、易消毒的类型，进入蹲式大便器隔间不应有高差。大便器旁应装置安全抓杆。

案例 2

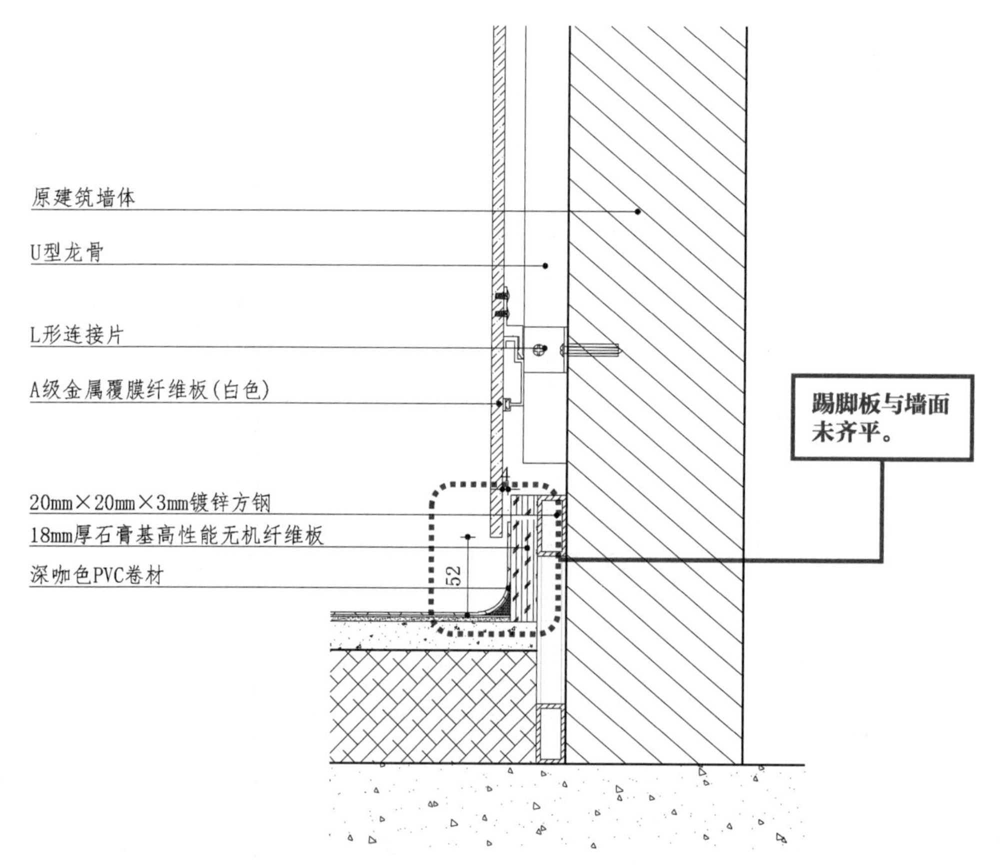

某医院就诊区踢脚板节点详图

【解析】

《综合医院建筑设计规范》GB 51039—2014

5.1.12 室内装修和防护宜符合下列要求:

1 医疗用房的地面、踢脚板、墙裙、墙面、顶棚应便于清扫或冲洗，其阴阳角宜做成圆角。踢脚板、墙裙应与墙面平。

2.18 《剧场建筑设计规范》

2.18.1 观众厅

案例 1

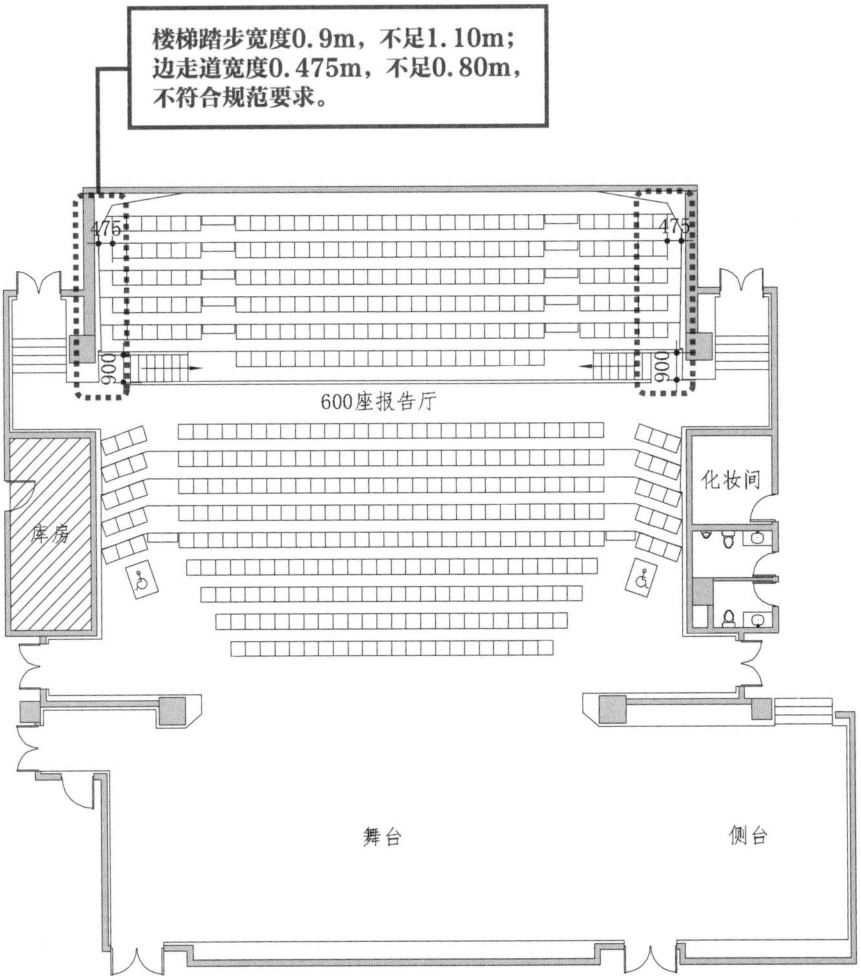
楼梯踏步宽度0.9m，不足1.10m；
边走道宽度0.475m，不足0.80m，
不符合规范要求。
475
475
900
900
600座报告厅
化妆间
库房
舞台
侧台

某剧场平面图

【解析】

《剧场建筑设计规范》JGJ 57—2016

5.3.4 走道的宽度除应满足安全疏散的要求外，尚应符合下列规定：

1 短排法：边走道净宽度不应小于 0.80m；纵向走道净宽度不应小于 1.10m，横向走道除排距尺寸以外的通行净宽度不应小于 1.10m。

案例 2

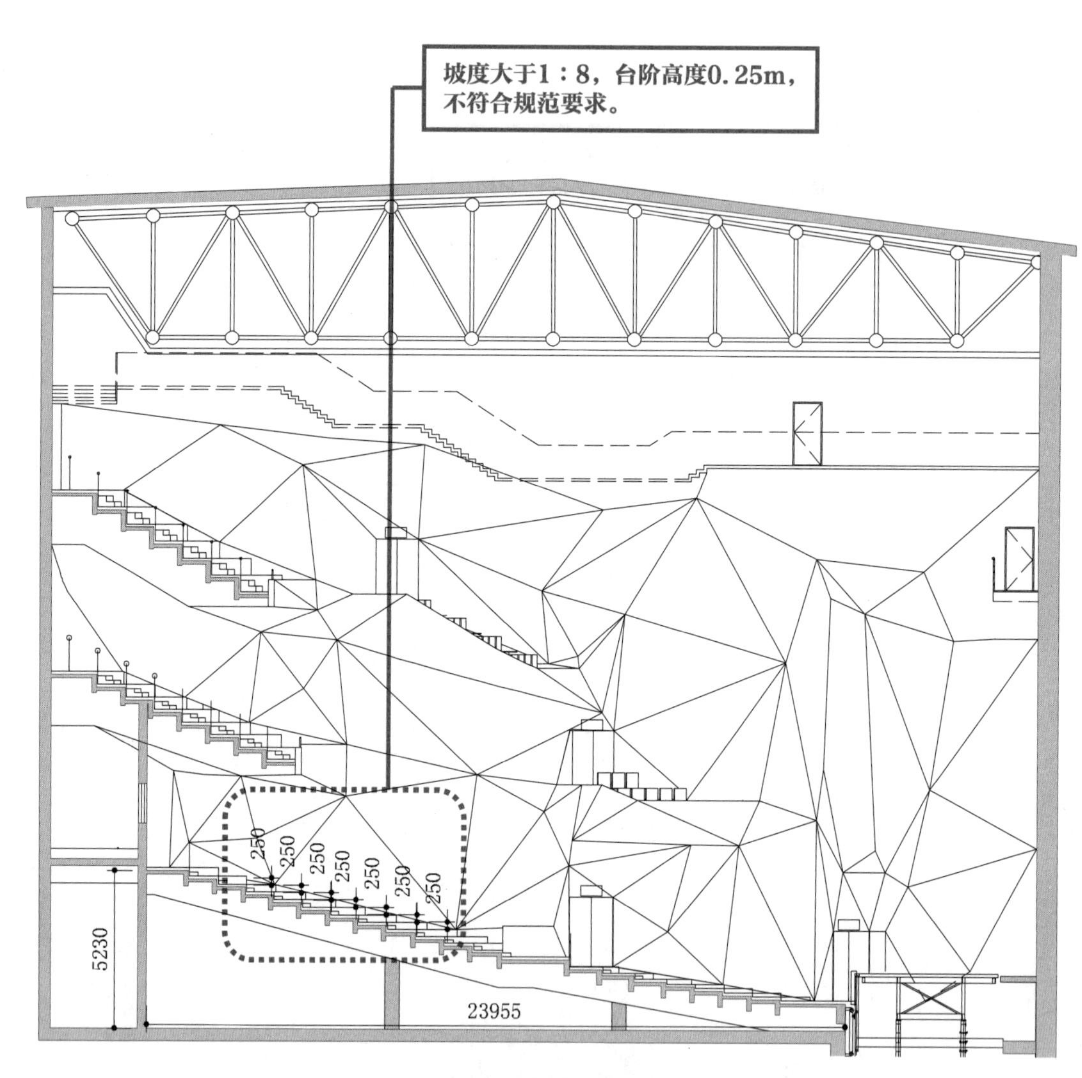

某剧场剖立面图

【解析】

《剧场建筑设计规范》JGJ 57—2016

5.3.5 观众厅纵走道铺设的地面材料燃烧性能等级不应低于 B_1 级材料，且应固定牢固，并应做防滑处理。坡度大于 1：8 时应做高度不大于 0.20m 的台阶。

案例 3

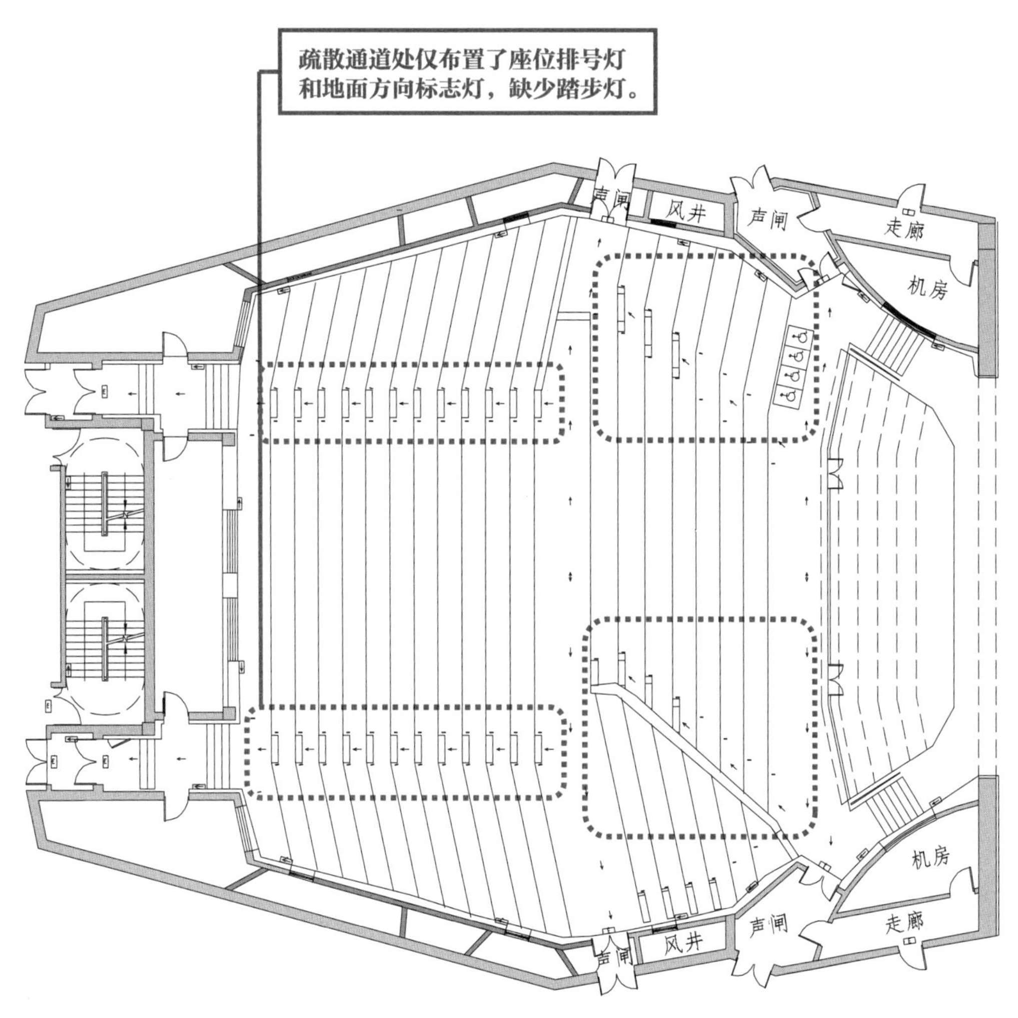

某剧场地面铺装图

【解析】

《剧场建筑设计规范》JGJ 57—2016

5.3.6 观众厅的主要疏散通道、坡道及台阶应设置地灯或夜光装置。

10.3.12 剧场应设置观众席座位排号灯。

案例 4

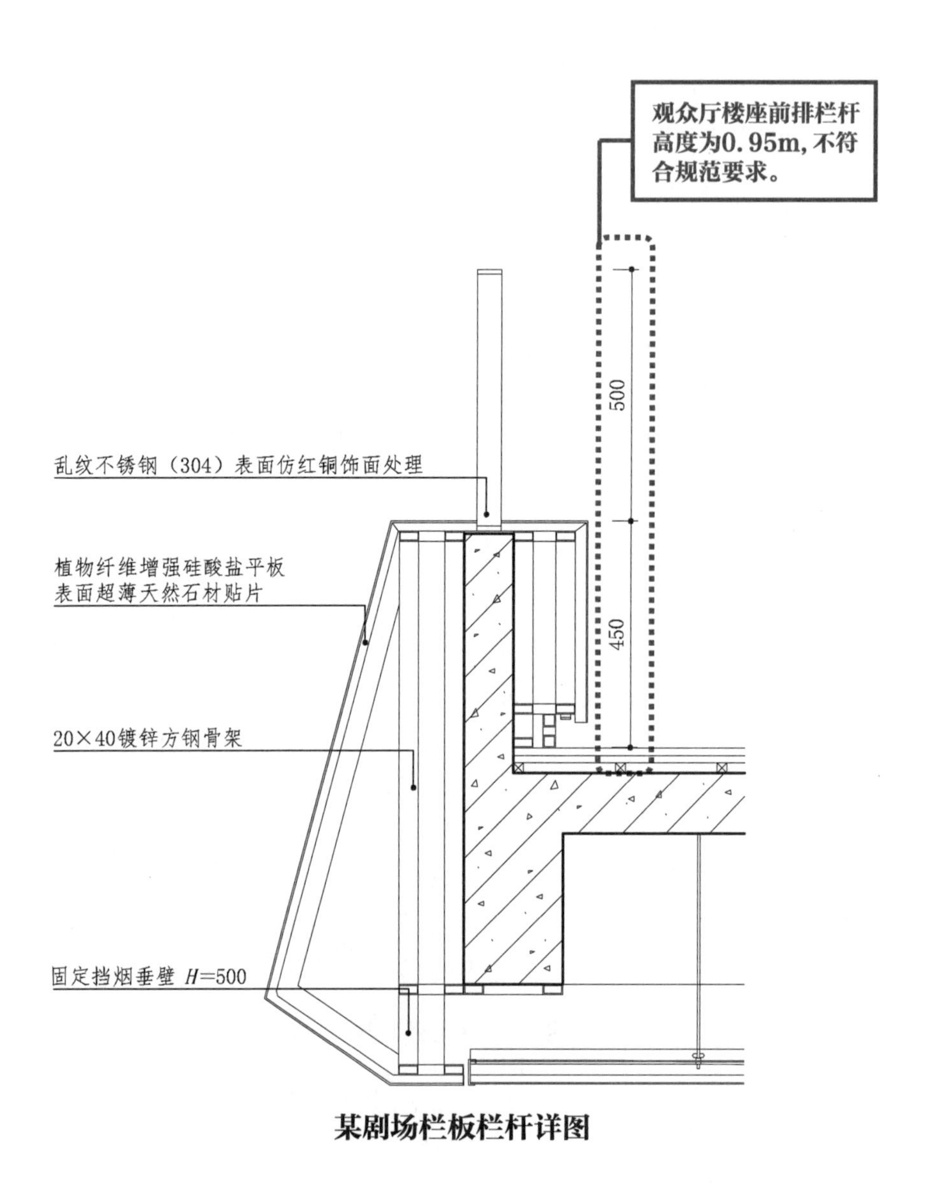

某剧场栏板栏杆详图

【解析】

《剧场建筑设计规范》JGJ 57—2016

5.3.8 观众厅应采取措施保证人身安全，楼座前排栏杆和楼层包厢栏杆不应遮挡视线，高度不应大于0.85m，下部实体部分不得低于0.45m。

2.18.2　防火设计

案例 1

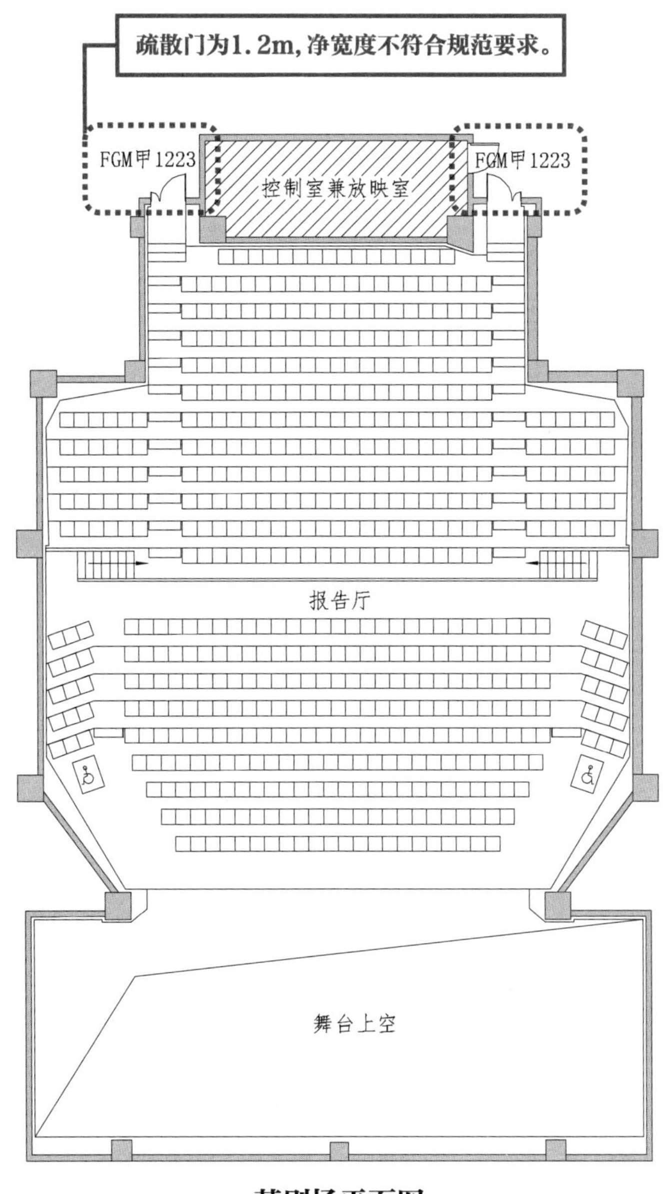

某剧场平面图

【解析】

《剧场建筑设计规范》JGJ 57—2016

8.2.2 观众厅的出口门、疏散外门及后台疏散门应符合下列规定：

1 应设双扇门，净宽不应小于 1.40m，并应向疏散方向开启。

案例 2

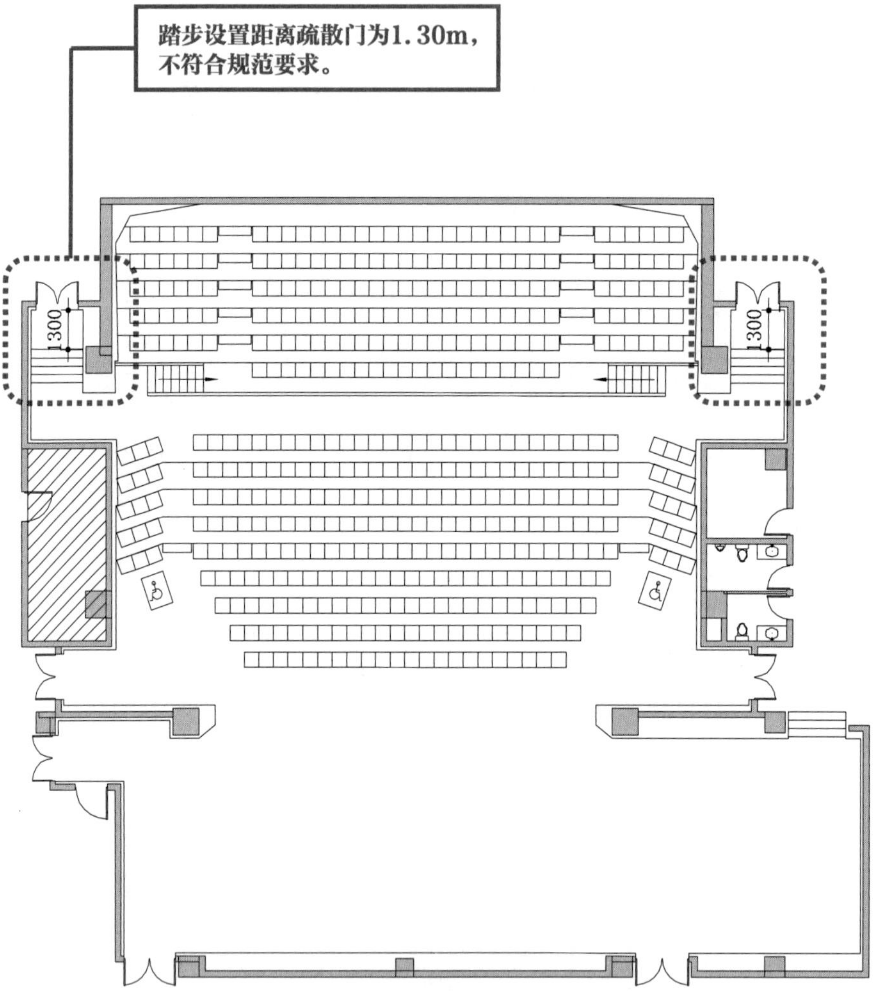

踏步设置距离疏散门为1.30m，不符合规范要求。

1300

1300

某剧场平面图

【解析】

《剧场建筑设计规范》JGJ 57—2016

8.2.2 观众厅的出口门、疏散外门及后台疏散门应符合下列规定：

2 靠门处不应设门槛和踏步，踏步应设置在距门 1.40m 以外。

案例 3

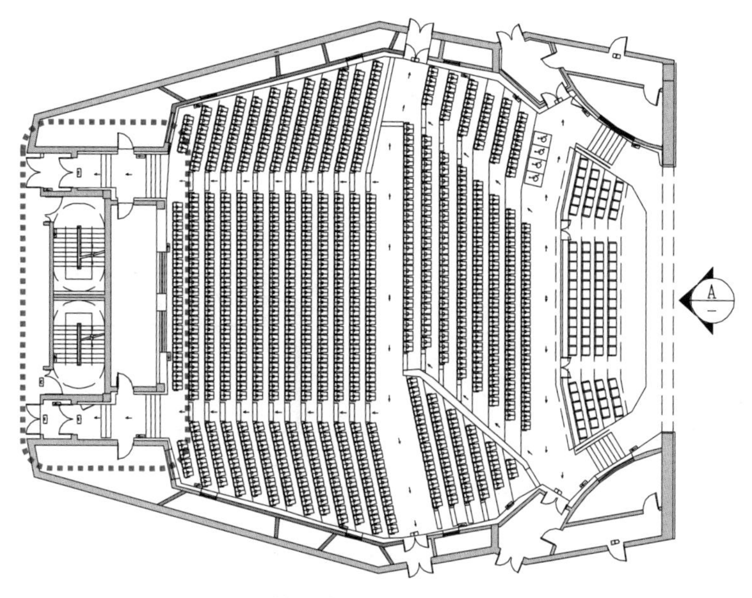

某剧场平面图

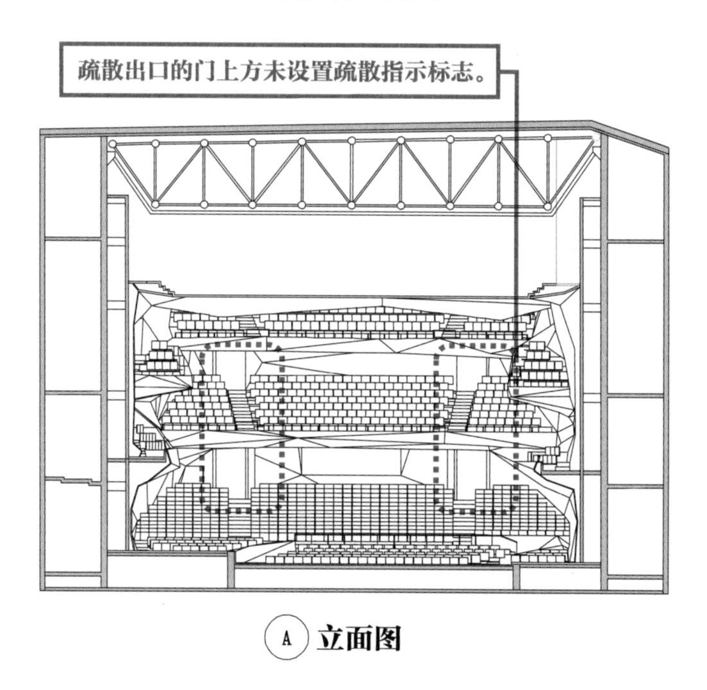

Ⓐ **立面图**

【解析】

《剧场建筑设计规范》JGJ 57—2016

8.2.2 观众厅的出口门、疏散外门及后台疏散门应符合下列规定：

4 应采用自动门闩，门洞上方应设疏散指示标志。

2.19 《电影院建筑设计规范》

2.19.1 建筑设计

2

设计规范法规专篇

案例 1

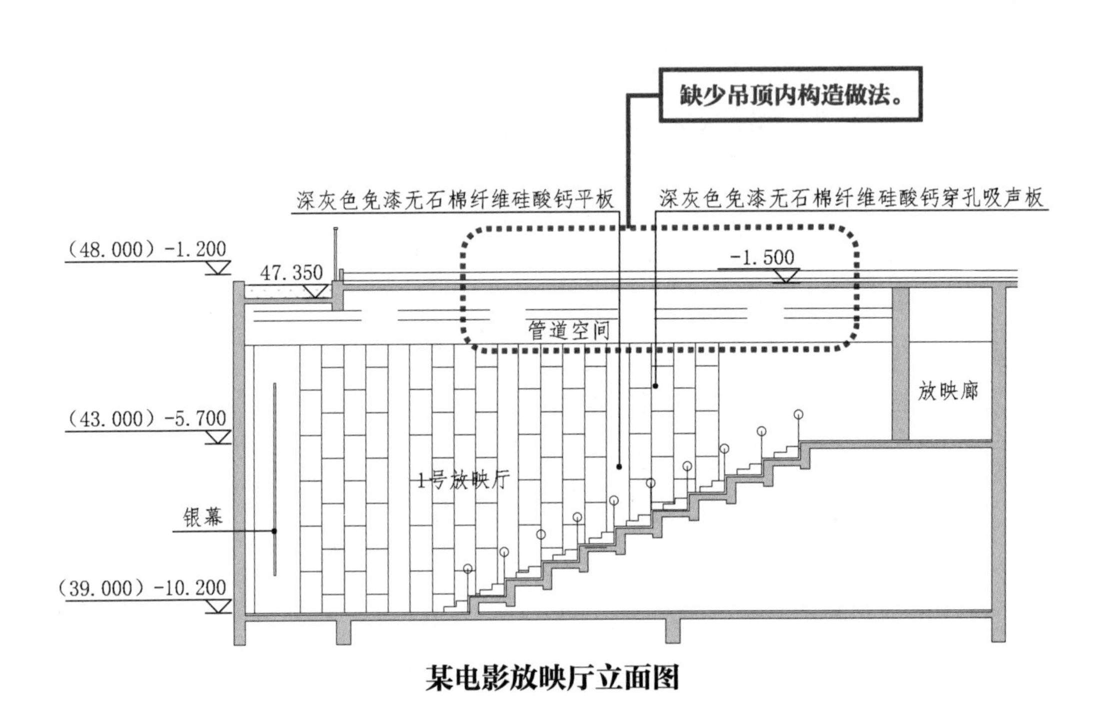

某电影放映厅立面图

【解析】

《电影院建筑设计规范》JGJ 58—2008

4.6.2 观众厅装修的龙骨必须与主体建筑结构连接牢固，吊顶与主体结构吊挂应有安全构造措施，顶部有空间网架或钢屋架的主体结构应设有钢结构转换层。容积较大、管线较多的观众厅吊顶内，应留有检修空间，并应根据需要，设置检修马道和便于进入吊顶的人孔和通道，且应符合有关防火及安全要求。

案例 2

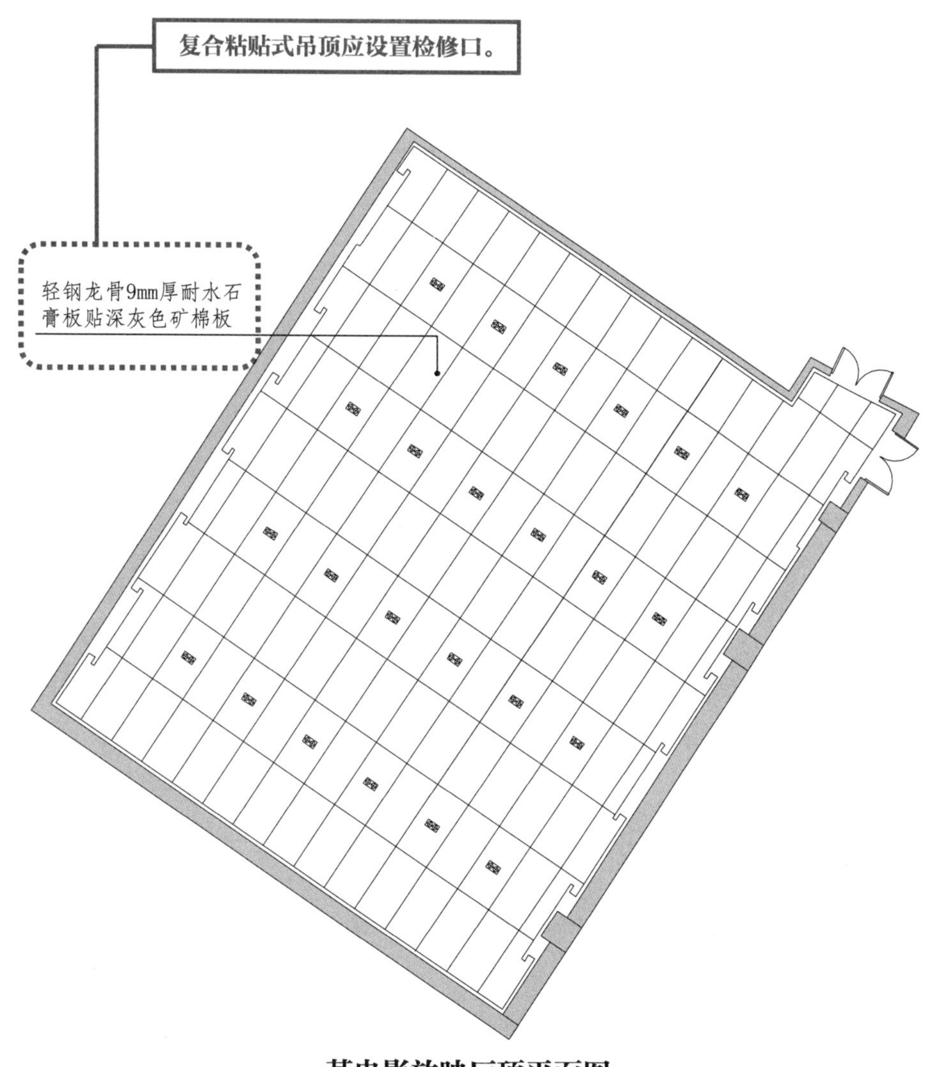

某电影放映厅顶平面图

【解析】

《电影院建筑设计规范》JGJ 58—2008

4.6.3 室内装修应符合下列规定:

5 当观众厅吊顶内管线较多且空间有限不能进入检修时，可采用便于拆卸的装配式吊顶板或在需要部位设置检修孔；吊顶板与龙骨之间应连接牢靠。

2.19.2 防火设计

案例 1

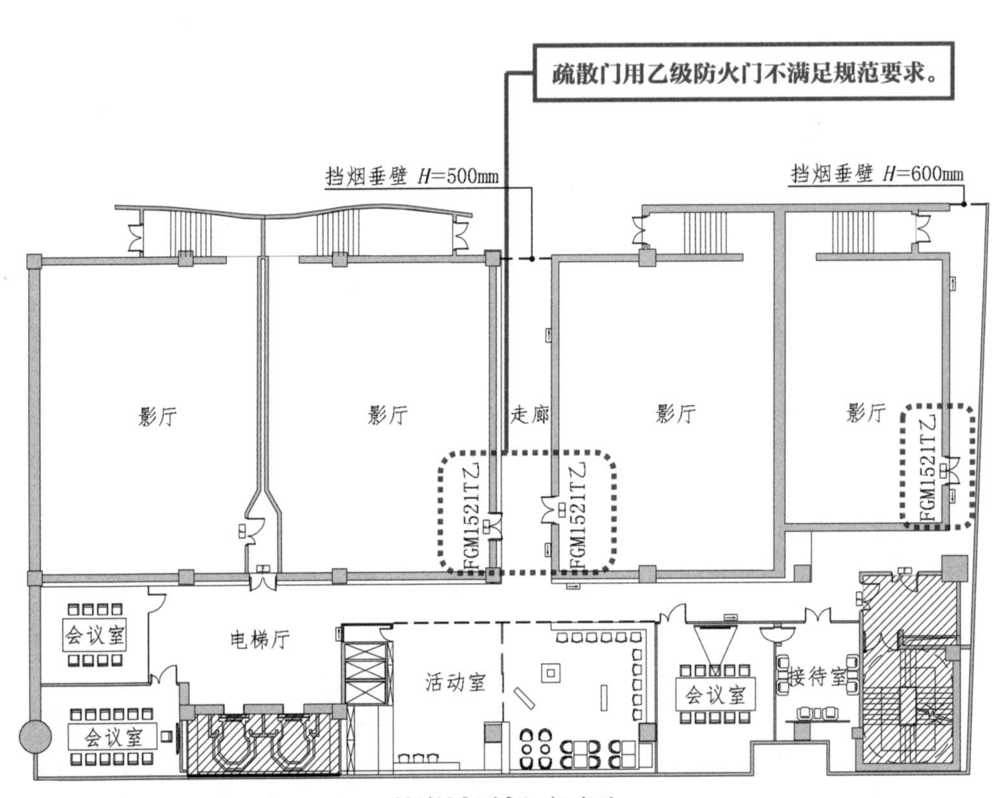

某影城局部平面图

【解析】

《电影院建筑设计规范》JGJ 58—2008

6.2.3 观众厅疏散门的数量应经计算确定，且不应少于 2 个，门的净宽度应符合现行国家标准《建筑设计防火规范》GB 50016 及《高层民用建筑设计防火规范》GB 50045 的规定，且不应小于 0.90m。应采用甲级防火门，并应向疏散方向开启。

案例 2

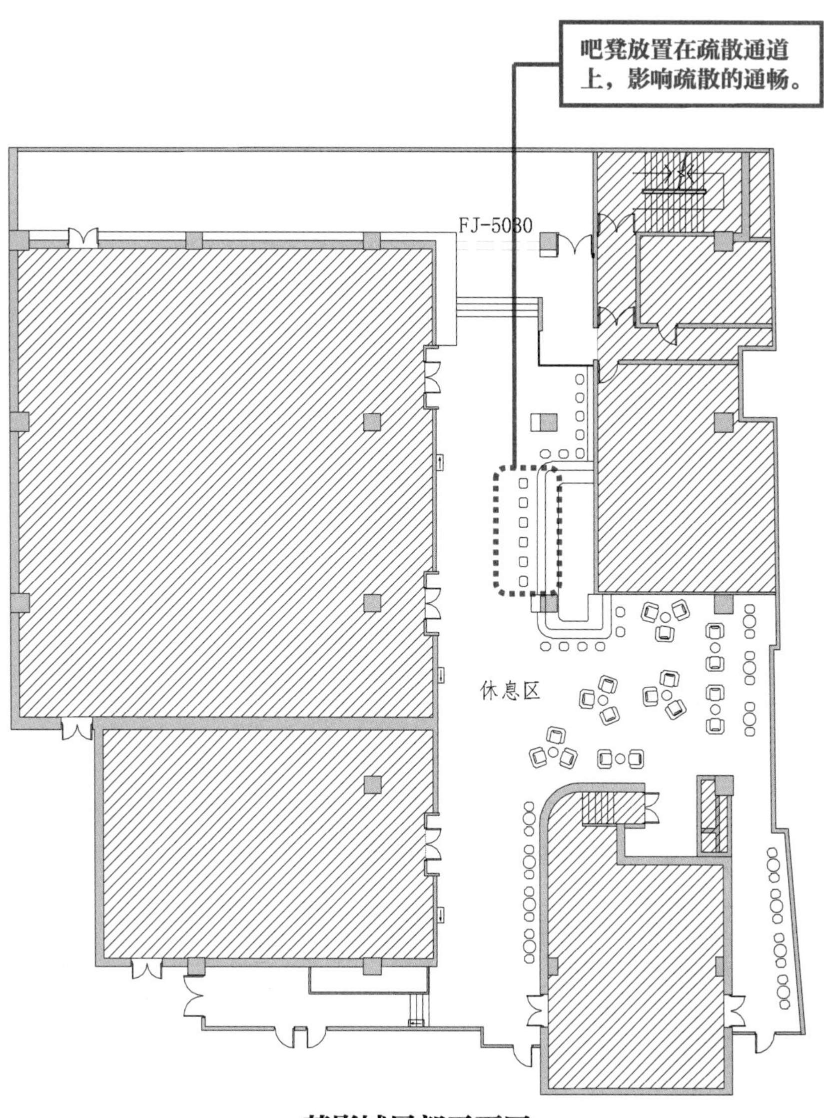

某影城局部平面图

【解析】

《电影院建筑设计规范》JGJ 58—2008

6.2.4 观众厅外的疏散通道、出口等应符合下列规定：

2 穿越休息厅或门厅时，厅内存衣、小卖部等活动陈设物的布置不应影响疏散的通畅；2m 高度内应无突出物、悬挂物。

图纸深度专篇

3.1 设计说明

3.1.1 设计规范依据

3

图纸深度专篇

案例 1

1.14. 现行国家、地方、行业有关政策、法规，设计规范、规程：

《民用建筑设计统一标准》GB 50352—2019

《建筑设计防火规范》GB 50016—2014（2018 版）

《民用机场航站楼设计防火规范》GB 51236—2017

《无障碍设计规范》GB 50763—2012

《建筑内部装修设计防火规范》GB 50222—2017

《公共建筑节能设计标准》GB 50189—2015

《云南省民用建筑节能设计标准》（公建）（DBJ 53/T—39—2020）

《绿色建筑评价标准》GB/T 50378—2019

《民用航空支线机场建设标准》MH 5023—2002

《国家口岸查验基础设施建设标准》建标 185 号—2017

《民用机场旅客航站区无障碍设施设备配置标准》MH 5062—2000

《中华人民共和国建筑法》

《建筑制图标准》(GB/T 50104—2010)

《房屋建筑制图统一标准》(GB/T 50001—2017)

《建筑工程施工质量验收统一标准》(GB 50300—2001)

某机场航站楼设计说明（局部）

设计依据中应补充：
《机场航站楼室内装饰装修工程技术规程》T/CBDA 11—2018；
《建筑工程施工质量验收统一标准》GB 50300—2013。

【解析】

《建筑工程设计文件编制深度规定（2016 年版）》

4.3.3 设计说明

1 依据性文件名称和文号，如批文、本专业设计所执行的主要法规和所采用的主要标准（包括标准名称、编号、年号和版本号）及设计合同等。

案例 2

三、设计依据：

1、甲方提供的室内装修设计任务书。

2、甲方提供的原建筑设计院设计的图纸。

3、国家现行有关设计资料及规范、图集：

3.1、《办公建筑设计标准》 JGJ/T 67—2019

3.2、《建筑设计防火规范》 GB 50016—2018 —— 规范编号有误。

3.3、《建筑内部装修设计防火规范》 GB 50222—2017

3.4、《建筑装饰装修工程质量验收标准》 GB 50210—2018

3.5、《高级建筑装饰工程质量验收标准》 DBJT 01—27—2003 —— 地方标准与项目所在地不符，且此标准已作废。

3.6、《建筑工程施工质量验收统一标准》 GB 50300—2013

3.7、《住宅室内装饰装修工程质量验收规范》 JGJ/T 304—2013 —— 所选规范与项目性质不一致。

3.8、《民用建筑工程室内环境污染控制规范》 GB 50325—2020

3.9、《建筑地面工程施工质量验收规范》 GB 50209—2019

3.10、《民用建筑设计通则》 GB 50352—2005 —— 规范已废止，应替换为新版规范标准。

注:a. 若国家颁布最新相关技术规范须以最新规范为准。

b. 若图纸中出现跟上述技术规范相违背的地方，须以上述国家规范为准。

某办公楼设计说明（局部）

3.1.2 涉及结构、安全、消防、设计做法等

案例 1

2. 项目概况

2.1. 工程名称：xx 机场二期改扩建工程（T1 国际航站楼改造部分）

2.2. 建设地点：xxxx

2.3. 项目信息：

	指标	备注
建筑面积	7573.58m²	
	地下建筑面积 661.58m²	
	地上建筑面积 6912.00m²	
建筑层数	-1 层/1 层，局部二层	
建筑高度	12.206m（扩建部分）	
设计使用年限	50 年	

室内精装修面积 3938m²，包含贵宾接待室及相关配套，到达及出发大厅，候机区，安检，行李提取，公共卫生间及母婴室等旅客所及公共区。办公室等功能用房为控制装修成本为基础装修，详见建筑专业图纸（房间用料表）。

2.4. 本工程设计标高 ±0.000 相当于绝对标高 1884.50m。

2.5. 各层标高为完成面标高，屋面标高为金属屋面完成面标高。

2.6. 本工程总图及标高以米（m）为单位，其他尺寸以毫米（mm）为单位。

某机场航站楼设计说明（局部）

缺少必要的项目概况内容

【解析】

《建筑工程设计文件编制深度规定（2016 年版）》

4.3.3 设计说明

项目概况主要内容完成对照表

应包括的内容	是否明确	应包括的内容	是否明确
建筑名称	是	建筑层数和建筑高度	是
建设地点	是	建筑防火分类和耐火等级	否
建设单位	否	主要结构类型	否
建筑面积	是	抗震设防烈度	否
建筑基底面积	否	室内精装修面积	是
设计规模等级	否	室内精装修范围和内容	是
设计工作年限	是	其他技术经济指标	否

设计说明中项目概况应逐项对照上述表格中内容，“是”为必须明确项。

案例 2

设计说明缺少吊顶相关的涉及结构安全的内容描述。

10. 吊顶工程

10.1. 采用的吊顶材料及其燃烧性能均能符合《建筑内部装修设计防火规范》GB 50222—2017。

10.2. 选用的吊顶系统应为产品配套、工业化程度高的产品；室内吊顶所采用轻钢龙骨石膏板、玻纤吸声板、金属板吊顶、木装配板吊顶、硅钙板等均为成熟吊顶系统，其构造做法均有标准图集或产品技术手册，除特殊造型外，其他做法均可直接引用图集。本工程室内吊顶工程做法引自国家建筑标准设计图集12J502—2《内装修－室内吊顶》；《材料做法表》及本项目详图未尽内容可依照国家标准图集直接引用。

10.3. 本吊顶工程设计满足室内功能空间对吊顶的要求，绘制的顶平面图与水暖电工种紧密配合；所有因室内设计引起的灯具、风口、消防喷淋、烟感、紧急广播喇叭等设施位置在图面上均有定位尺寸标注、并已作为作业图发给相关专业工种；所有相关专业的信息点定位应该按照整齐、理性的原则，以专业施工图及装修施工图的定位为准，如有不符或遗漏，应及时通知专业设计单位，装饰施工单位必须给予积极配合，做好放线定位开孔工作，由设计单位确定后才能施工。

10.4. 吊顶完成后要求平整，无明显的凹凸、下垂，吊顶板材面漆无明显色差。如碰到大型设备管线（特别是风管）时应通过钢结构转换后再安装主龙骨，不得利用设备管线支架作为支撑条件，施工方需深化所有钢结构转换层构造及反支撑构造图，并取得设计院建筑及结构专业的书面同意后方可施工。

10.5. 本工程轻钢龙骨石膏板吊顶均采用加强型轻钢龙骨，石膏板厚度除注明外单层均为 12mm 厚，双层 9.5mm，双层石膏板需错缝搭接、特殊造型或特殊功能要求吊顶详见相关顶平面图及相关部位详图；吊顶工程应避免使用木龙骨。

某机场航站楼设计说明（局部）

【解析】

《民用建筑通用规范》GB 55031—2022

6.4.2 吊顶与主体结构的吊挂应采取安全构造措施。重量大于 3kg 的物体，以及有振动的设备应直接吊挂在建筑承重结构上。

6.4.8 吊顶系统不应吊挂在吊顶内的设备管线或设施上。

《建筑室内吊顶工程技术规程》CECS 255：2009

4.2.4 当吊杆与管道等设备相遇、吊顶造型复杂或内部空间较高时，应调整吊杆间距、增设吊杆或增加钢结构转换层。吊杆不得直接吊挂在设备或设备的支架上。

案例 3

应补充：机场航站楼室内装饰装修材料部品构配件有害物质限量应满足《机场航站楼室内装饰装修工程技术规程》T/CBDA 11—2018第4.2.3、4.2.4、4.2.5条各项规定及要求。

4. 室内精装修材料：

4.1 内装修选用的材料应符合：

《室内装饰材料人造板及其制品中的甲醛释放限量》GB 18580—2017

《木器除料中有害物质限量》 GB 18581—2020

《建筑用墙面涂料中有害物质限量》GB 18582—2020

《室内装饰装修材料 胶粘剂中有害物质限量》GB 18583—2008

《室内装饰装修材料 木家具中有害物质限量》GB 18584—2001

《室内装饰装修材料 壁纸中有害物质限量》GB 18585—2001

《室内装饰装修材料 地毯、地毯衬垫及地毯胶粘剂有害物质释放限量》GB 18587—2001

《建筑材料发射性核素限量》GB 6566—2010

《干挂石材幕墙用环氧胶粘剂》JC 887—2001

某机场航站楼设计说明（局部）

【解析】

《机场航站楼室内装饰装修工程技术规程》T/CBDA 11—2018

4.2.3 装饰装修材料挥发性有机物释放率测试方法，应符合现行行业标准《建筑装饰装修材料挥发性有机物释放率测试方法—测试舱法》JG/T 528 的相关规定。

4.2.4 木制品甲醛和挥发性有机物释放率测试方法，应符合现行行业标准《木制品甲醛和挥发性有机物释放率测试方法—大型测试舱法》JG/T 527 的相关规定。

4.2.5 水性内墙涂覆材料应符合现行行业标准《低挥发性有机化合物（VOC）水性内墙涂覆材料》JG/T 481 的相关规定。

案例 4

> 应补充：石材加工制作应满足《机场航站楼室内装饰装修工程技术规程》T/CBDA 11—2018第4.3.2条、5.5.1条各项规定及要求。

8. 墙面装饰工程：石材

8.1 石料工程

1) 施工单位需于订料前提交不小于 150mmX150mm 的石材样品，说明质量，色彩，磨光度和纹理，批准的样品应作为本工程的所有石材材料的标准。

2) 石材本身不得有隐伤、风化等缺陷，所有石材出厂前均需做六面防护，现场加工的石材应再次以同种防护剂修补，部分质地特殊的石材需出厂前浸泡处理；地面大理石需做硬化结晶处理。

3) 采用湿作业铺贴的天然石材应作防碱处理(均需六面防护)。质地较为疏松的石材，特别是浅色石材，不管其施工方法和安装部位如何，均应做防潮、防污处理。粘贴法施工的石材为防止石材的病变，优先采用具有较好防水性能的聚合物水泥基粘结材料。

8.2 干挂石材根据供应方提交技术进行干挂，所有的钢架均为热镀锌钢材。除特殊标注外均为 25mm，干挂槽口内满注环氧树脂 A.B 胶，每块石材固定点不少于四个，侧面挂装的石材除侧面不得少于四个固定点外，背面要开槽，结构胶干挂；吊顶挂的石材，侧面固定点不得少于四个。

某机场航站楼设计说明（局部）

【解析】

《机场航站楼室内装饰装修工程技术规程》T/CBDA 11—2018

4.3.2 石材加工制作应符合下列要求：

1 同一区域使用的天然石材宜采用同一个矿源同一个层面的岩石，并符合现行国家标准《天然花岗石建筑板材》GB/T 18601、《天然大理石建筑板材》GB/T 19766、《干挂饰面石材》GB/T 32834 的相关规定；

2 饰面石材加工不应出现崩边、爆角等缺陷；

3 湿贴石材应在工厂进行六面防护处理，护理前应完成石材的全部加工和修补工序，并保持清洁干燥；

4 石材蜂窝复合板应符合现行行业标准《建筑装饰用石材蜂窝复合板》JG/T 328 的相关规定；

5 人造石应符合现行行业标准《人造石》JC/T 908 和《建筑装饰用人造石英石板》JG/T 463 的相关规定。

5.5.1 墙柱面应符合下列要求：

3 人造石材墙柱面应符合现行行业团体标准《室内装饰装修工程人造石材应用技术规程》T/CBDA 8 的相关规定；

4 天然石材墙柱面应符合现行行业标准《天然石材装饰工程技术规程》JCG/T 60001 和现行行业团体标准《建筑装饰室内石材技术规程》CECS 422 的相关规定。

案例 5

7.	防水工程
7.1	基层要求：各种水泥砂浆找平层（或细石混凝土找平找坡层）应平整、坚固、密实、无油污、无起砂起壳现象。20mm 厚深度内的含水率应不在于 8%（用聚合物水泥基材料做防水材料时含水率可不大于 10%）。
7.2	楼面卫生间防水宜采用聚氨酯 2mm 厚涂膜防水，对于大面积的楼面防水宜采用卷材防水。
7.3	地面防水层宜采用刚性材料和柔性材料复合防水。柔性防水层做在水泥材料找平层上，刚性防水层做在柔性防水层的水泥砂浆保护层上。柔性材料防水可用弹性聚氨酯涂膜厚 1.5～2.0mm，刚性材料防水可采用高分子益胶泥 2mm 或防水砂浆 15～20mm 做防水层。

北京某机场航站楼设计说明（局部）

应补充：聚氨酯防水涂料应明确是单组份，符合京建发〔2019〕149号文《北京市禁止使用建筑材料目录（2018年版）》的规定。

【解析】

京建发〔2019〕149 号文《北京市禁止使用建筑材料目录（2018 年版）》

类别	建筑材料名称	禁止使用的范围	禁止使用的原因	禁止使用的依据与生效时间
防水材料	双组份聚氨酯防水涂料、溶剂型冷底子油	民用建筑工程	易发生火灾事故，施工过程污染环境	根据《关于发布〈北京市推广、限制和禁止使用建筑材料目录（2014 年版）〉的通知》（京建发〔2015〕86 号），从 2015 年 10 月 1 日起实施

3.1.3 防火设计说明

案例

十一、防火设计说明

……

7. 这次室内装修设计严格遵循“预防为主，防消结合”的原则，在选材上依据建筑内部各部位装修材料的燃烧性能等级规定如下：

建筑物及场所	建筑规模、性质	装修材料燃烧性能等级									
		顶棚	墙面	地面	隔断	固定家具	装饰织物				其他装修装饰材料
							窗帘	帷幕	床罩	家具包布	
办公场所	一类建筑	A	B_1	B_2	B_2	B_2	B_1	B_1	-	B_1	B_1

地面、隔断材料燃烧等级低于B_1级。

某高层办公建筑设计说明（局部）

十一、防火设计说明

……

7. 这次室内装修设计严格遵循建筑内部装修设计防火规范“预防为主，防消结合”的原则，在选材上依据规范建筑内部各部位装修材料的燃烧性能等级规定如下：

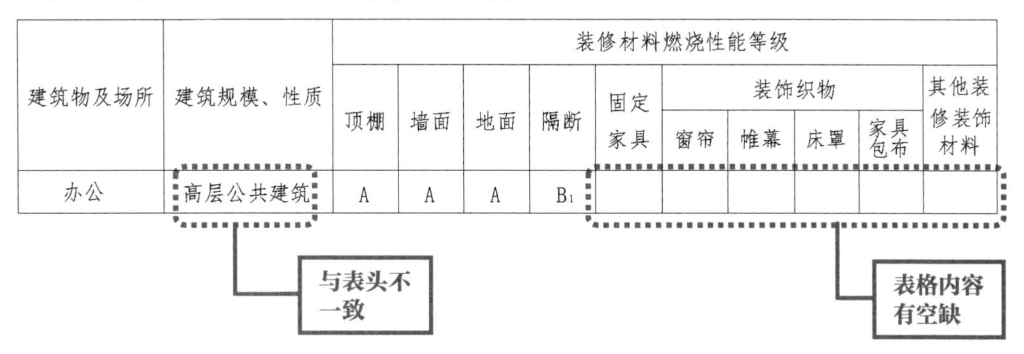

建筑物及场所	建筑规模、性质	装修材料燃烧性能等级									
		顶棚	墙面	地面	隔断	固定家具	装饰织物				其他装修装饰材料
							窗帘	帷幕	床罩	家具包布	
办公	高层公共建筑	A	A	A	B_1						

某高层办公建筑设计说明（局部）

【解析】

案例中高层民用建筑中，办公场所的地面及隔断的装修材料的燃烧性能等级不应低于 B_1 级。

3.2 材料表

3.2.1 材料选用

案例

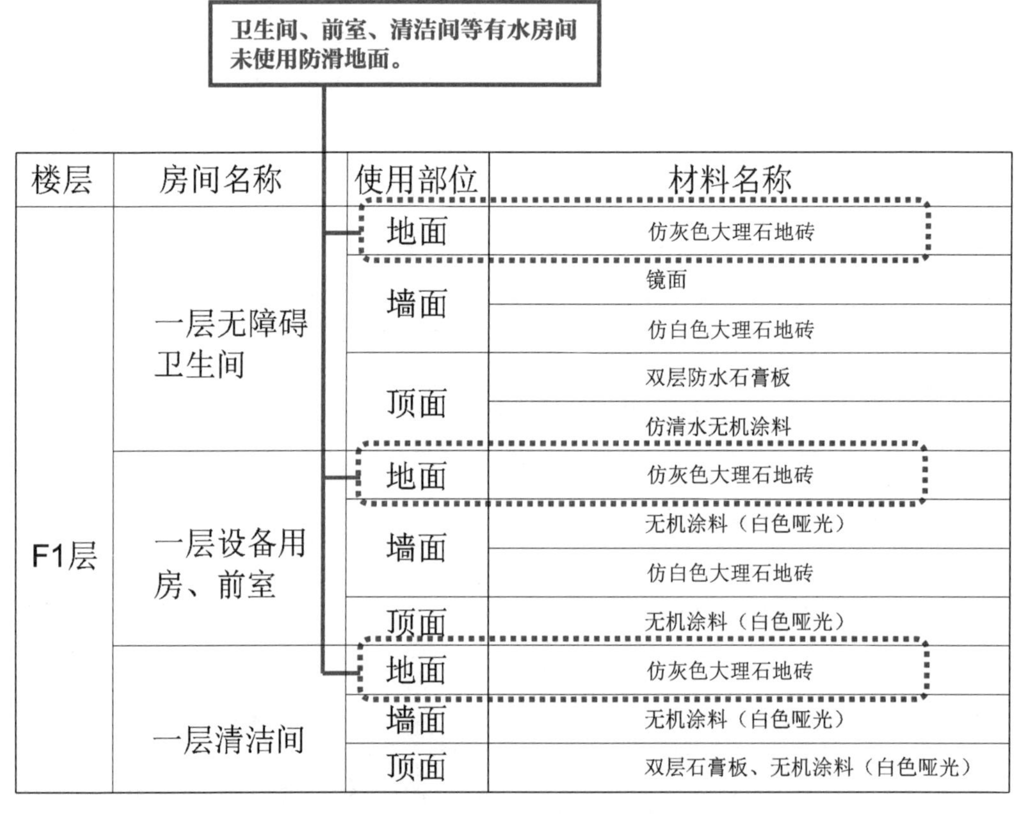

楼层	房间名称	使用部位	材料名称
F1层	一层无障碍卫生间	地面	仿灰色大理石地砖
		墙面	镜面
			仿白色大理石地砖
		顶面	双层防水石膏板
			仿清水无机涂料
	一层设备用房、前室	地面	仿灰色大理石地砖
		墙面	无机涂料（白色哑光）
			仿白色大理石地砖
		顶面	无机涂料（白色哑光）
	一层清洁间	地面	仿灰色大理石地砖
		墙面	无机涂料（白色哑光）
		顶面	双层石膏板、无机涂料（白色哑光）

某办公楼设计说明（局部）

【解析】

《建筑地面设计规范》GB 50037—2013

3.1.7 有水或非腐蚀性液体经常浸湿、流淌的地面，应设置隔离层并采用不吸水、易冲洗、防滑的面层材料，隔离层应采用防水材料。装配式钢筋混凝土楼板上除满足上述要求外，尚应设置配筋混凝土整浇层。

3.2.1 公共建筑中，经常有大量人员走动或残疾人、老年人、儿童活动及轮椅、小型推车行驶的地面，其地面面层应采用防滑、耐磨、不易起尘的块材面层或水泥类整体面层。

3.2.2 公共场所的门厅、走道、室外坡道及经常用水冲洗或潮湿、结露等容易受影响的地面，应采用防滑面层。

3.2.2 材料燃烧性能等级

案例 1

12BJ1-1工程做法不适用于江苏地区。

室内装修材料做法表（参考12BJ1-1工程做法，及13J502-1、2、3国标内装修图集）				
墙面材料做法表				
编号	做法名称	工程做法	备注	等级
内墙1	装饰一体化内墙板（用于西区卫生间、操作间、走道、更衣间）	15厚覆膜装饰板	精装	A
		基层墙体	土建	
内墙2	合成树脂乳液涂料墙面 10mm（用于入口区消防、安防控制室）	喷（刷、辊）合成树脂乳胶漆涂料2道 刷封底漆1道（干燥后再做面漆） 满刮2厚面层耐水腻子找平 8厚粉刷石膏砂浆打底分遍赶平 素水泥浆一道（内掺建筑胶）	精装	A
		基层墙体	土建	

江苏某项目设计说明（局部）

内墙2中的乳胶漆应为B_1级。

【解析】

12BJ1-1 是华北标 BJ 系列图集，其工程做法不适用于江苏地区。

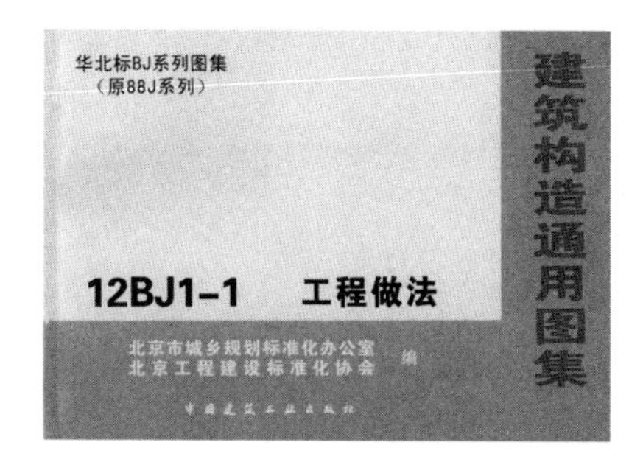

案例 2

吊顶做法（单位：mm）		
		分层做法
成品铝扣板（厨房）（不上人）	棚1	铝合金扣板
		T型轻钢（横向）次龙骨，中距600
		U型轻钢主龙骨中距≤1200，找平后与吊杆固定
		ϕ6钢筋吊杆，双向中距≤1200，吊杆上部与板底预留吊环（钩）固定
		现浇钢筋混凝土板底预留ϕ10钢筋吊环（勾），双向中距≤1200
石膏板吊顶（上人）（有防水）	棚2	无机涂料两遍（乳胶漆饰面三道）
		满刮2厚面层耐水腻子找平，面板接缝处贴嵌缝带，刮腻子找平
		双层12厚防潮石膏板错缝铺贴（底板3000×1200×9.5，面板2400×1200×9.5）
		U型龙骨横撑中距≤1500
		U型次龙骨C60×27，中距400，用吊件固定在主龙骨上
		U型上人主龙骨CS60×27，中距≤1200，ϕ8吊筋吊杆连接主龙骨和吊杆

某工程材料做法表

普通乳胶漆燃烧性能等级为B_1级，无机涂料燃烧性能等级为A级。

【解析】

乳胶漆饰面应注明防火性且需有检测报告证实其燃烧性能等级达到 A 级。

3.2.3　材料表内容

案例 1

应满足防滑要求。

楼层	房间名称	楼地面			
		做法	材料	材料描述	防火等级
负一层	餐厅/包间	地1-a	地砖	仿木纹/通体砖	A
	电梯厅	楼4	花岗岩石材	25厚/灰麻/亮面	A
	厨房	地1-b	防滑地砖	通体砖/浅灰色	A
	卫生间	地1-b	防滑地砖	通体砖/浅灰色	A
	储藏间	地1-a	防滑地砖	通体砖/米白色	A
	新风机房	地2-a	水泥地面	水泥地面	A
	消防水泵房	地2-b	水泥地面	灰色	A
	楼梯间	楼1-b	防滑地砖	灰色哑光	A

某工程房间用料表

【解析】

《建筑地面设计规范》GB 50037—2013

3.1.7　有水或非腐蚀性液体经常浸湿、流淌的地面，应设置隔离层并采用不吸水、易冲洗、防滑的面层材料，隔离层应采用防水材料。装配式钢筋混凝土楼板上除满足上述要求外，尚应设置配筋混凝土整浇层。

3.2.1　公共建筑中，经常有大量人员走动或残疾人、老年人、儿童活动及轮椅、小型推车行驶的地面，其地面面层应采用防滑、耐磨、不易起尘的块材面层或水泥类整体面层。

3.2.2　公共场所的门厅、走道、室外坡道及经常用水冲洗或潮湿、结露等容易受影响的地面，应采用防滑面层。

案例 2

应补充圆管铝格栅。

楼层	房间名称	使用部位	材料编号	材料名称
F1层	图书馆前厅24小时借阅区	地面	CT-01/WD-05	仿大理石通体砖/复合木地板
		墙面	PT-04	150mm高耐擦洗无机涂料（仿清水）
			AL-04	穿孔铝单板深灰色金属漆
			ST-01	干挂石材
			AL-11	木纹转印铝单板
			PT-01	无机涂料（白色哑光）
			PT-03	仿清水无机涂料（柱子）
		顶面	AL-01+AL-05	200m宽铝条板+设备带
			PT-03	仿清水无机涂料
	儿童阅览室	地面	WD-05	复合木地板
			PVC-01/02/03	PVC卷材地面（仿清水、橙色、绿色）
		墙面	WD-02	木饰面装配板
			WD-02	木饰面装配板
			PT-01	无机涂料（白色哑光/彩色绿、粉）
		顶面	PB-01	微孔石膏板
			PT-01	无机涂料（白色哑光）
	数字体验馆	地面	CT-01	仿大理石通体砖
		墙面	AL-07	100mm高铝单板踢脚线（金属漆）
			PT-03	仿清水无机涂料
		顶面	PB-01/02	纸面石膏板
			PT-02	无机涂料（木色）
			PT-03	无机涂料（仿清水）

应为轻钢龙骨微孔石膏板。

某工程房间用料表

应补充轻钢龙骨纸面石膏板。

案例 3

房间名称	使用部位	材料编号	材料名称	材料描述	规格				材料燃烧性能等级
					长	宽	高	厚	
					mm	mm	mm	mm	
接待室	墙面	WD-03	成品定制壁纸装配板	米白色（肌肤触感）	详施工图			18	A级
		PT-02	无机涂料	白色，哑光	-				A级
	顶面	GB-01	轻钢龙骨纸面石膏板	双层纸面石膏板	详施工图			9.5	A级
		PT-02	无机涂料	白色，哑光	-				A级
	踢脚	MT-04	不锈钢	304#黑色拉丝	详施工图		60	1.2	A级
	地面	WF-01	实木复合地板	柚木实木复合地板	详施工图			18	B_1级
母婴室	墙面	WD-02	木饰面装配防火板	天然木本色（直纹）	详施工图			18	A级
		ST-03	灰色大理石	艾克斯木纹（咖）台面	详施工图			20	A级
		WD-04	木纹装配防火挂板	天然木本色（直纹）成品定制门、洗手台木饰面					
		MT-05	灰色金属板	氟碳喷涂色同玻璃隔断金属框	详施工图			1.2	A级
		GL-04	银镜	防雾处理	-				A级
	顶面	GB-01	轻钢龙骨纸面石膏板	双层纸面石膏板	详施工图			9.5	A级
		PT-02	无机涂料	白色，哑光	-				A级
	地面	CT-01	大板瓷砖	全瓷通体防滑地砖深灰色	600	600		10	A级

某工程房间用料表

母婴室在平面图位于核心筒，属于无窗房间，顶面和墙面材料的燃烧等级应为A级；相关的内容欠缺。

3.3 门表

3.3.1 门芯材料

3

图纸深度专篇

案例

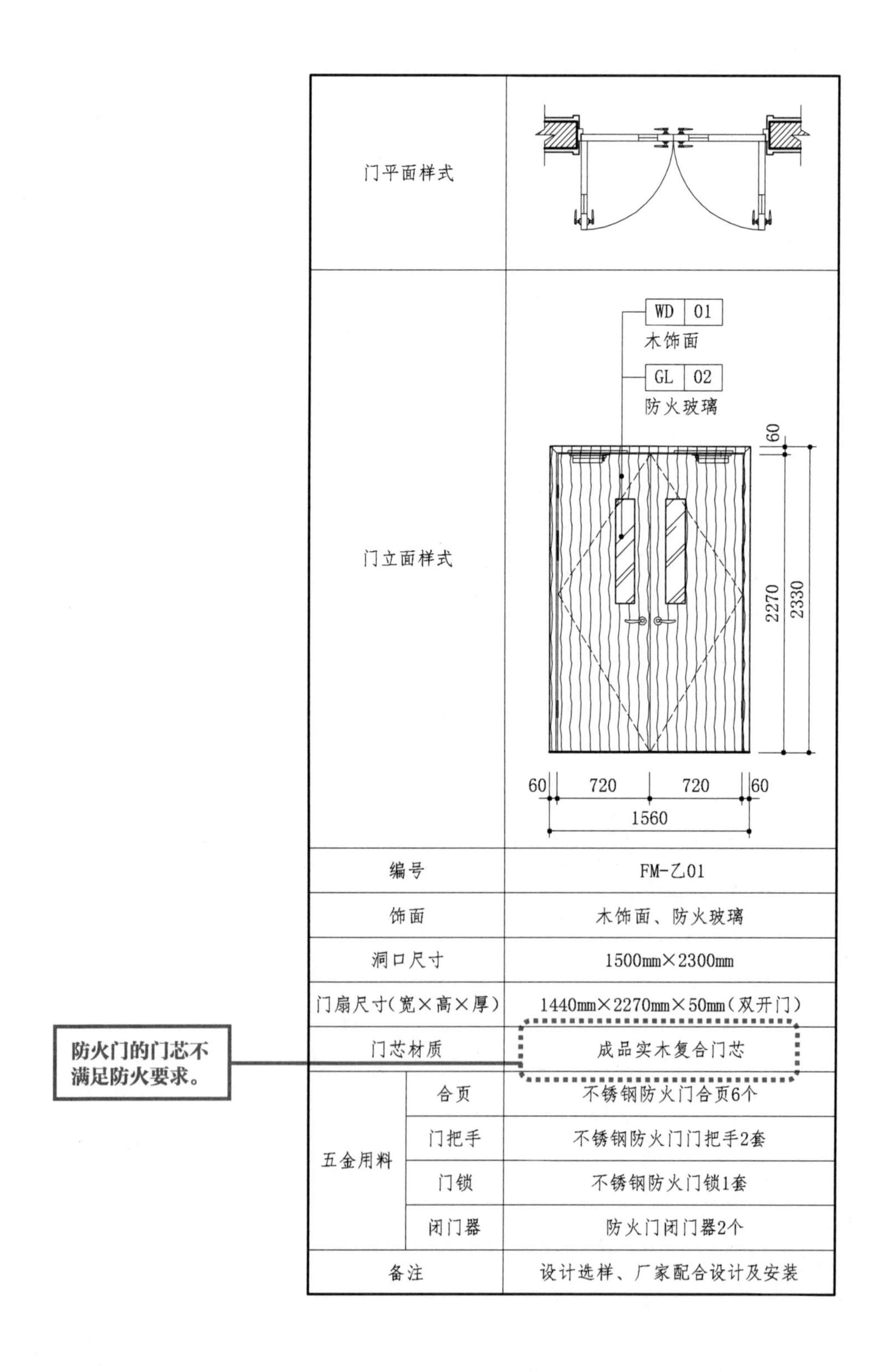

3.3.2 门的五金

案例 1

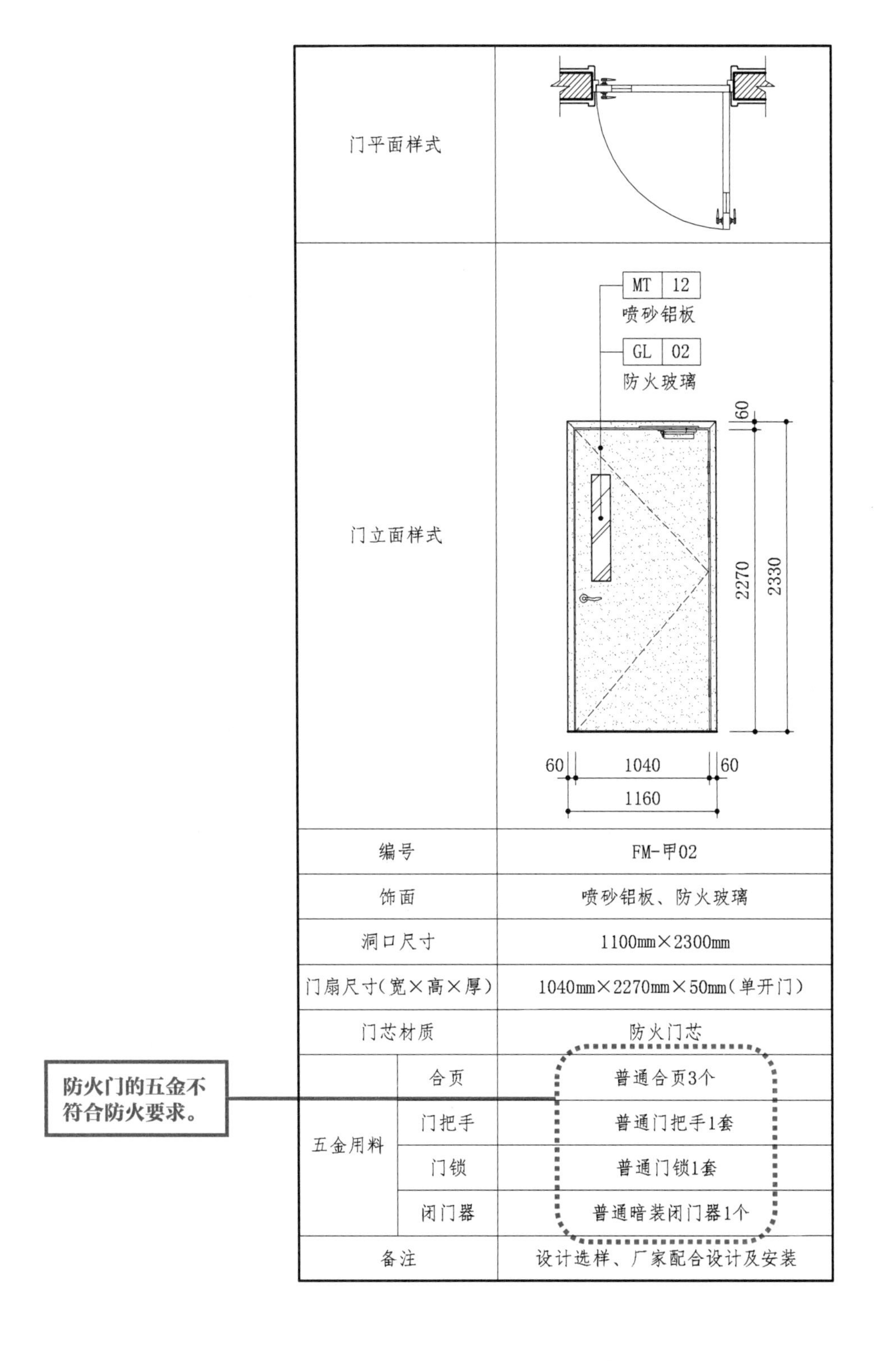

门平面样式		（平面图）
门立面样式		（立面图）
编号		FM-甲02
饰面		喷砂铝板、防火玻璃
洞口尺寸		1100mm×2300mm
门扇尺寸(宽×高×厚)		1040mm×2270mm×50mm(单开门)
门芯材质		防火门芯
五金用料	合页	普通合页3个
	门把手	普通门把手1套
	门锁	普通门锁1套
	闭门器	普通暗装闭门器1个
备注		设计选样、厂家配合设计及安装

案例 2

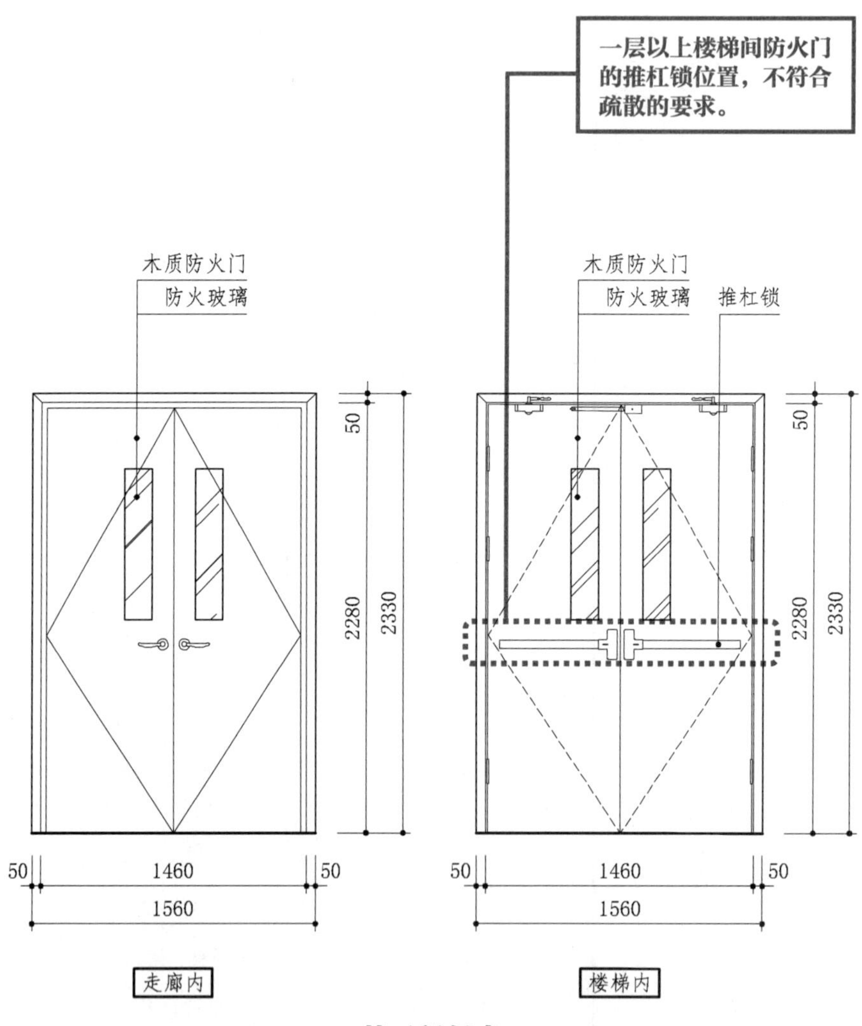
一层以上楼梯间防火门的推杠锁位置，不符合疏散的要求。
木质防火门
防火玻璃
木质防火门
防火玻璃
推杠锁
50
2280
2330
50
2280
2330
50
1460
50
1560
50
1460
50
1560
走廊内
楼梯内

某工程门表

3.3.3 门的构造

案例 1

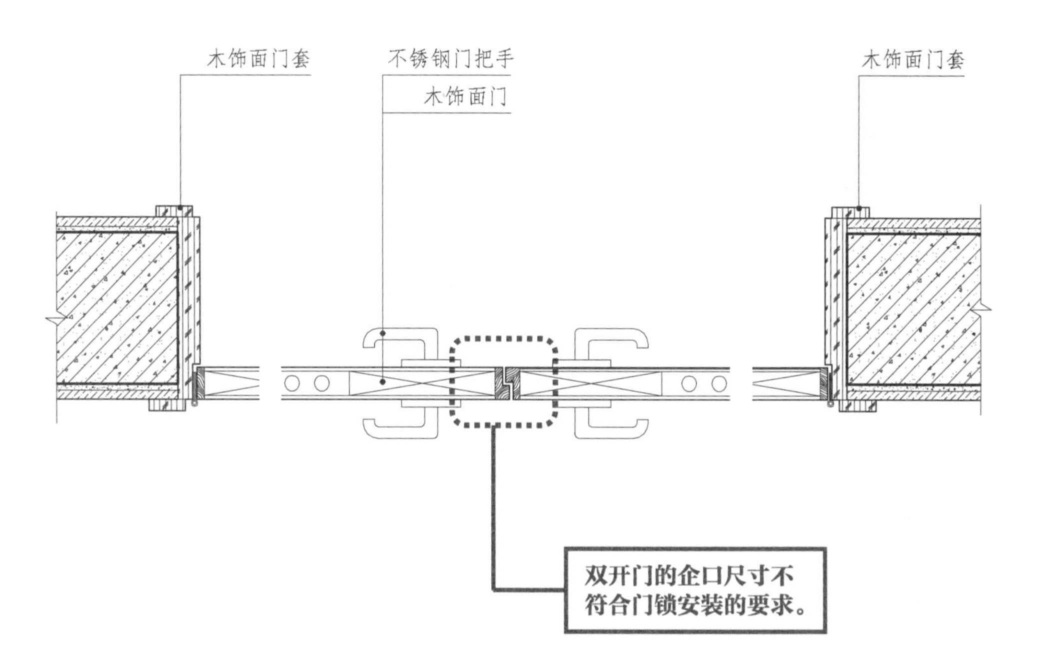

双开门门锁安装示意

案例 2

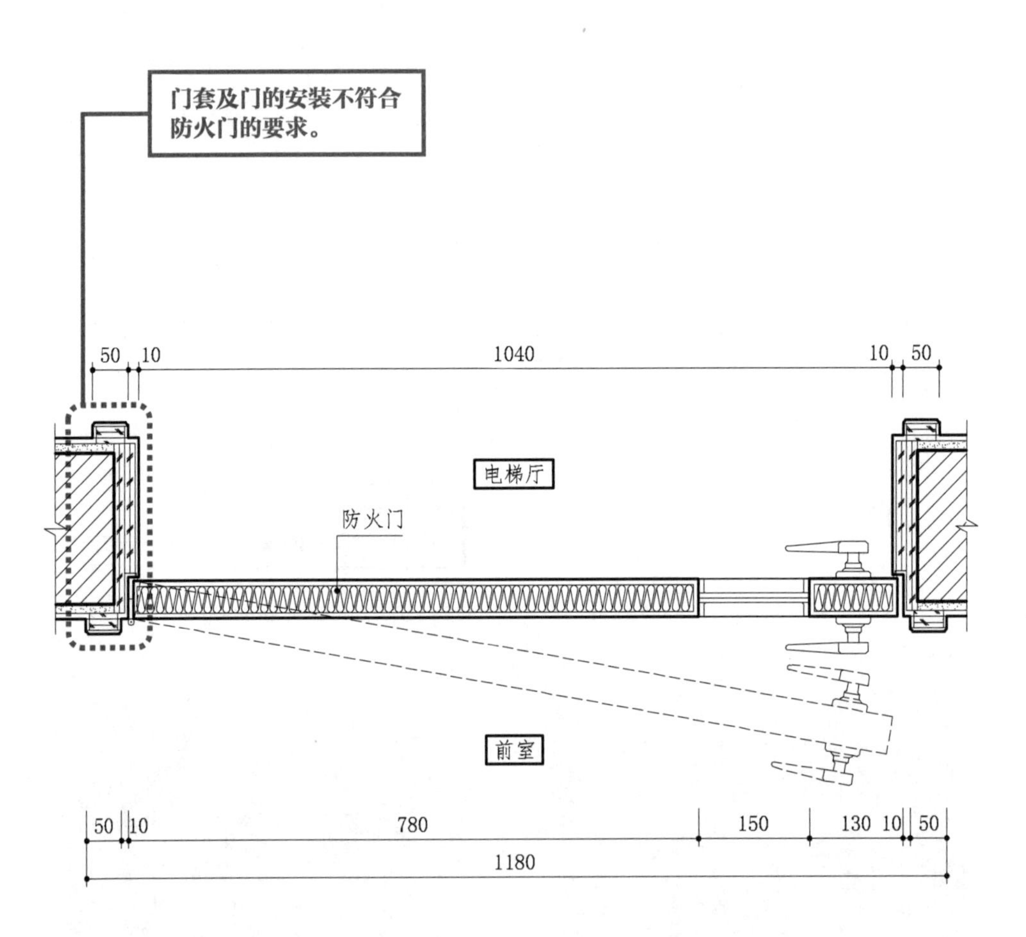
门套及门的安装不符合防火门的要求。
50
10
1040
10
50
电梯厅
防火门
前室
50
10
780
150
130
10
50
1180

3.4 平面图

3.4.1 平面设计问题

案例 1

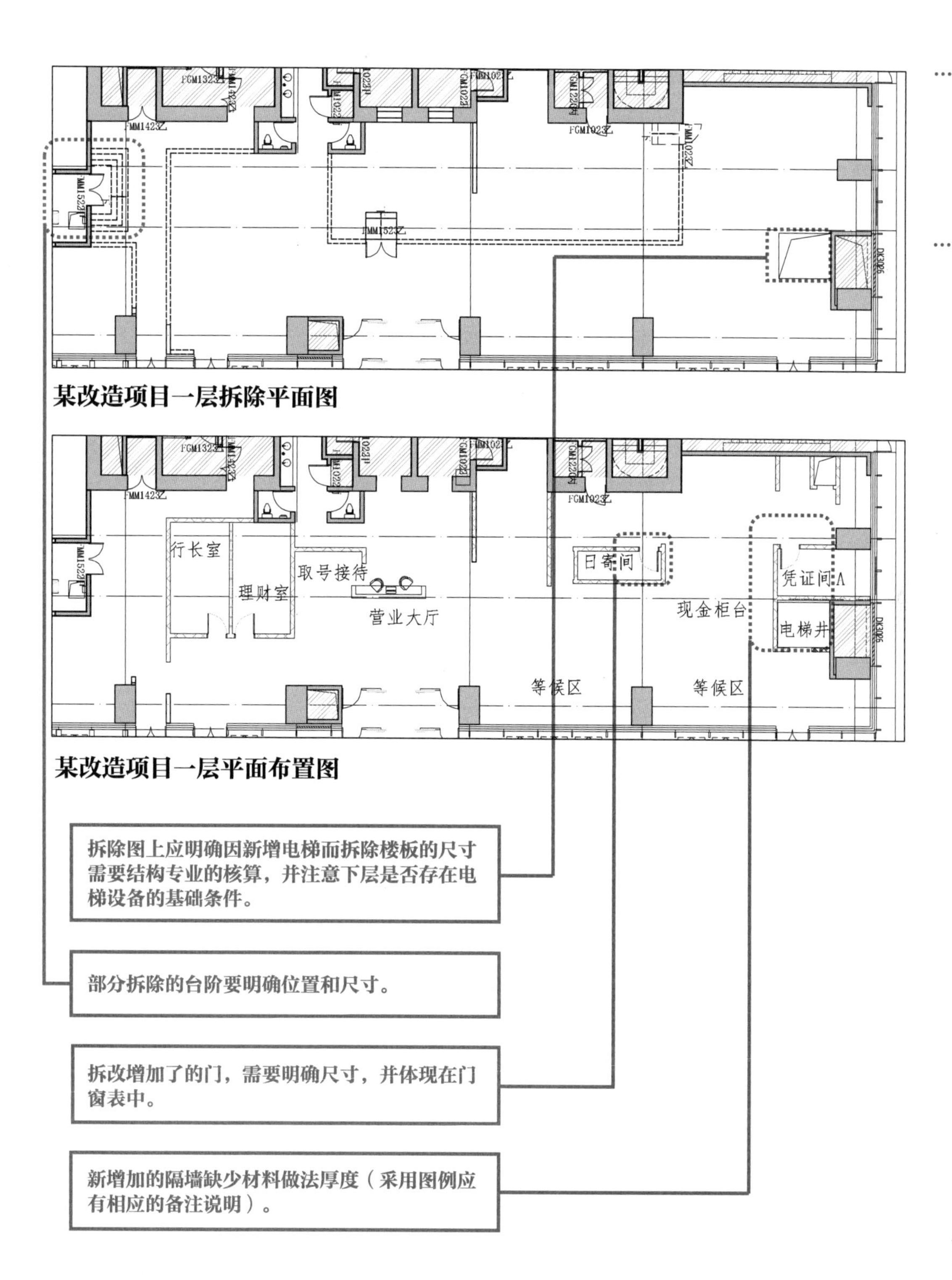

某改造项目一层拆除平面图

某改造项目一层平面布置图

案例 2

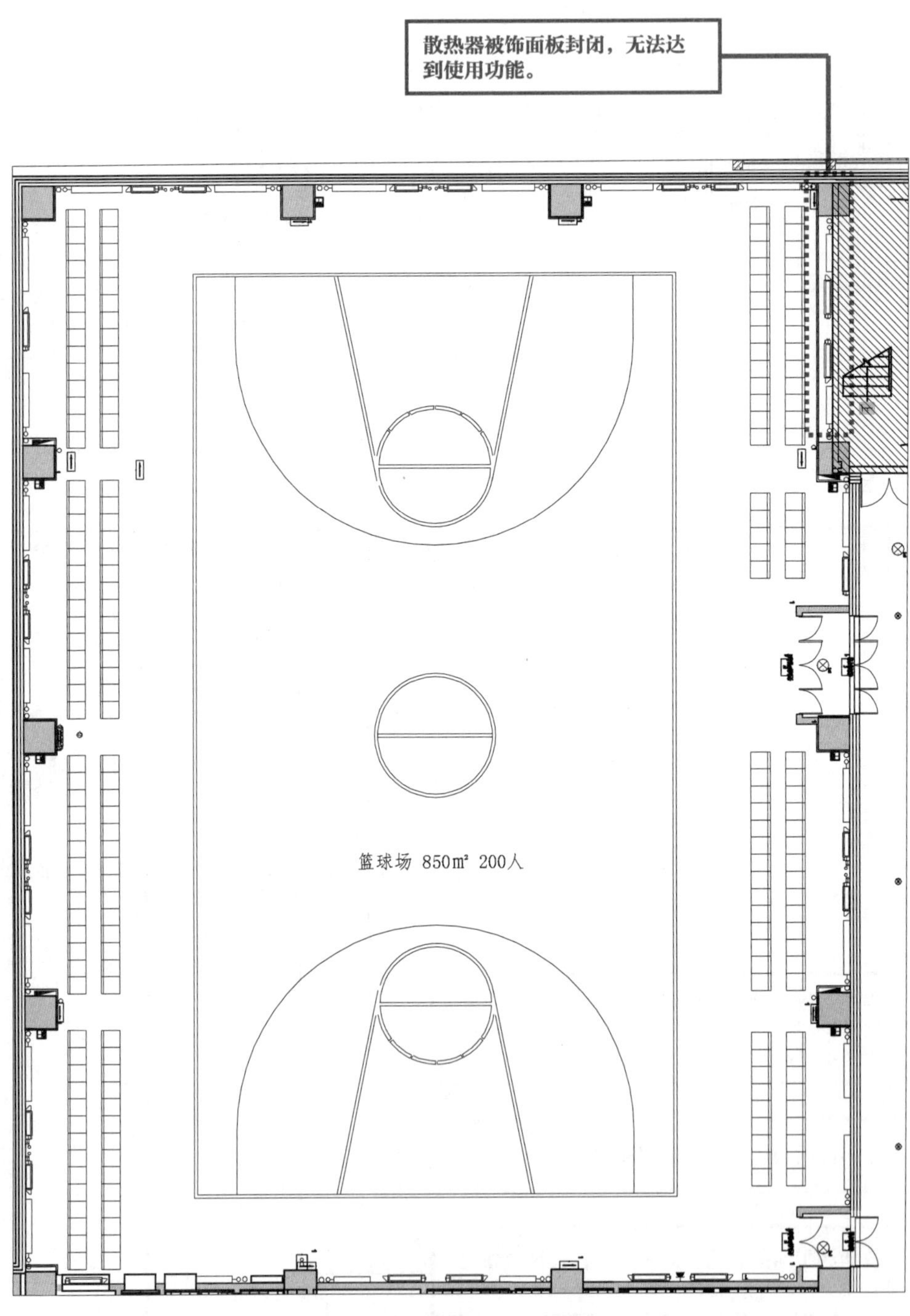

某市体育馆一层平面图

案例 3

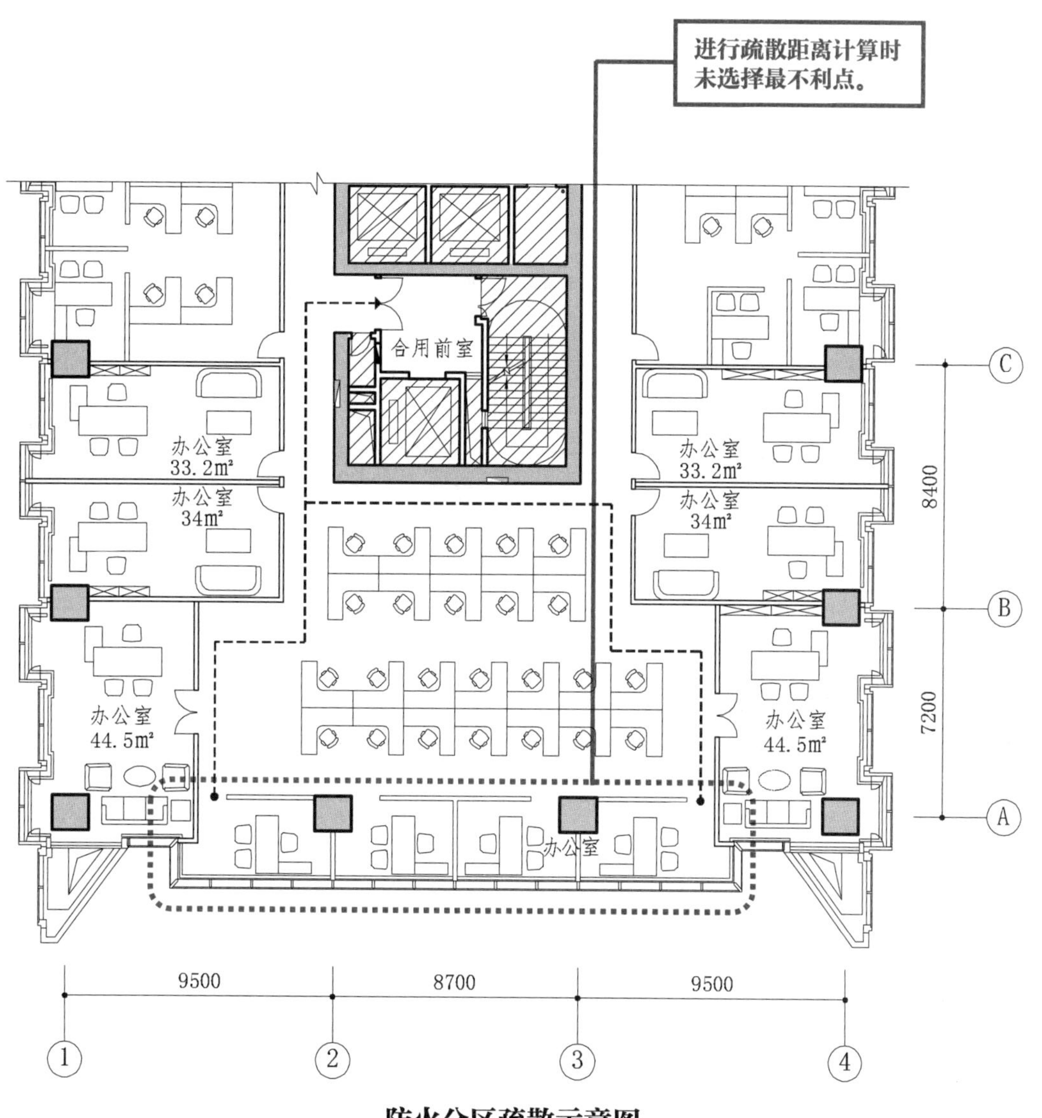

防火分区疏散示意图

【解析】

公共建筑的安全疏散距离应符合下列规定：一、二级耐火等级建筑内疏散门或安全出口不少于 2 个开敞办公区，其室内任一点至最近疏散门或安全出口的直线距离不应大于 30m；当该场所设置自动喷水灭火系统时，室内任一点至最近安全出口的安全疏散距离可分别增加 25%。

案例 4

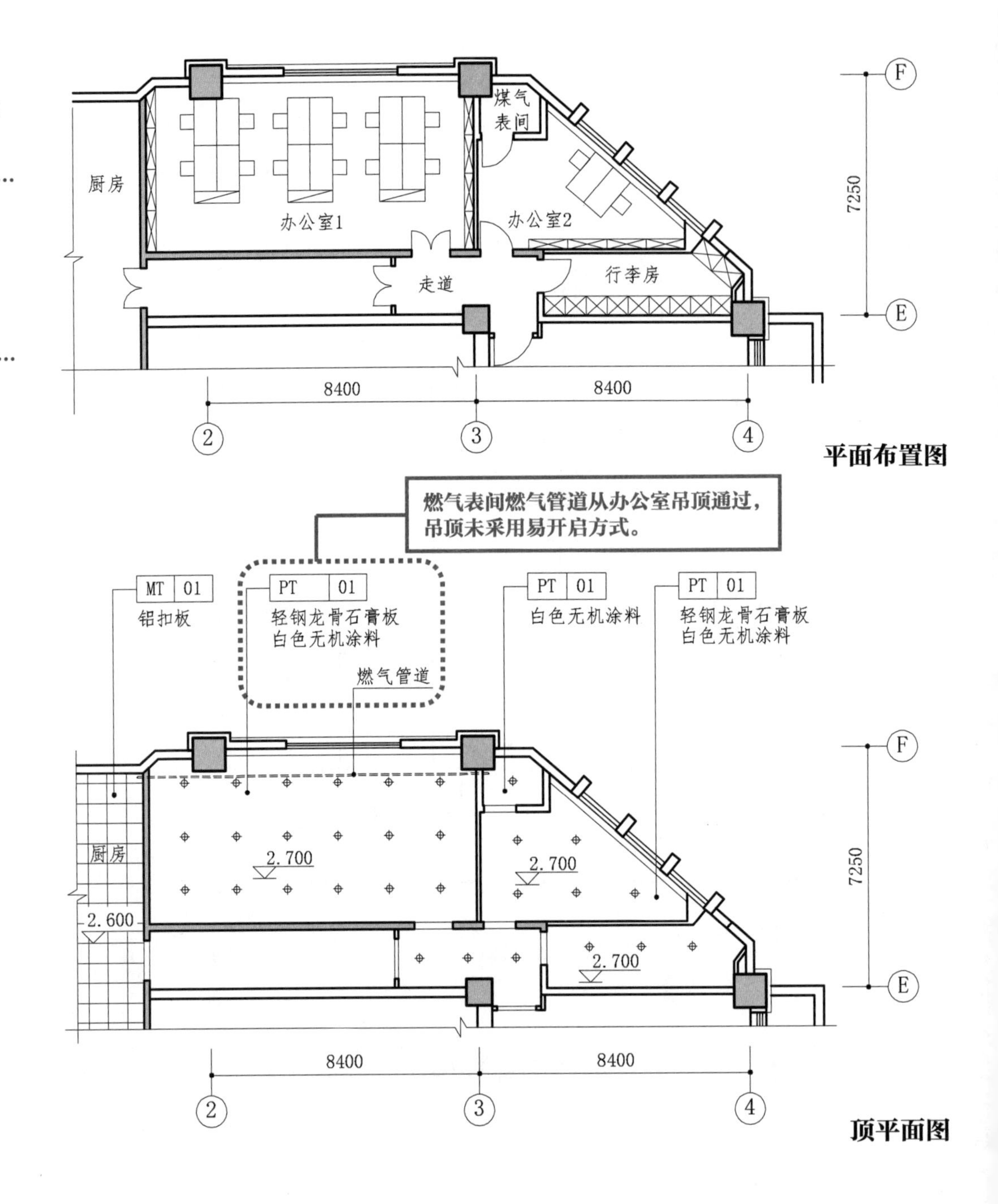

【解析】

《城镇燃气设计规范》GB 50028—2006（2020 年版）

10.2.25 燃气水平干管宜明设，当建筑设计有特殊美观要求时可敷设在能安全操作、通风良好和检修方便的吊顶内，管道应符合本规范第 10.2.23 条的要求；当吊顶内设有可能产生明火的电气设备或空调回风管时，燃气干管宜设在与吊顶底平的独立密封∩型管槽内，管槽底宜采用可卸式活动百叶或带孔板。

燃气水平干管不宜穿过建筑物的沉降缝。

案例 5

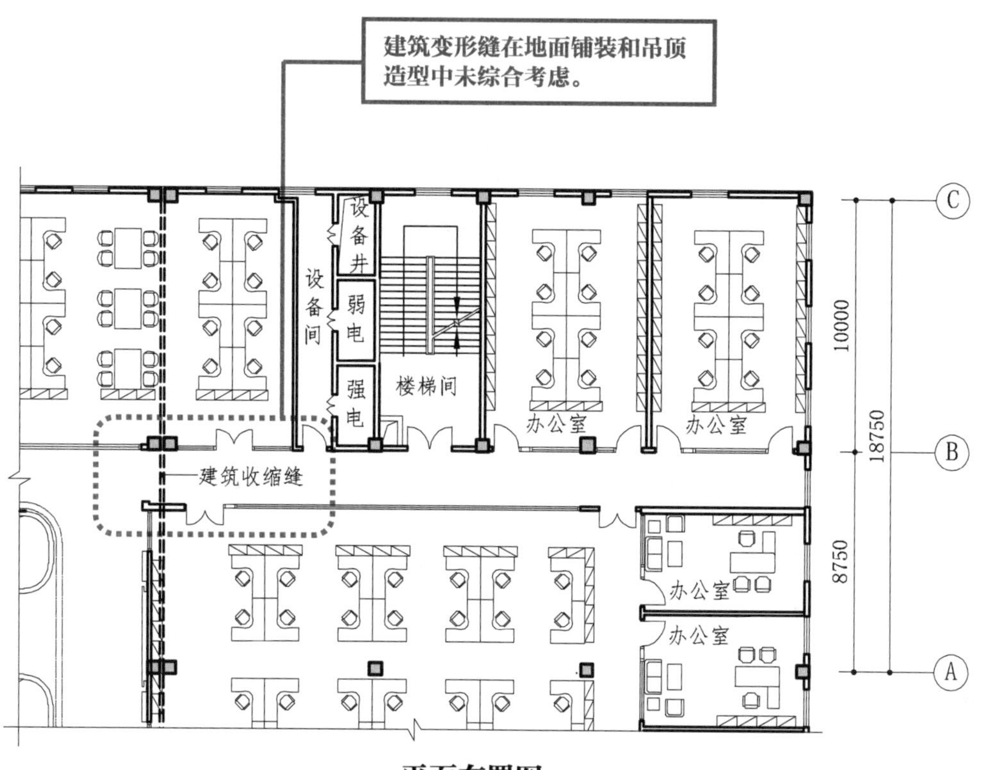

平面布置图

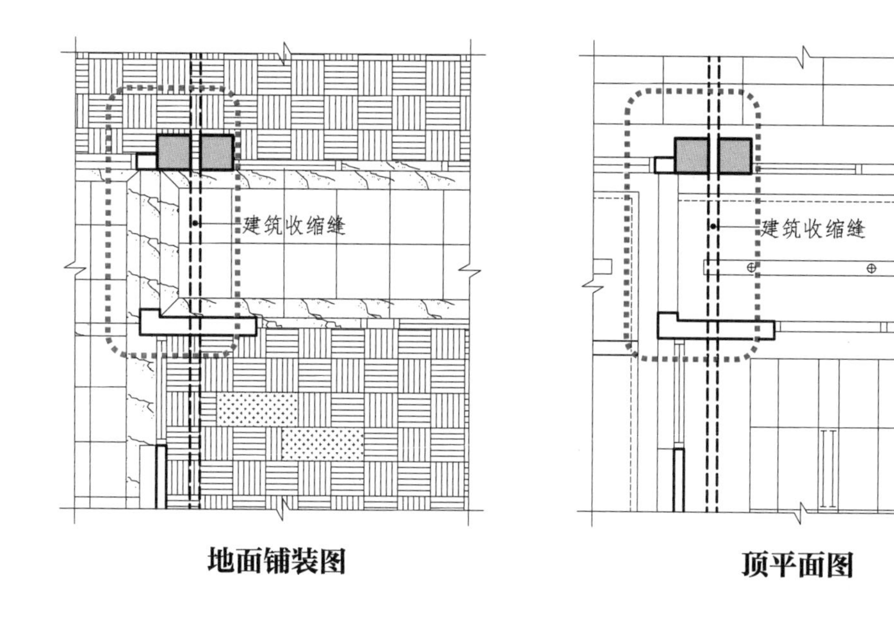

地面铺装图

顶平面图

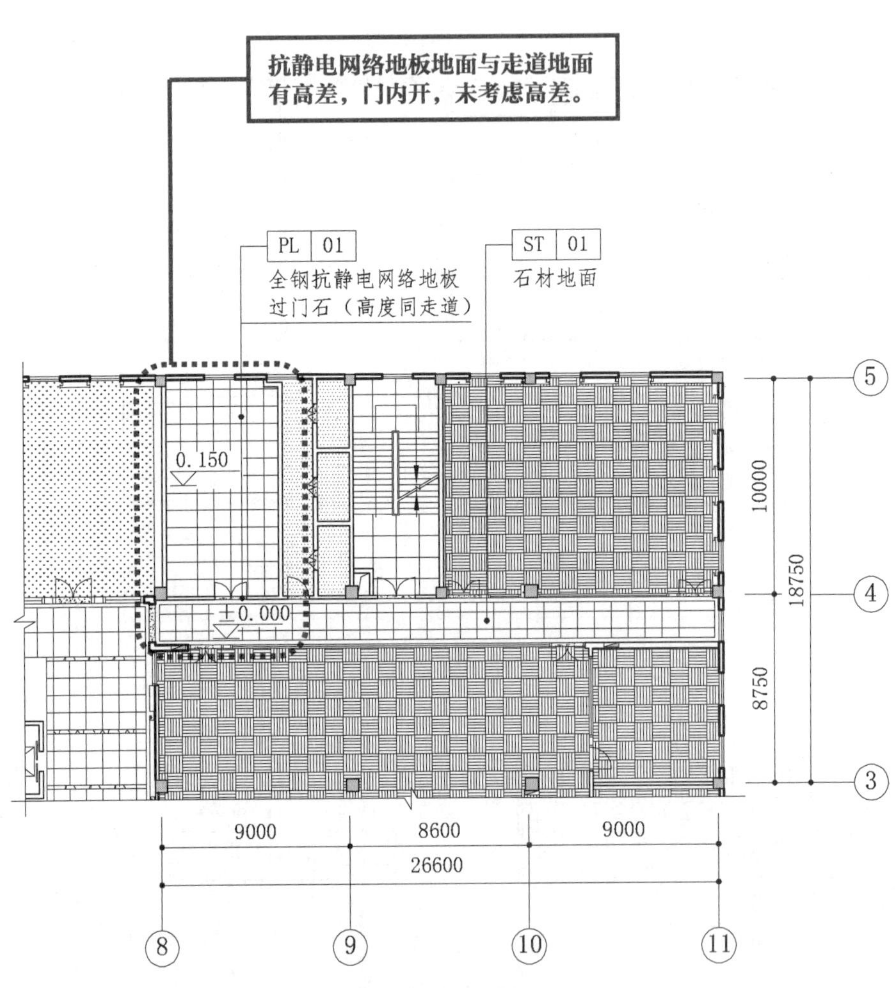
抗静电网络地板地面与走道地面有高差，门内开，未考虑高差。
PL 01
全钢抗静电网络地板
过门石（高度同走道）
ST 01
石材地面
0.150
±0.000
10000
18750
8750
9000
8600
9000
26600
5
4
3
8
9
10
11

局部地面铺装图

案例 7

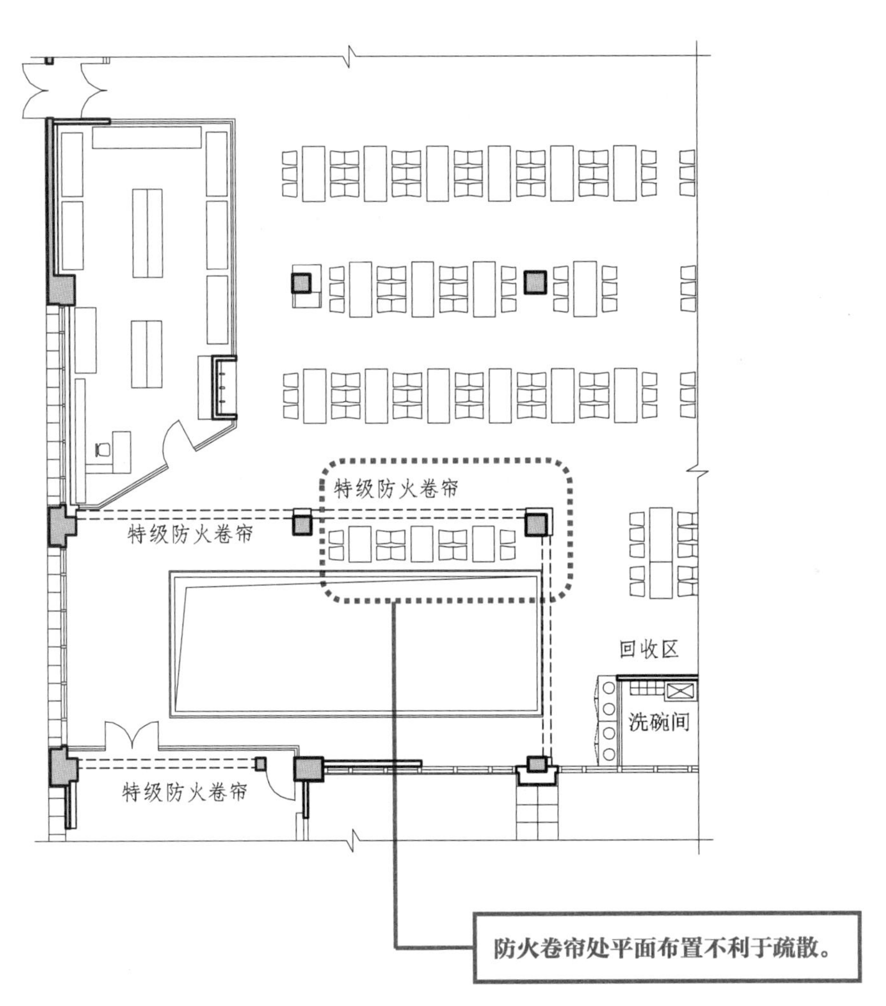

局部平面布置图

案例 8

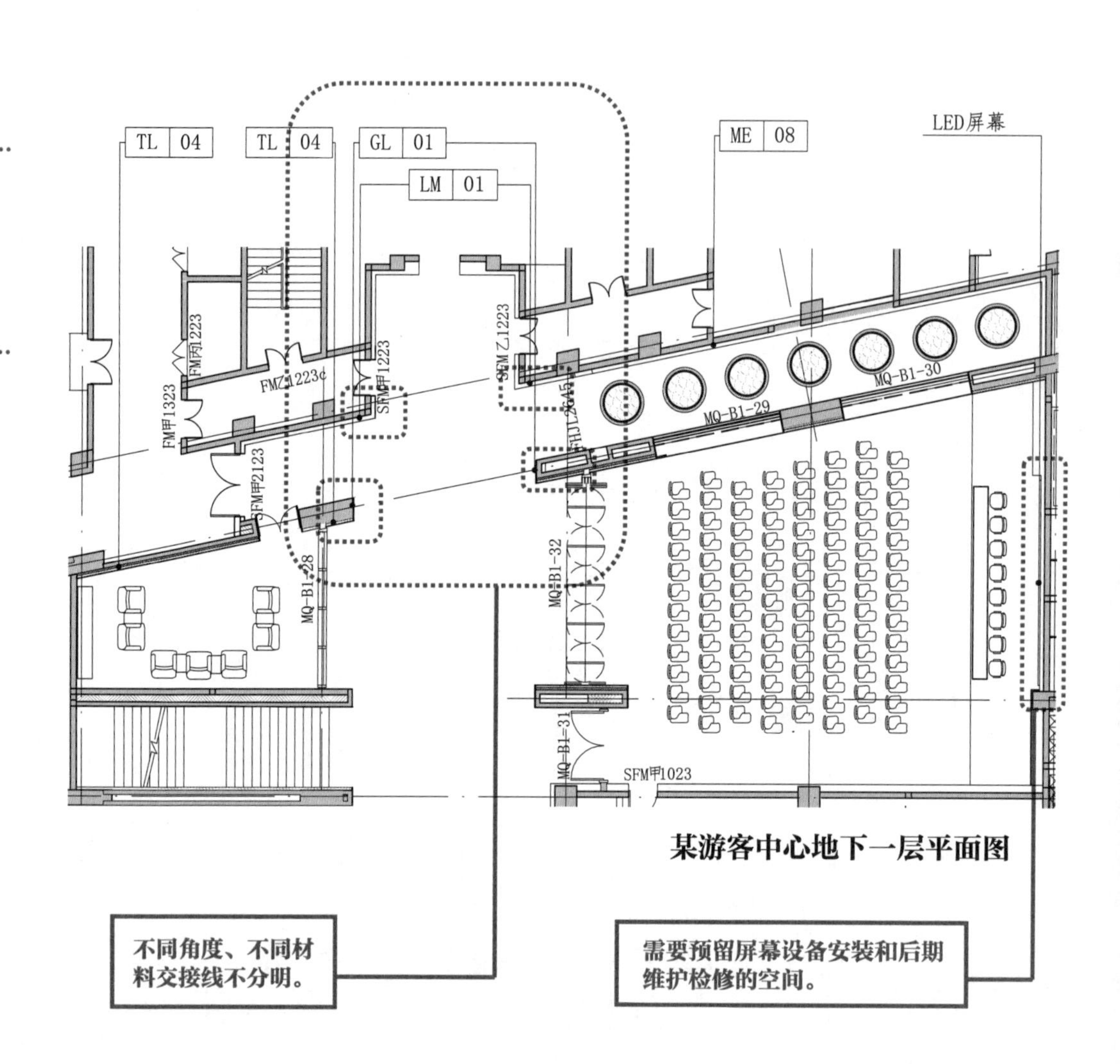

某游客中心地下一层平面图

【解析】

《房屋建筑室内装饰装修制图标准》JGJ/T 244—2011

A.4.15 施工图应将平面图、顶棚平面图、立面图和剖面图中需要更清晰表达的部位索引出来，并应绘制详图或节点图。

A.4.16 施工图中的详图的绘制应符合下列规定：

1 应标明物体的细部、构件或配件的形状、大小、材料名称及具体技术要求，注明尺寸和做法；

2 对于在平、立、剖面图或文字说明中对物体的细部形态无法交代或交代不清的，可绘制详图。

A.4.17 施工图中节点图的绘制应符合下列规定：

1 应标明节点处构造层材料的支撑、连接的关系，标注材料的名称及技术要求，注明尺寸和构造做法；

2 对于在平、立、剖面图或文字说明中对物体的构造做法无法交代或交代不清的，可绘制节点图。

案例 9

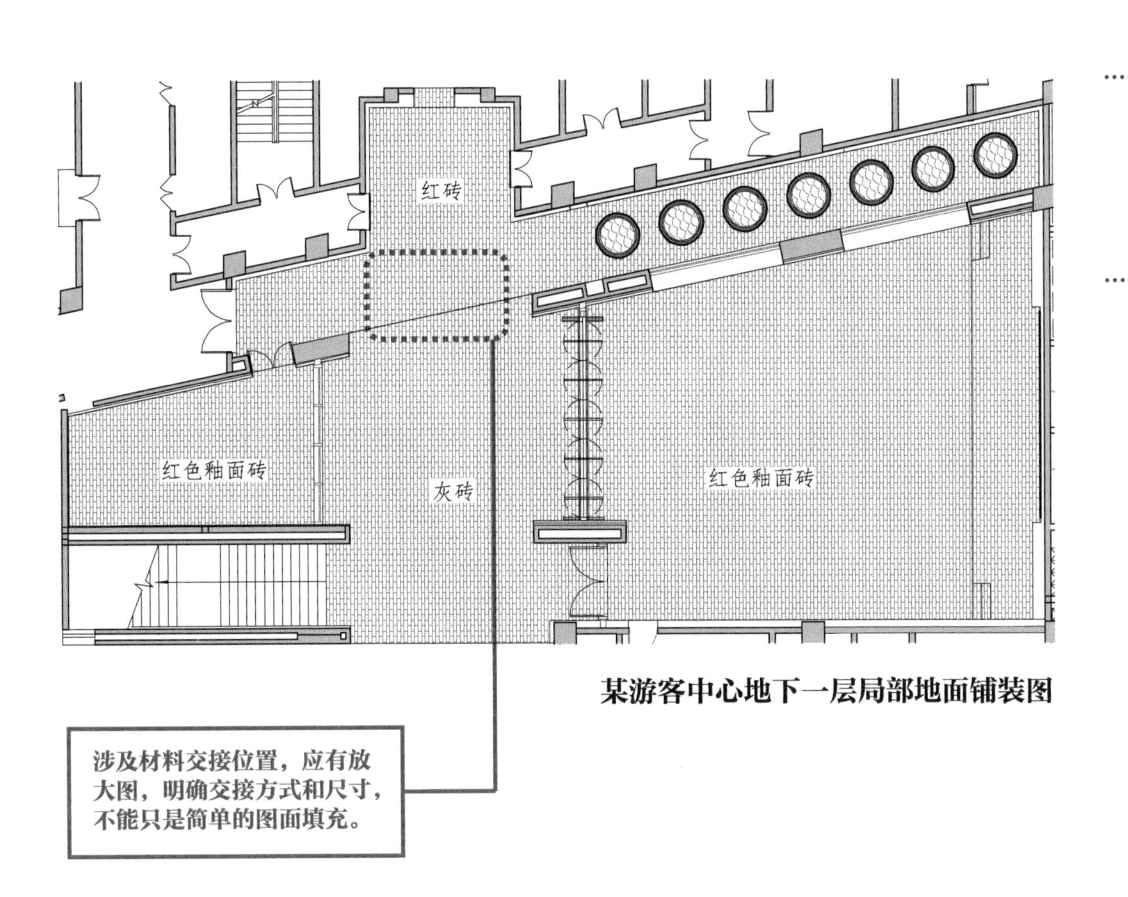

某游客中心地下一层局部地面铺装图

【解析】

《房屋建筑室内装饰装修制图标准》JGJ/T 244—2011

A. 4. 15 施工图应将平面图、顶棚平面图、立面图和剖面图中需要更清晰表达的部位索引出来，并应绘制详图或节点图。

案例 10

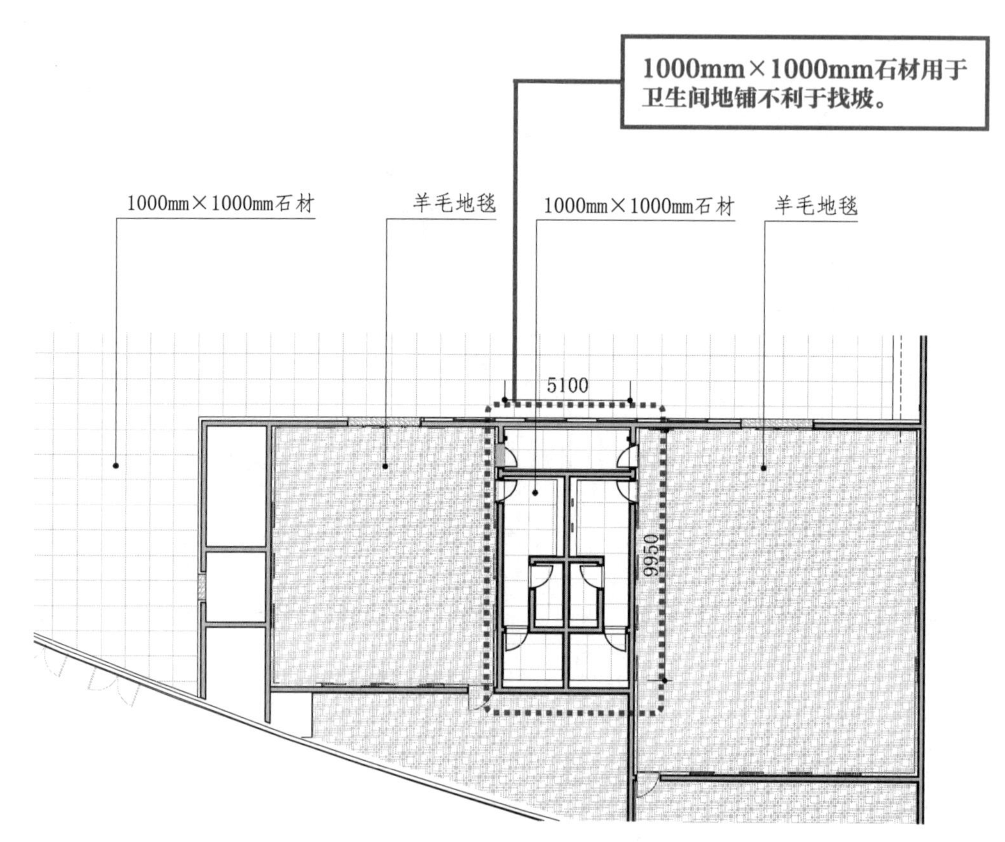

某游客中心地下一层局部地面铺装图

【解析】

《民用建筑设计统一标准》GB 50352—2019

6.13.3 厕所、浴室、盥洗室等受水或非腐蚀性液体经常浸湿的楼地面应采取防水、防滑的构造措施，并设排水坡坡向地漏。有防水要求的楼地面应低于相邻楼地面 15.0mm。经常有水流淌的楼地面应设置防水层，宜设门槛等挡水设施，且应有排水措施，其楼地面应采用不吸水、易冲洗、防滑的面层材料，并应设置防水隔离层。

《建筑地面设计规范》GB 50037—2013

6.0.12 地面排泄坡面的坡度，应符合下列要求：

1 整体面层或表面比较光滑的块材面层，宜为 0.5%～1.5%；

2 表面比较粗糙的块材面层，宜为 1%～2%。

3.4.2 综合顶平面

案例 1

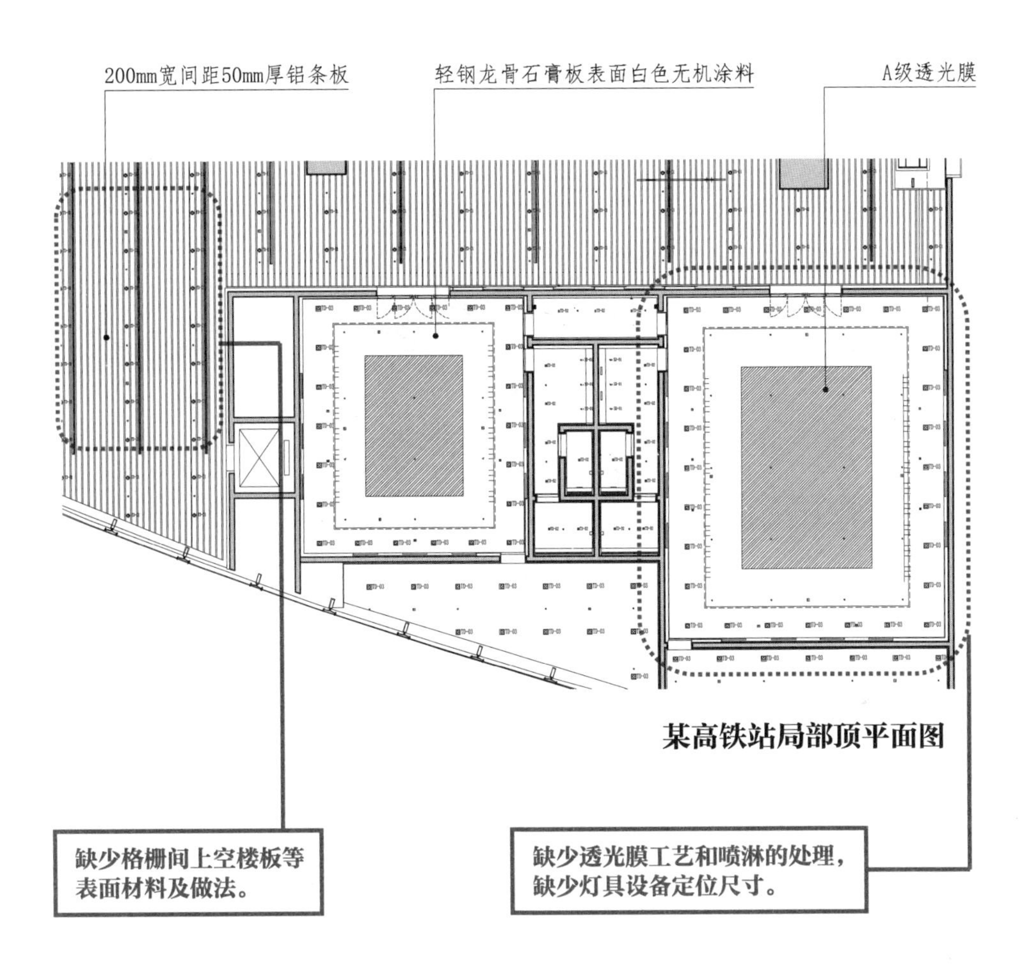

某高铁站局部顶平面图

【解析】

《房屋建筑室内装饰装修制图标准》JGJ/T 244—2011

A. 4. 9 施工图中的顶棚总平面图的绘制除应符合本标准第 A.3.5 条的规定外，尚应符合下列规定：

1 应全面反应顶棚平面的总体情况，包括顶棚造型、顶棚装饰、灯具布置、消防设施及其他设备布置等内容；

2 应标明需做特殊工艺或造型的部位；

3 应标注顶棚装饰材料的种类、拼接图案、不同材料的分界线；

4 在图纸空间允许的情况下，可在平面图旁边绘制需要注释的大样图。

A. 4. 10 施工图中的顶棚平面图的绘制除应符合本标准第 A.3.5 条的规定外，尚应符合下列规定：

1 应标明顶棚造型、天窗、构件、装饰垂挂物及其他装饰配置和饰品的位置，注明定位尺寸、标高或高度、材料名称和做法。

A. 4. 12 施工图中顶棚装饰灯具布置图的绘制除应符合本标准第 A.3.5 条的规定外，还应标注所有明装和暗藏的灯具（包括火灾和事故照明灯具）、发光顶棚、空调风口、喷头、探测器、扬声器、挡烟垂壁、防火卷帘、防火挑檐、疏散和指示标志牌等的位置，标明定位尺寸、材料名称、编号及做法。

案例 2

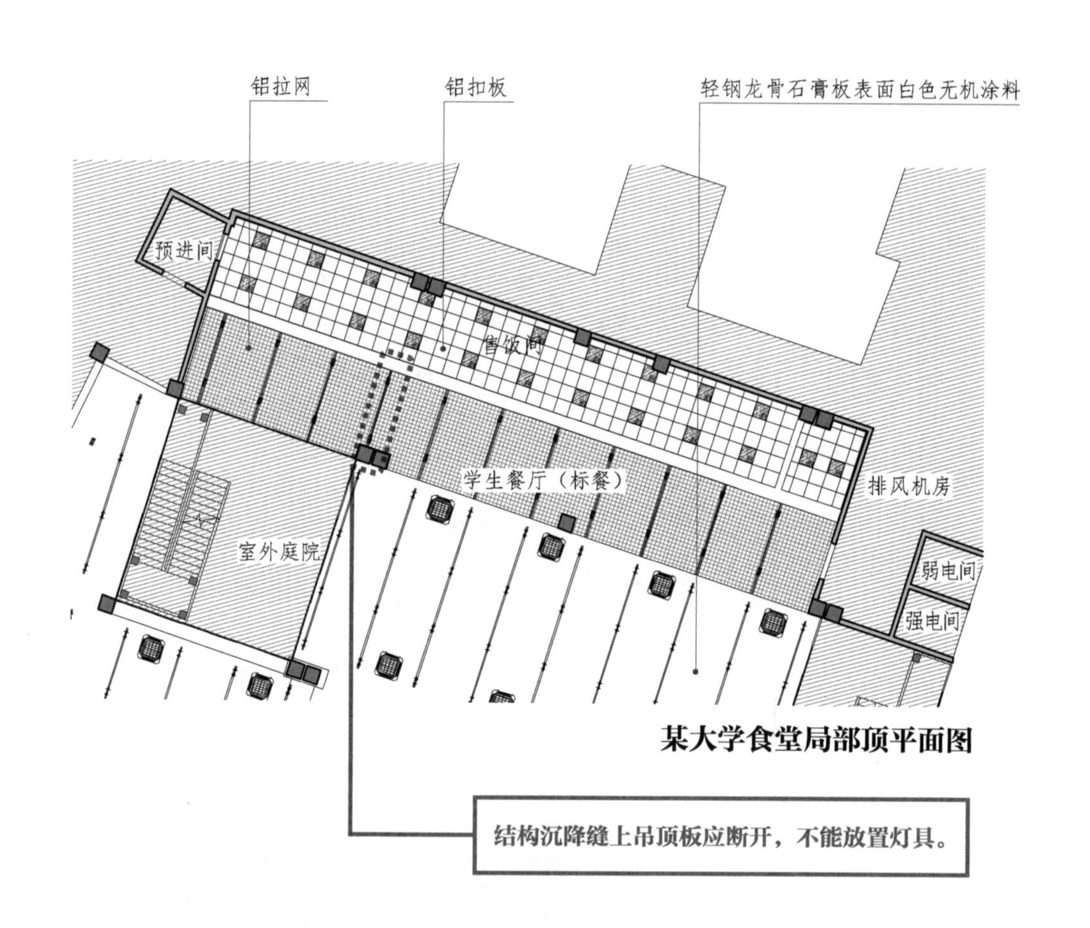

某大学食堂局部顶平面图

【解析】

《房屋建筑室内装饰装修制图标准》JGJ/T 244—2011

A. 4. 9 施工图中的顶棚总平面图的绘制除应符合本标准第 A.3.5 条的规定外，尚应符合下列规定：

1 应全面反应顶棚平面的总体情况，包括顶棚造型、顶棚装饰、灯具布置、消防设施及其他设备布置等内容；

2 应标明需做特殊工艺或造型的部位；

3 应标注顶棚装饰材料的种类、拼接图案、不同材料的分界线；

4 在图纸空间允许的情况下，可在平面图旁边绘制需要注释的大样图。

A. 4. 10 施工图中的顶棚平面图的绘制除应符合本标准第 A.3.5 条的规定外，尚应符合下列规定：

1 应标明顶棚造型、天窗、构件、装饰垂挂物及其他装饰配置和饰品的位置，注明定位尺寸、标高或高度、材料名称和做法。

A. 4. 12 施工图中顶棚装饰灯具布置图的绘制除应符合本标准第 A.3.5 条的规定外，还应标注所有明装和暗藏的灯具（包括火灾和事故照明灯具）、发光顶棚、空调风口、喷头、探测器、扬声器、挡烟垂壁、防火卷帘、防火挑檐、疏散和指示标志牌等的位置，标明定位尺寸、材料名称、编号及做法。

案例 3

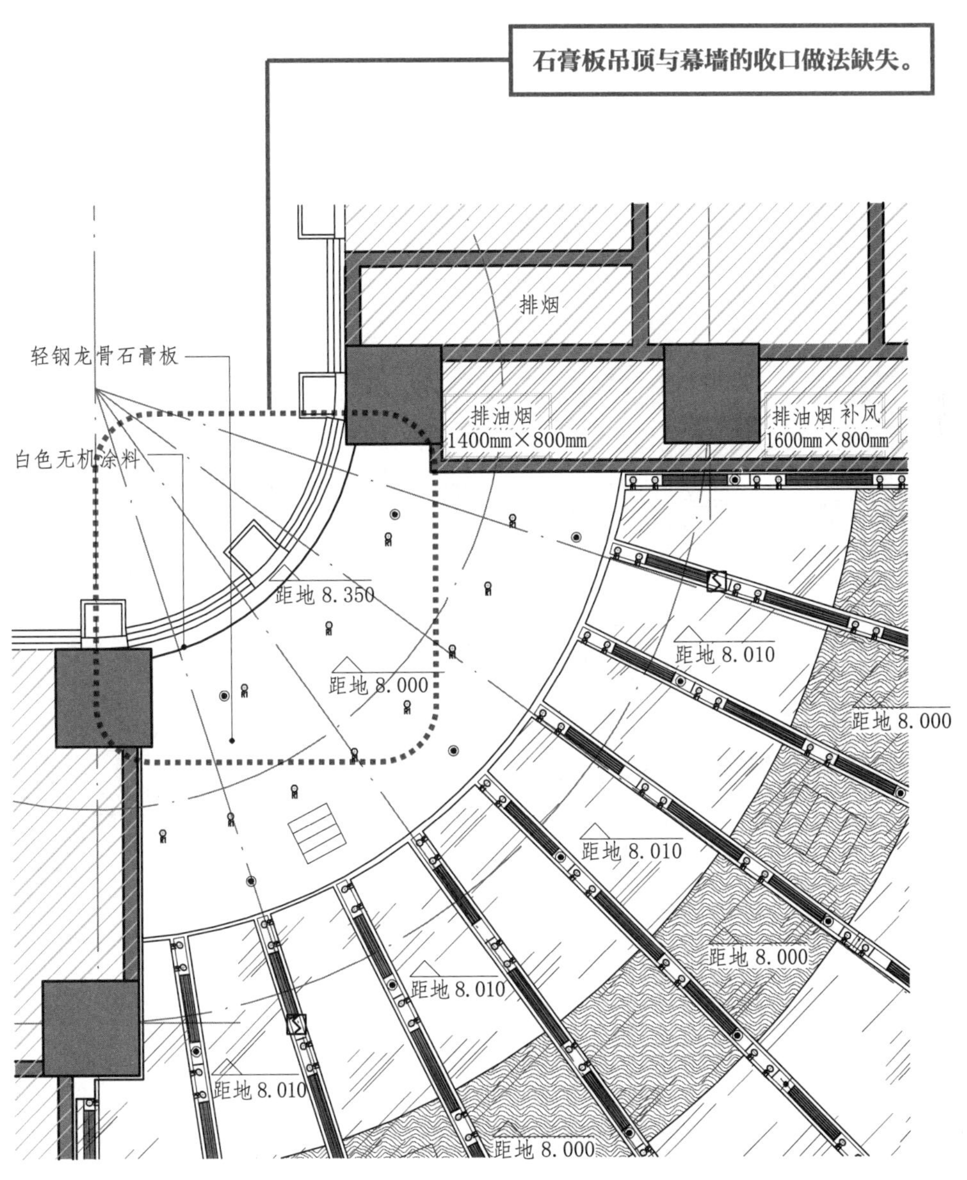

某文化中心局部顶平面图

【解析】

《建筑工程设计文件编制深度规定（2016 年版）》

4.3.4 平面图

7 主要结构和建筑构造部件的位置、尺寸和做法索引，如中庭、天窗、地沟、地坑、重要设备或设备基础的位置尺寸、各种平台、夹层、人孔、阳台、雨篷、台阶、坡道、散水、明沟等。

14 有关平面节点详图或详图索引号。

3.5 立面图

3.5.1 完整性

案例 1

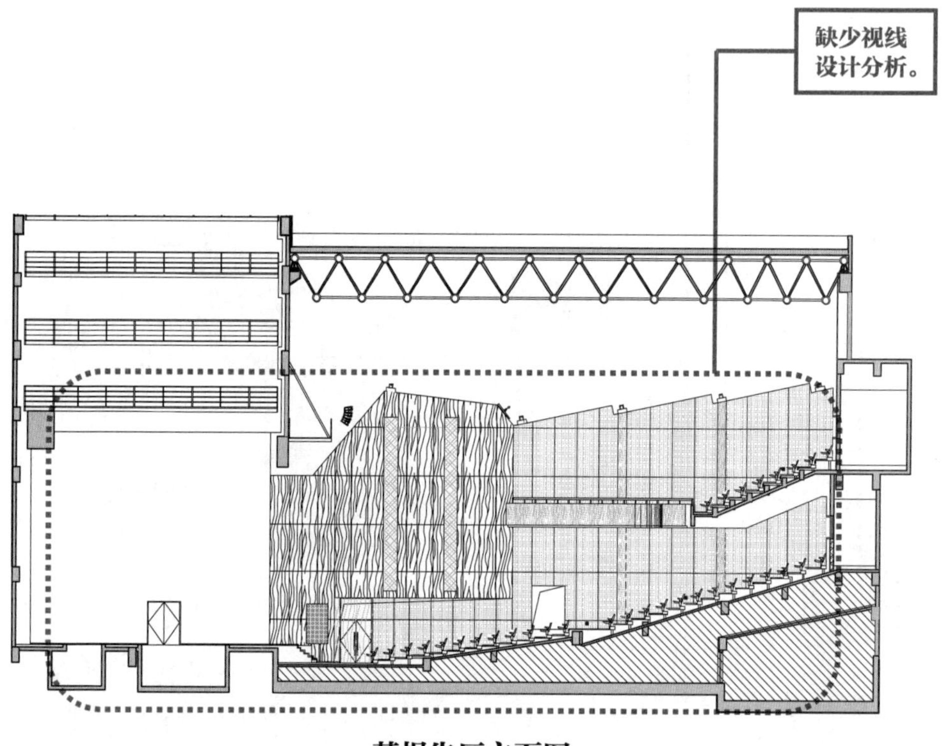

某报告厅立面图

【解析】

《剧场建筑设计规范》JGJ 57—2016

5.1 视线设计

5.1.1 观众厅的视线设计宜使观众能看到舞台面表演区的全部。当受条件限制时，应使位于视觉质量不良位置的观众能看到表演区的 80%。

5.1.4 舞台面距第一排座席地面的高度应符合下列规定：

1 对于镜框式舞台面，不应小于 0.60m，且不应大于 1.10m。

2 对于伸出式舞台面，宜为 0.30m～0.60m；对于附有镜框式舞台的伸出式舞台，第一排座席地面可与主舞台面齐平。

3 对于岛式舞台台面，不宜高于 0.30m，可与第一排座席地面齐平。

5.1.5 对于观众席与视点之间的最远视距，歌舞剧场不宜大于 33m；话剧和戏曲剧场不宜大于 28m；伸出式、岛式舞台剧场不宜大于 20m。

5.1.6 对于观众视线最大俯角，镜框式舞台的楼座后排不宜大于 30°，靠近舞台的包厢或边楼座不宜大于 35°；伸出式、岛式舞台剧场的观众视线俯角不宜大于 30°。

案例 2

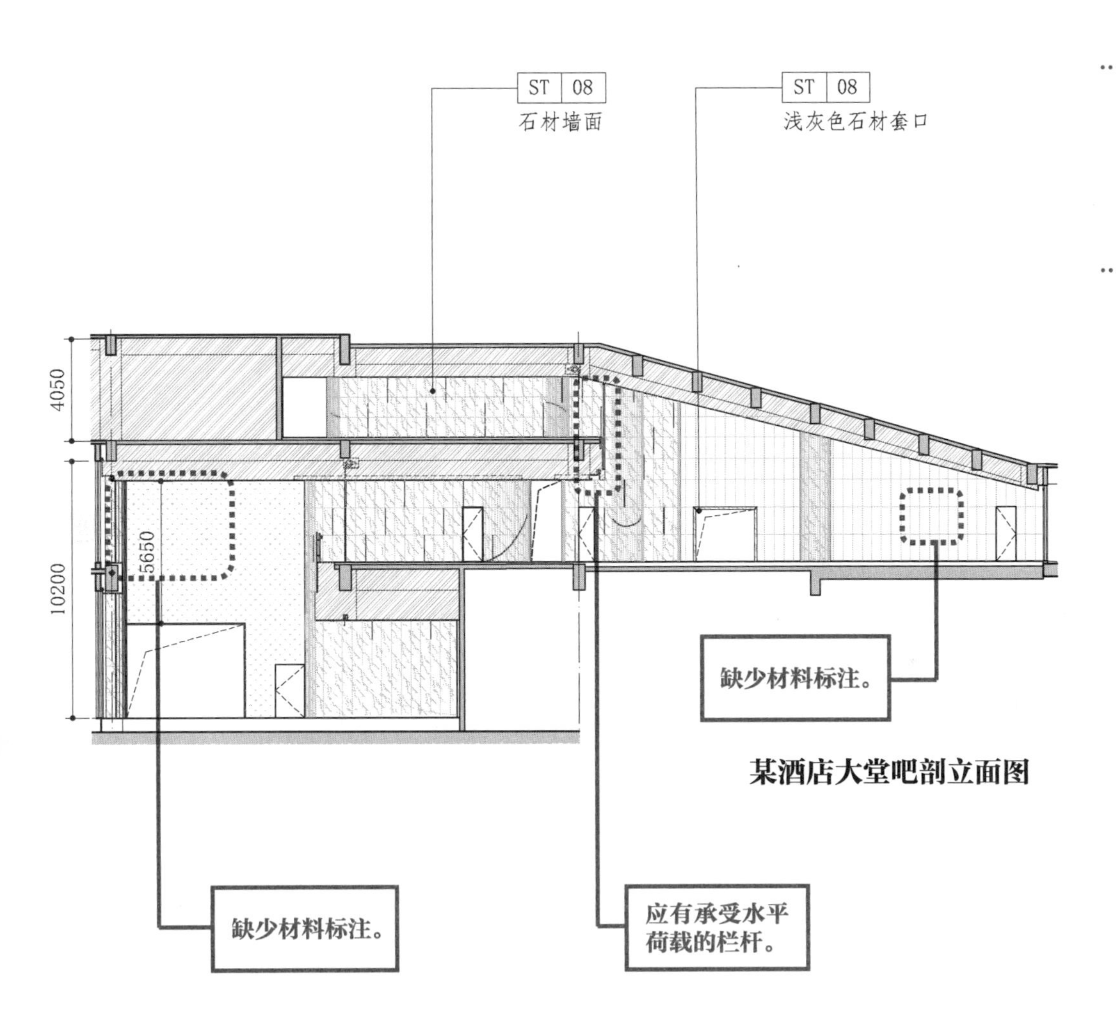

某酒店大堂吧剖立面图

【解析】

《房屋建筑室内装饰装修制图标准》JGJ/T 244—2011

A. 4. 13 施工图中立面图的绘制除应符合本标准第 A.3.6 条的规定外，尚应符合下列规定：

1 应绘制立面左右两端的墙体构造或界面轮廓线、原楼地面至装修楼地面的构造层、顶棚面层、装饰装修的构造层；

2 应标注设计范围内立面造型的定位尺寸及细部尺寸；

3 应标注立面投视方向上装饰物的形状、尺寸及关键控制标高；

4 应标明立面上装饰装修材料的种类、名称、施工工艺、拼接图案、不同材料的分界线。

案例 3

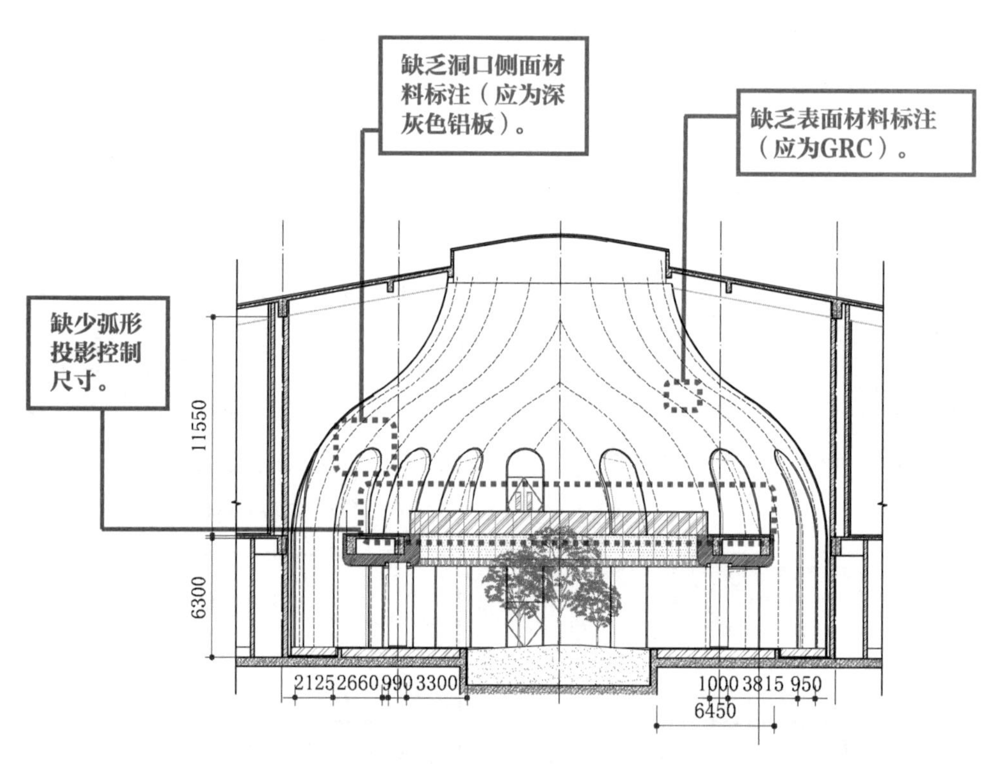

某展览馆中庭剖立面图

案例 4

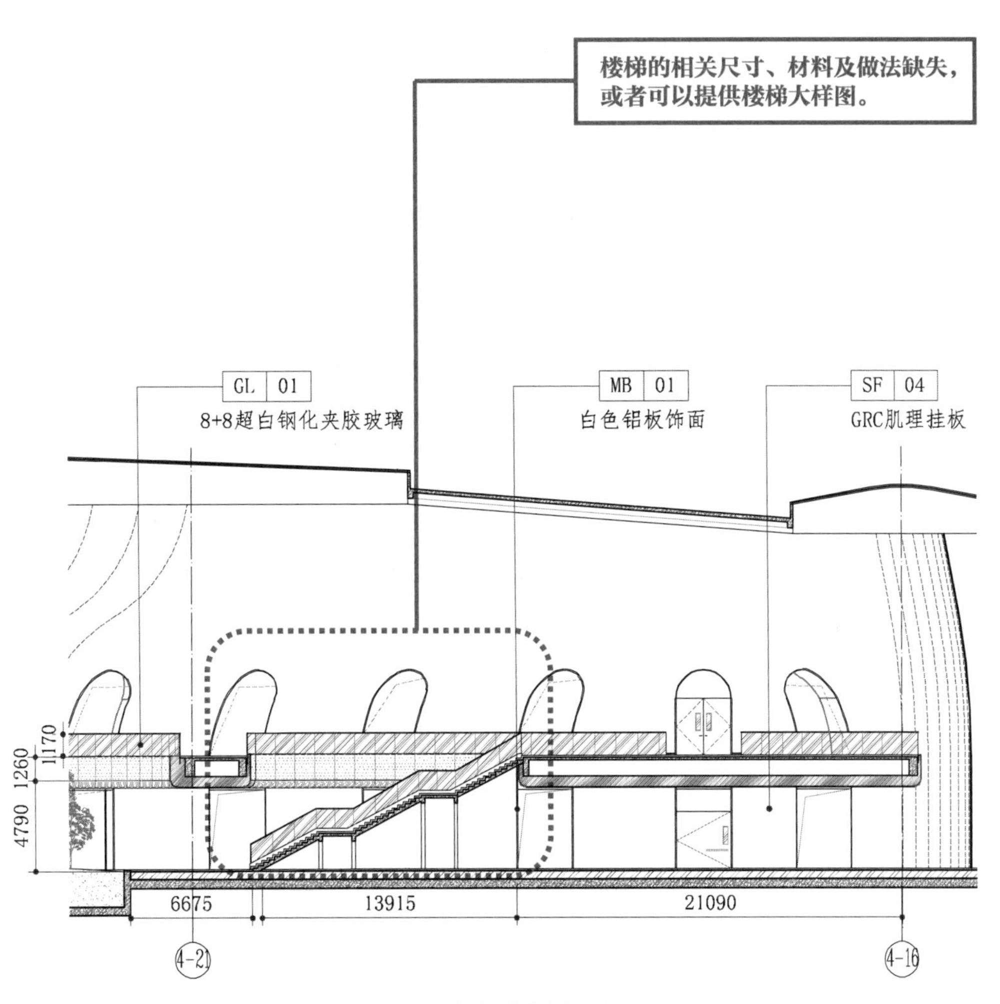

某展览馆中庭剖立面图

3.5.2 合理性

案例 1

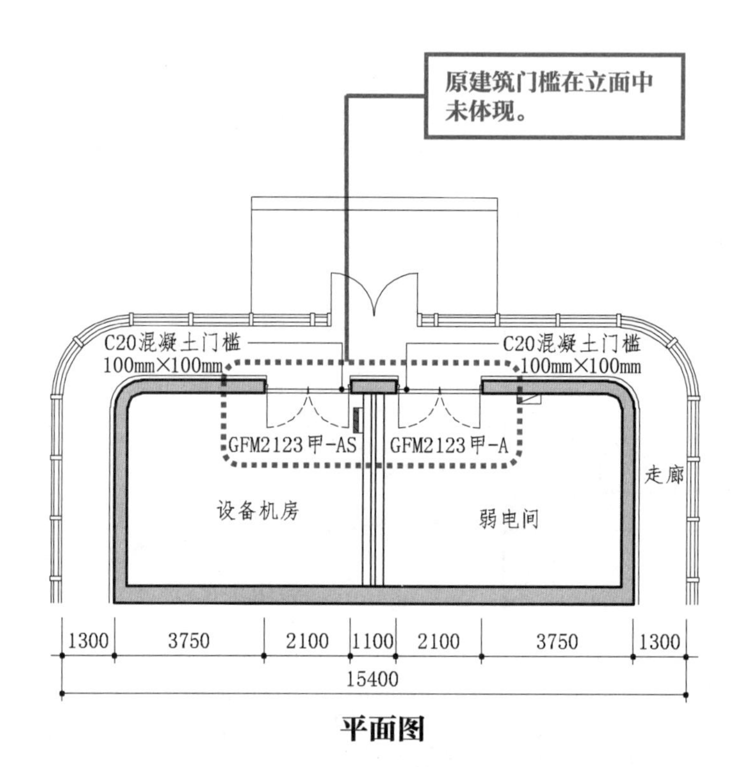

平面图

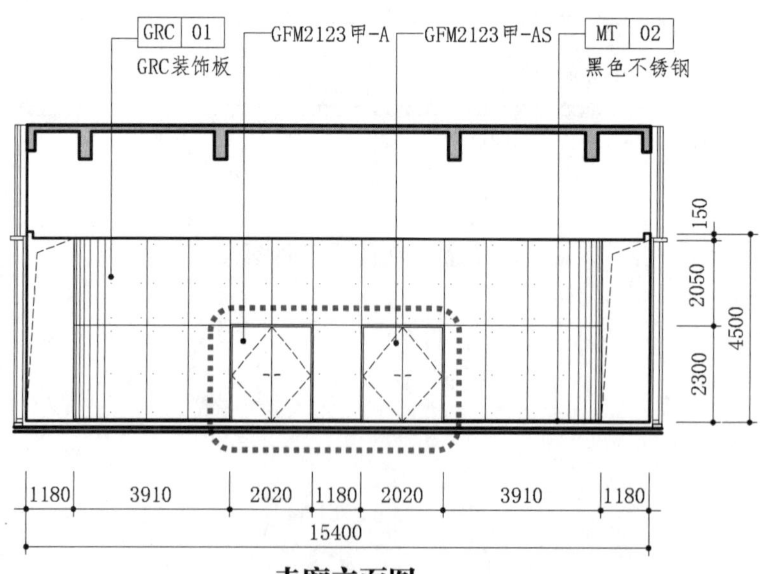

走廊立面图

案例 2

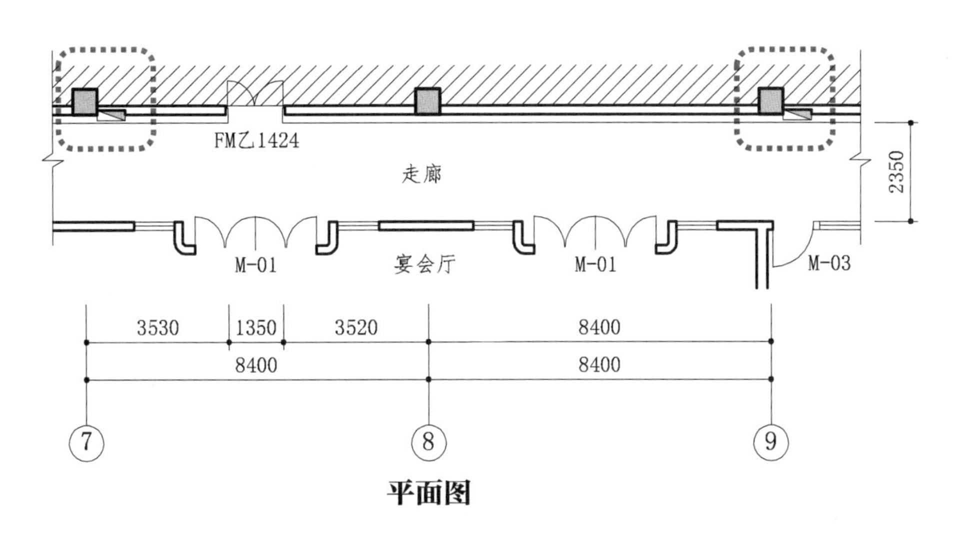

平面图

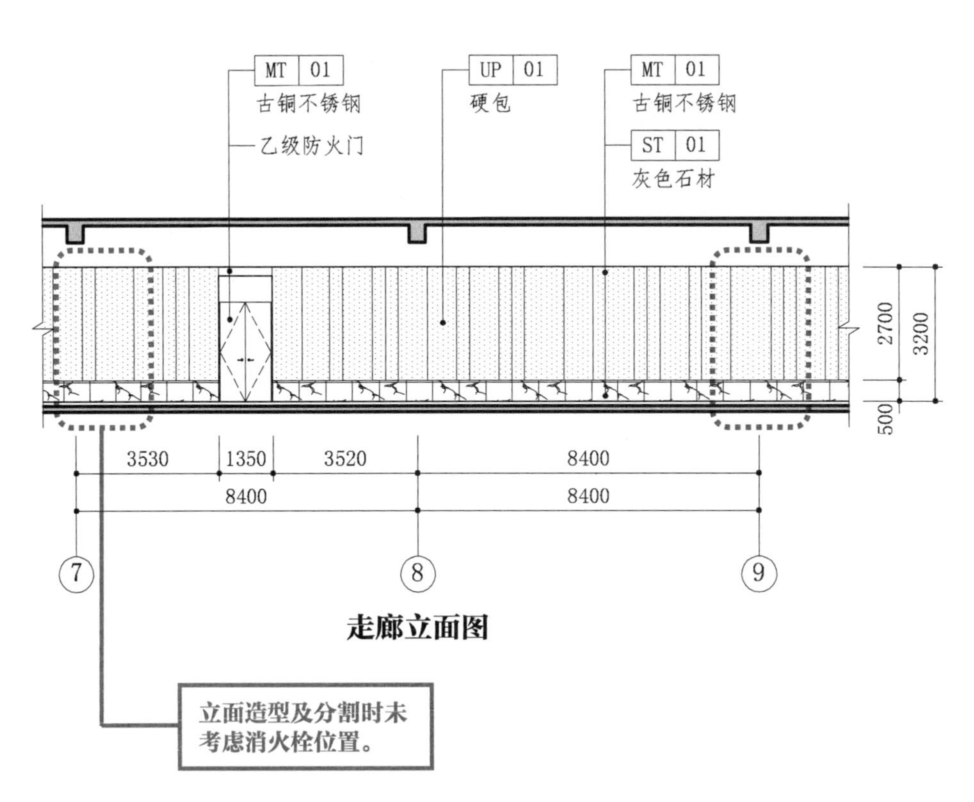

走廊立面图

立面造型及分割时未考虑消火栓位置。

案例 3

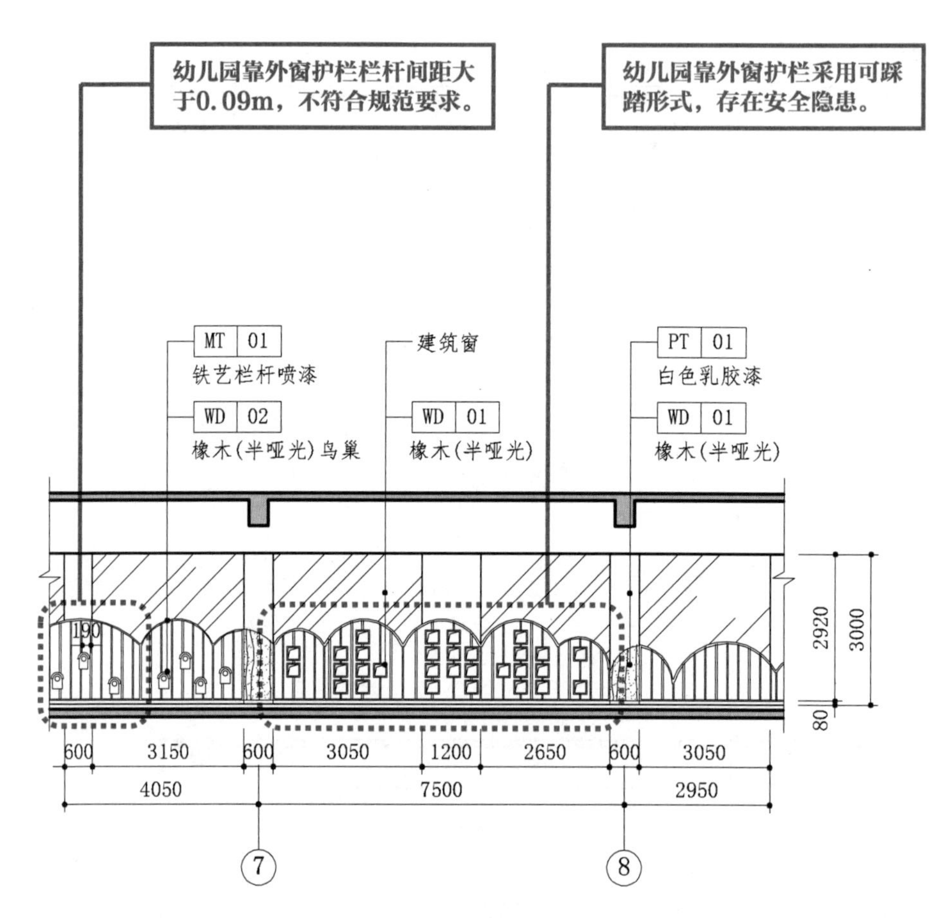

走廊立面图

【解析】

《托儿所、幼儿园建筑设计规范》JGJ 39—2016（2019 年版）

4.1.9 托儿所、幼儿园的外廊、室内回廊、内天井、阳台、上人屋面、平台、看台及室外楼梯等临空处应设置防护栏杆，栏杆应以坚固、耐久的材料制作。防护栏杆的高度应从可踏部位顶面起算，且净高不应小于 1.30m。防护栏杆必须采用防止幼儿攀登和穿过的构造，当采用垂直杆件做栏杆时，其杆件净距离不应大于 0.09m。

《民用建筑通用规范》GB 55031—2022

6.6.3 少年儿童专用活动场所的栏杆应采取防止攀滑措施，当采用垂直杆件做栏杆时，其杆件净间距不应大于 0.11m。

案例 4

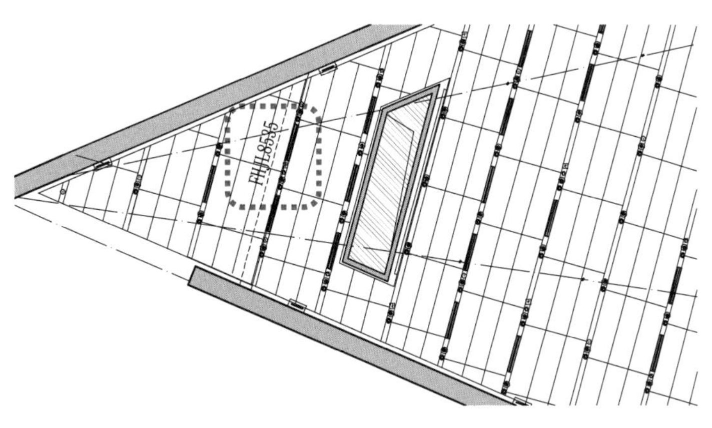

某文化中心局部顶平面图

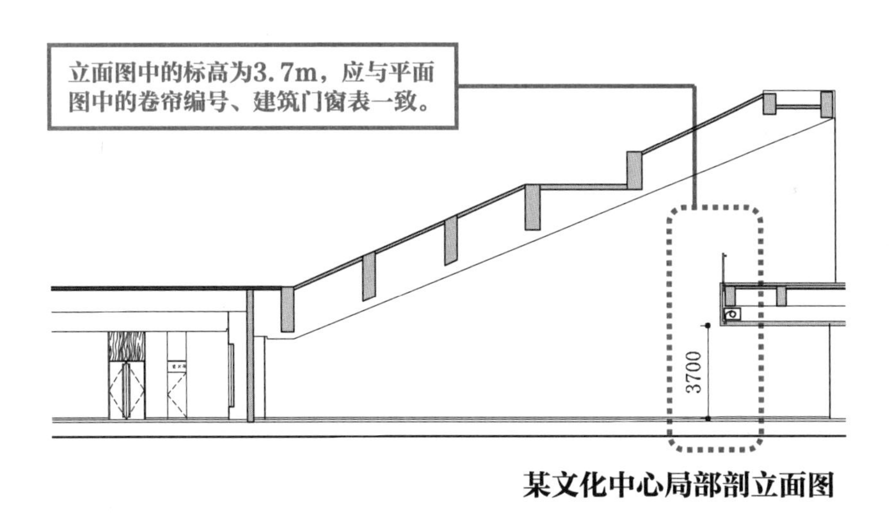

某文化中心局部剖立面图

【解析】

室内设计方案深化后，要根据室内设计的综合标高调整原建筑防火卷帘（或其他设备设施）的规格，并将其提供给建筑设计单位出设计变更，以免影响土建设备的采购。

案例 5

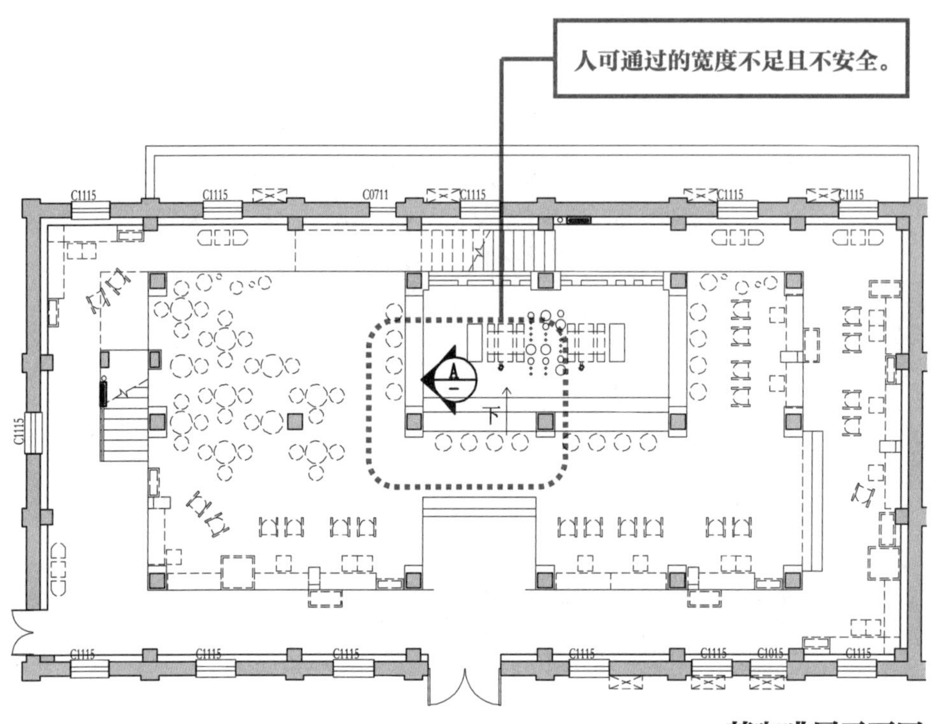

某咖啡屋平面图

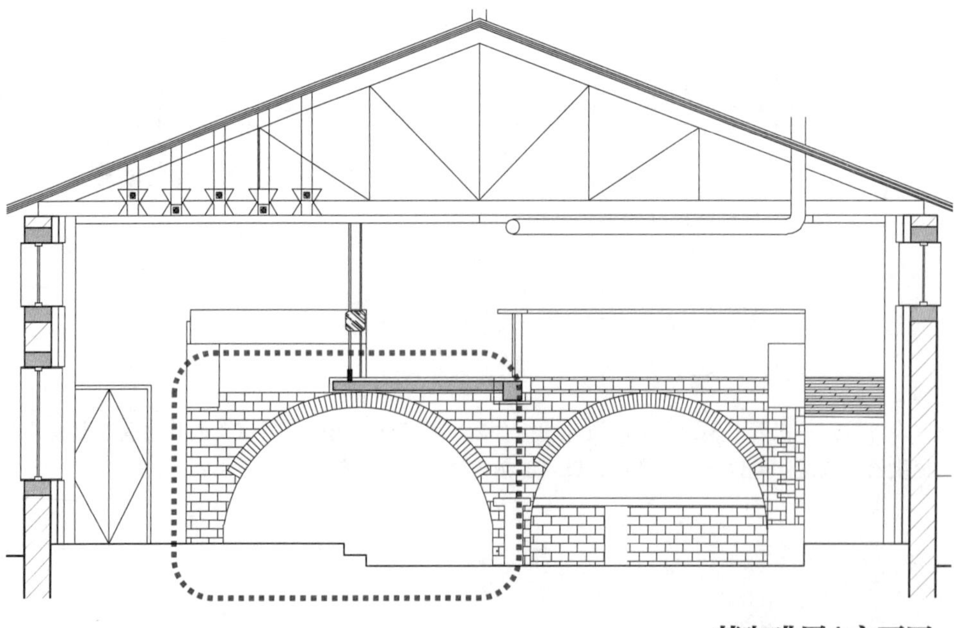

某咖啡屋A立面图

案例 6

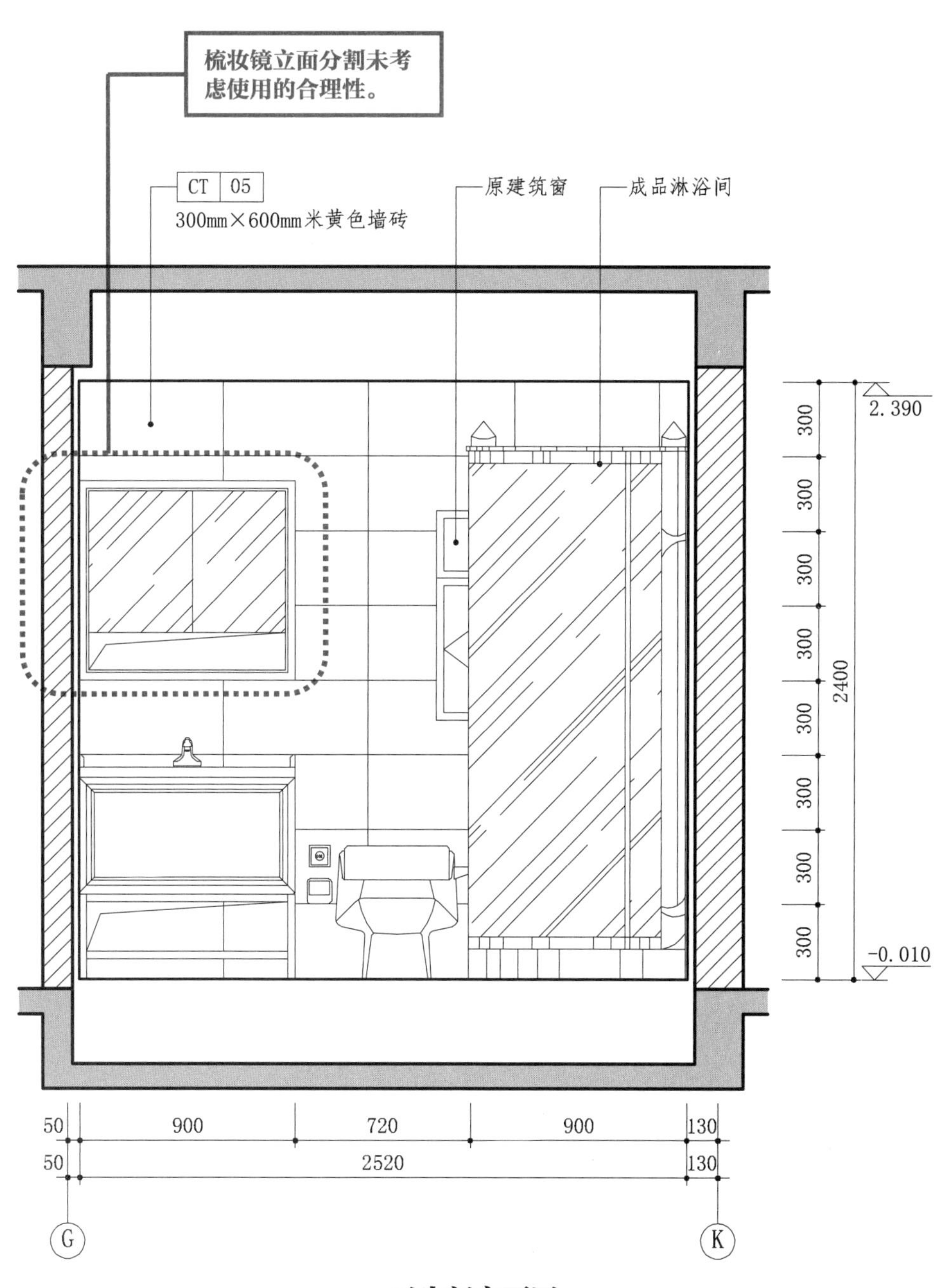
梳妆镜立面分割未考虑使用的合理性。
CT 05
300mm×600mm米黄色墙砖
原建筑窗
成品淋浴间
2.390
-0.010
300
300
300
300
300
300
300
300
2400
50
900
720
900
130
50
2520
130
G
K

卫生间立面图

案例 7

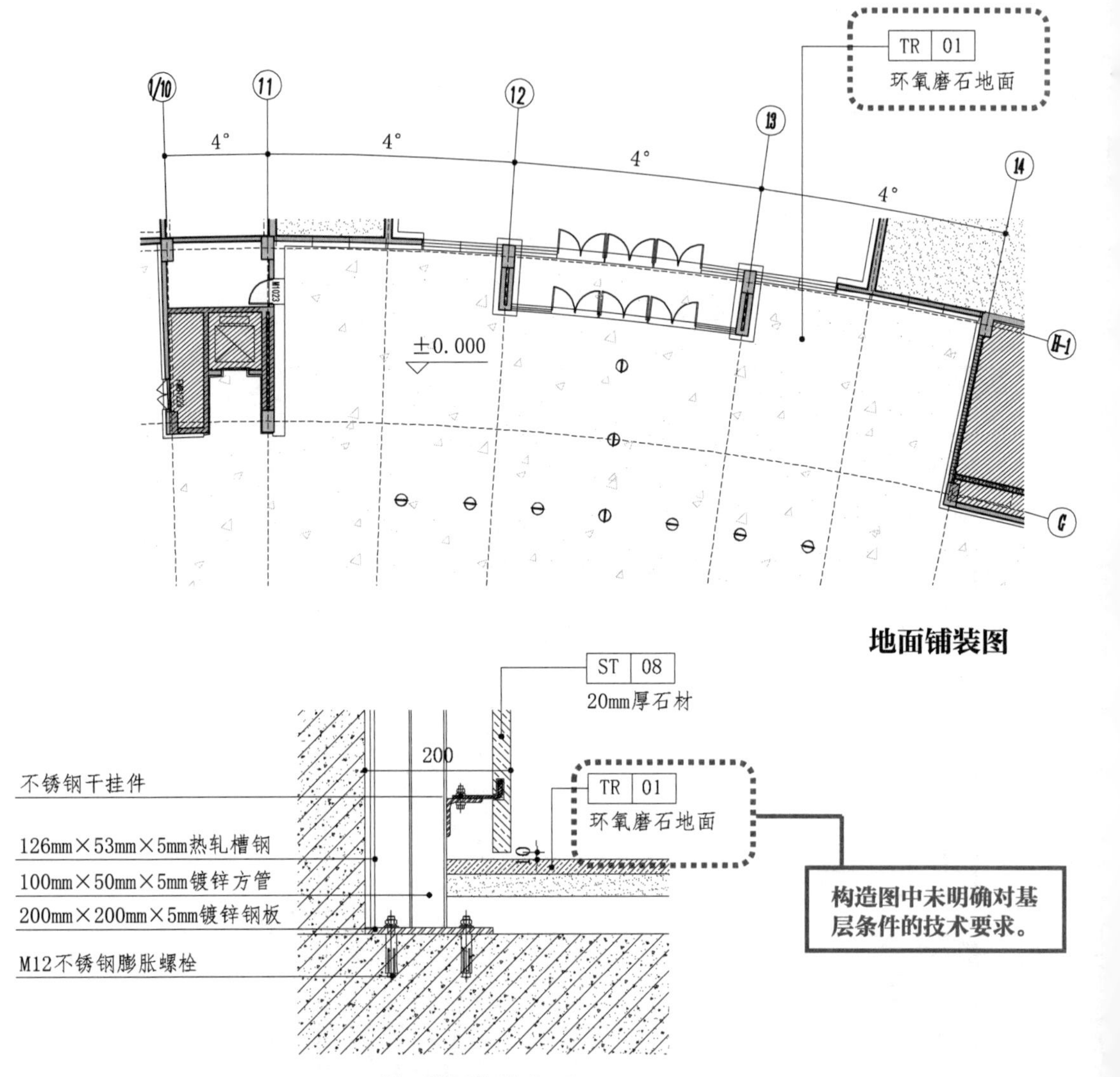

地面铺装图

地面构造节点图

【解析】

《环氧磨石地坪装饰装修技术规程》T/CBDA—1—2016

4.1.4 设计文件中对建筑基层强度、厚度等指标的要求应至少包含：

1 基层混凝土的强度等级不得低于 C25；

2 基层混凝土的厚度应符合要求；

3 标明基层混凝土的耐冲击性能指标以及处理方式；

4 基层表面坚固程度、密实度、洁净程度等的要求，当无法达到要求时，基层混凝土应进行处理；

5 基层混凝土抗拉强度、拉伸粘接强度不得低于 1.5MPa，当无法达到要求时，基层混凝土应进行处理。

3.6 节点图

3.6.1 合规性

案例 1

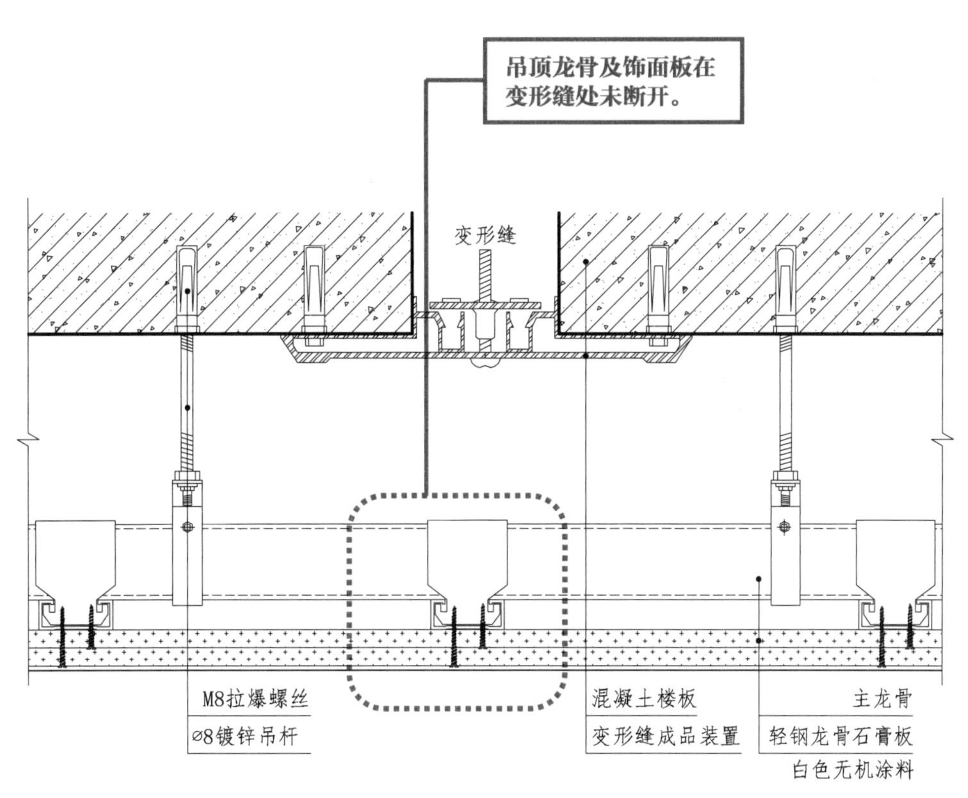

变形缝吊顶节点大样图

【解析】

参见国家建筑标准设计图集《内装修—室内吊顶》13J502—2。

案例 2

立面干挂人造石厚度不符合规范要求。

续表一					
编号	名称	规格（mm）	使用部位	防火等级	备注
石材					
ST-01	深色石材		过门石波打线、窗台板	A	六面防护
ST-02	人造石	16mm厚仿爵士白人造石	财富中心背景墙	A	六面防护
ST-03	人造石	18mm厚	24小时自助区、业务区柜台台面、吧台台面	A	六面防护
ST-04	灰麻花岗岩	25mm厚	室外残疾人坡道	A	六面防护

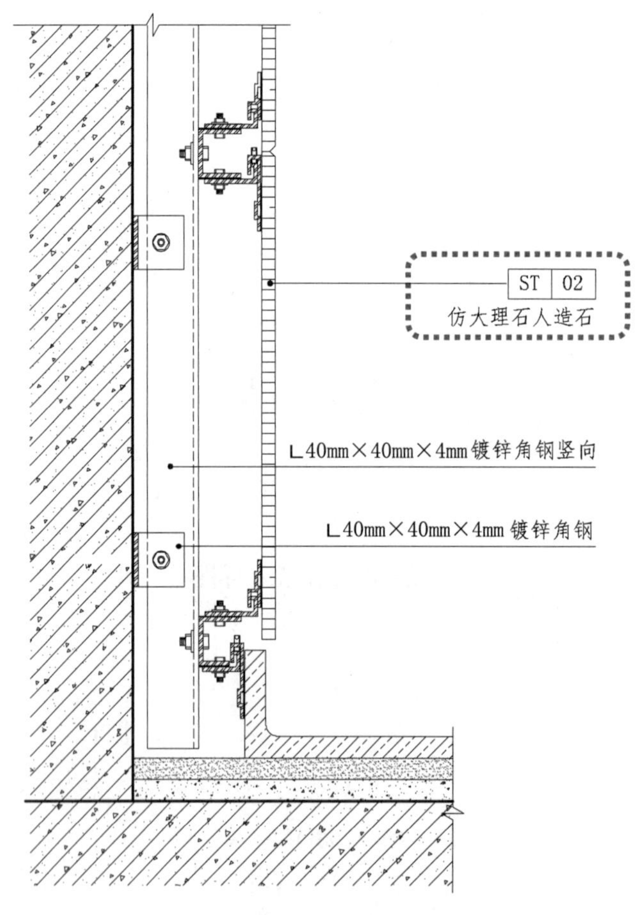

干挂石材节点图

【解析】

《建筑装饰室内石材工程技术规程》CECS 422：2015

4.3.3 石材墙柱面设计为采用干挂法安装方法时，石材厚度应符合下列规定：

3 人造石材饰面板厚度不应小于 18mm。

案例 3

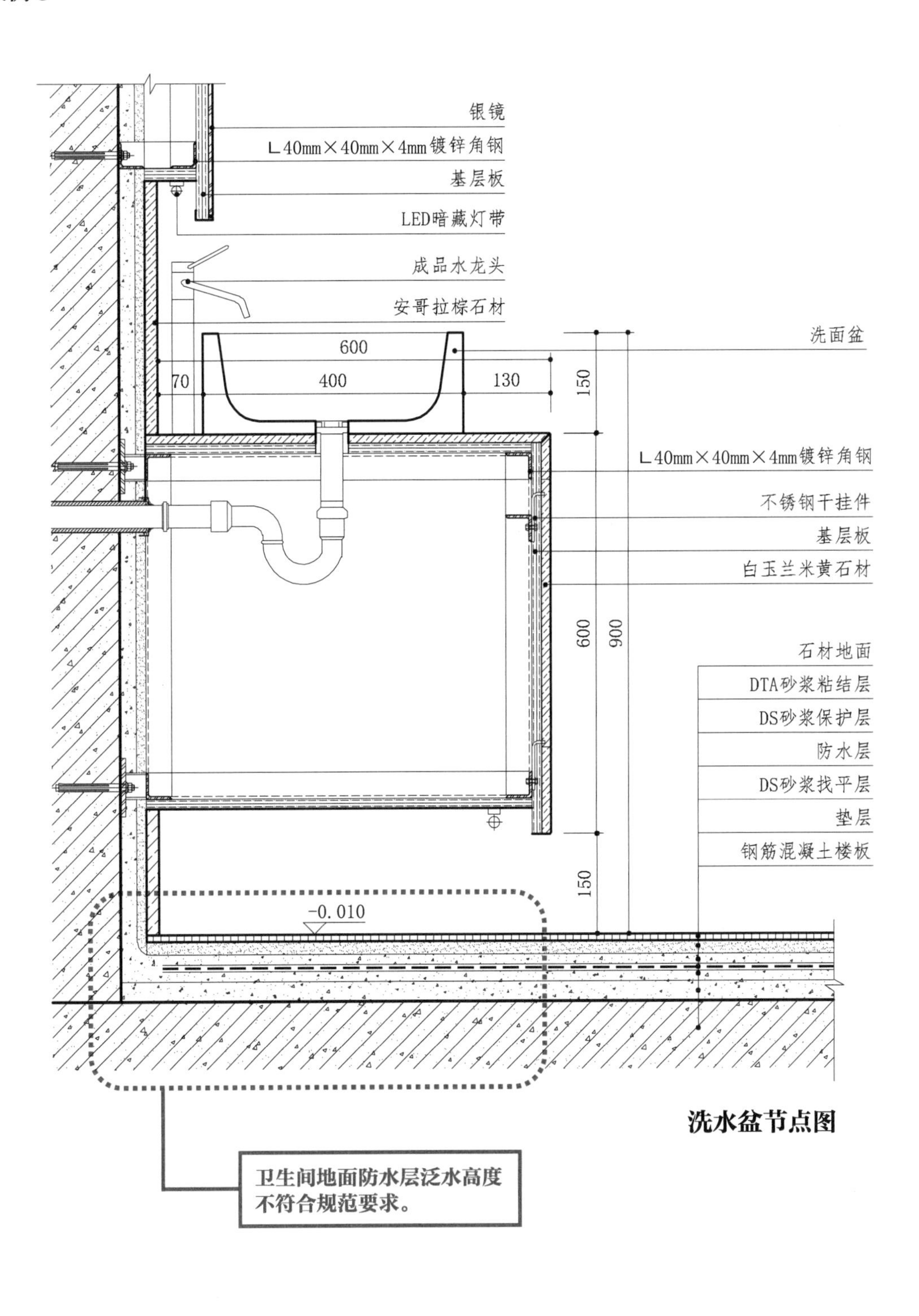

洗水盆节点图

【解析】

《建筑室内防水工程技术规程》CECS 196：2006

3.2.3 厕浴间、厨房四周墙根防水层泛水高度不应小于250mm，其他墙面防水以可能溅到水的范围为基准向外延伸不应小于250mm。浴室花洒喷淋的临墙面防水高度不得低于2m。

3.6.2 安全性

案例 1

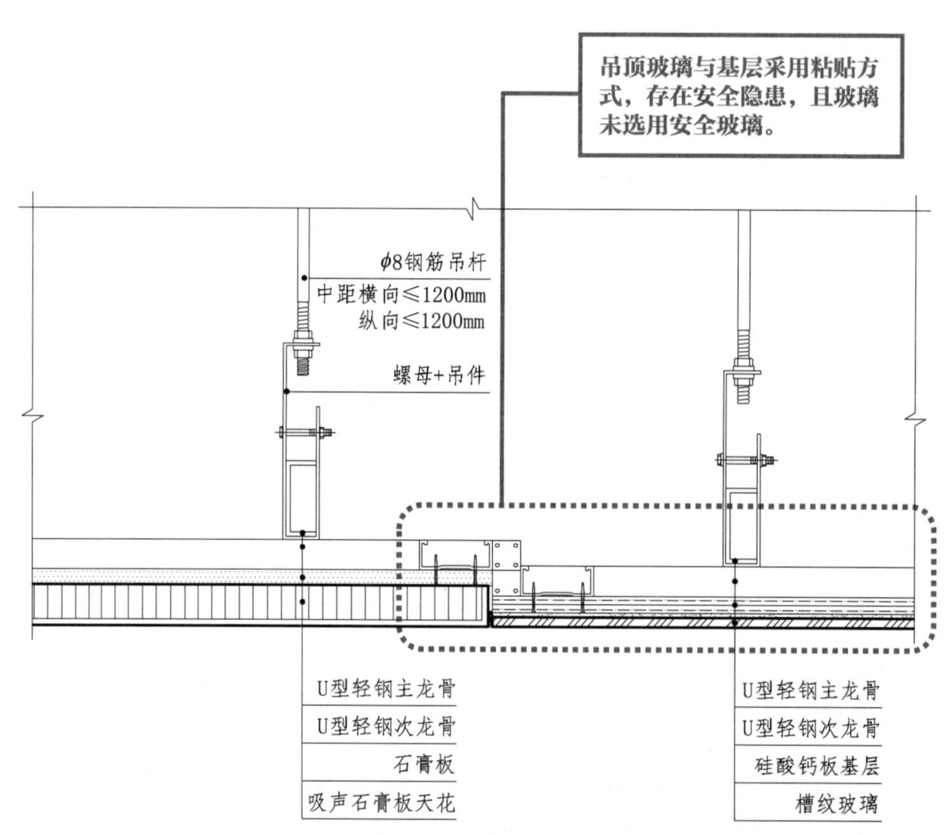

石膏板与玻璃天花详图

【解析】

《建筑室内安全玻璃工程技术规程》T/CBDA 28—2019

4.2.2 建筑室内安全玻璃的选用可参照表 4.2.2 的规定。

表 4.2.2 建筑室内安全玻璃的选用

应用部位	应用条件	规定
吊顶玻璃	框支撑玻璃	应使用钢化夹层玻璃，钢化玻璃需进行均质处理，公称厚度不应小于 6.76mm，PVB 胶片厚度不应小于 0.76mm
	点支持玻璃	

案例 2

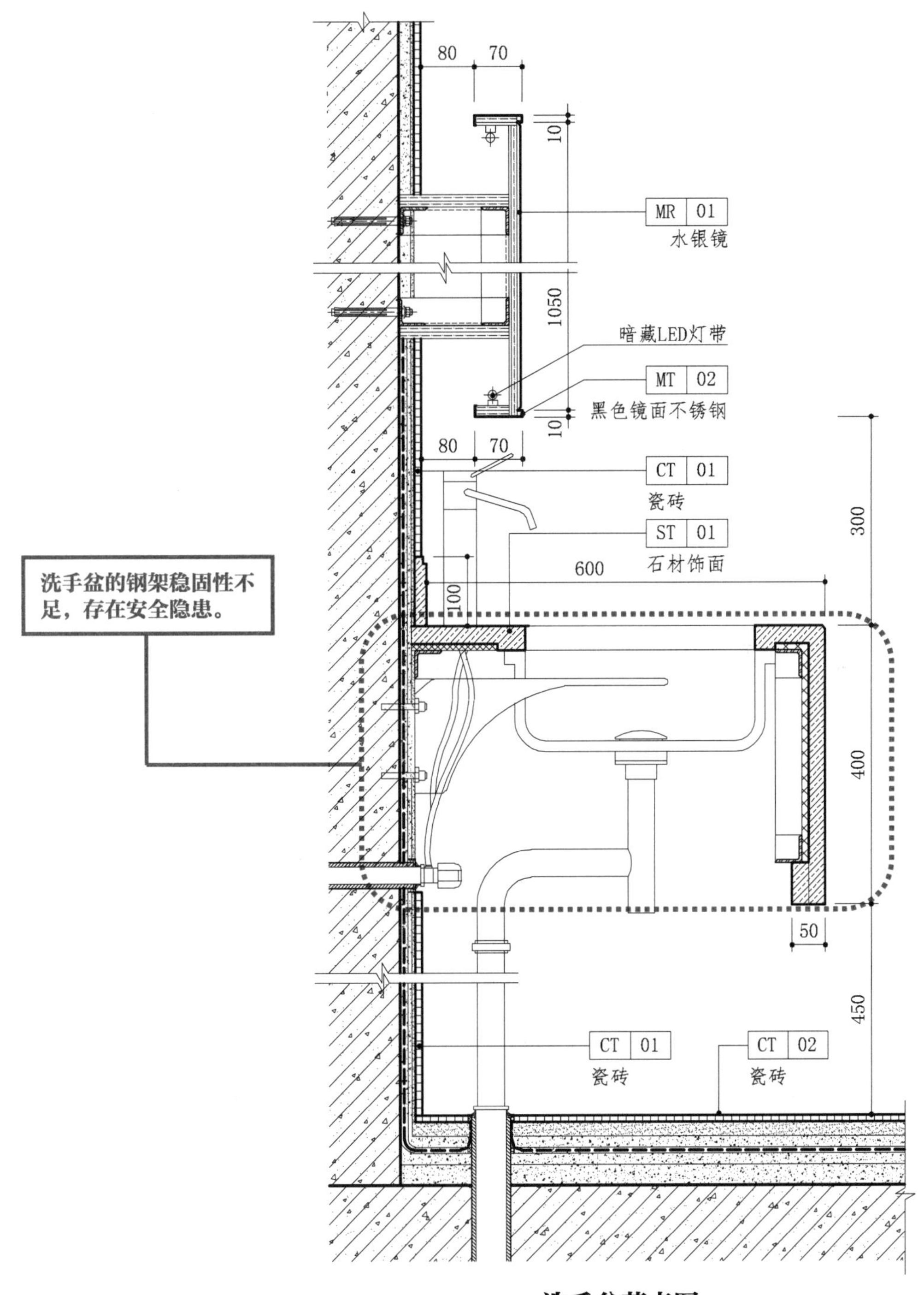
洗手盆的钢架稳固性不足，存在安全隐患。
80
70
10
MR 01
水银镜
1050
暗藏LED灯带
MT 02
黑色镜面不锈钢
10
80
70
CT 01
瓷砖
ST 01
石材饰面
300
600
100
400
50
450
CT 01
瓷砖
CT 02
瓷砖

洗手盆节点图

案例 3

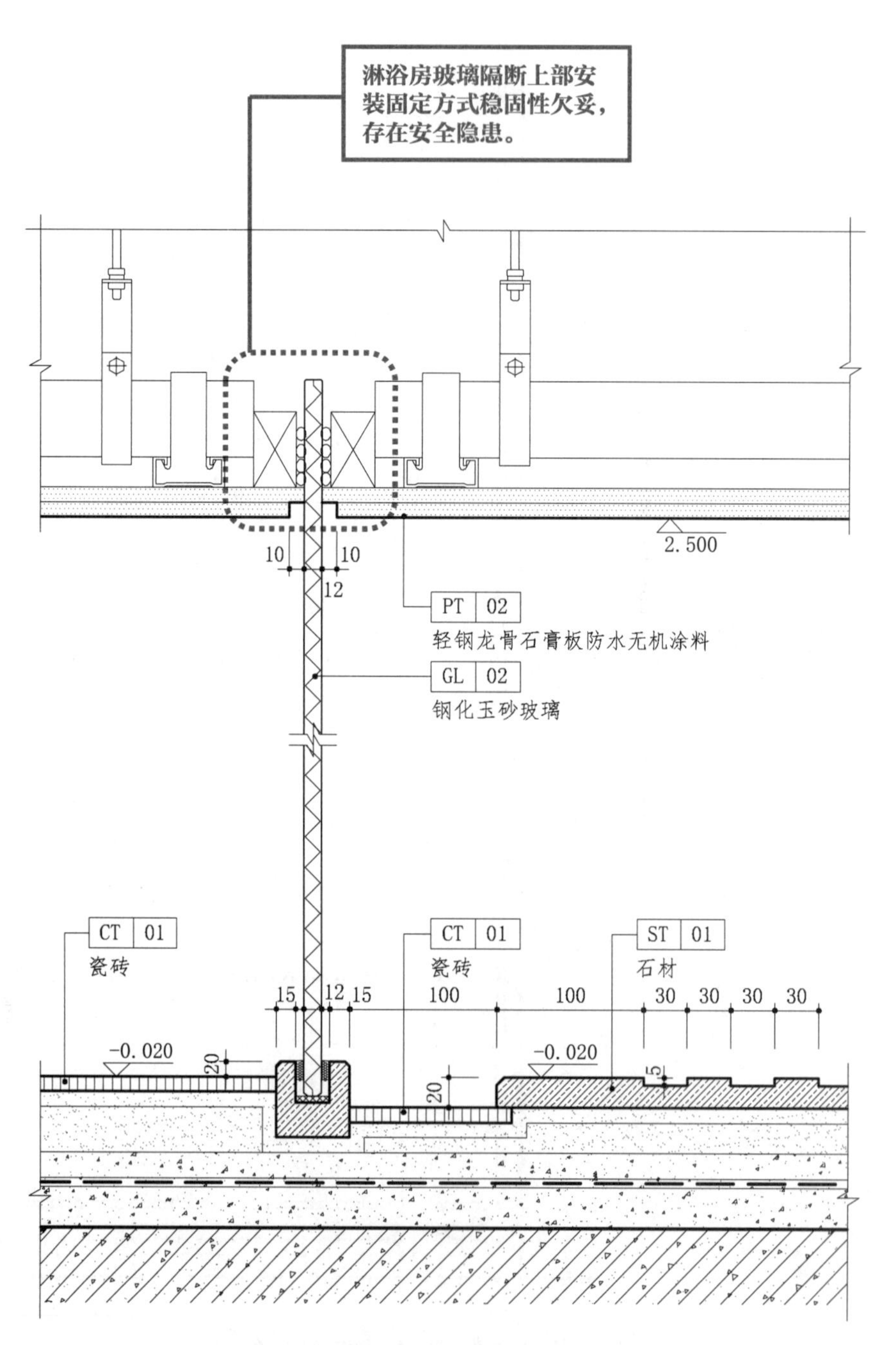

客房淋浴间玻璃隔断剖面节点图

新建转换层与原结构直接焊接固定，存在安全隐患。

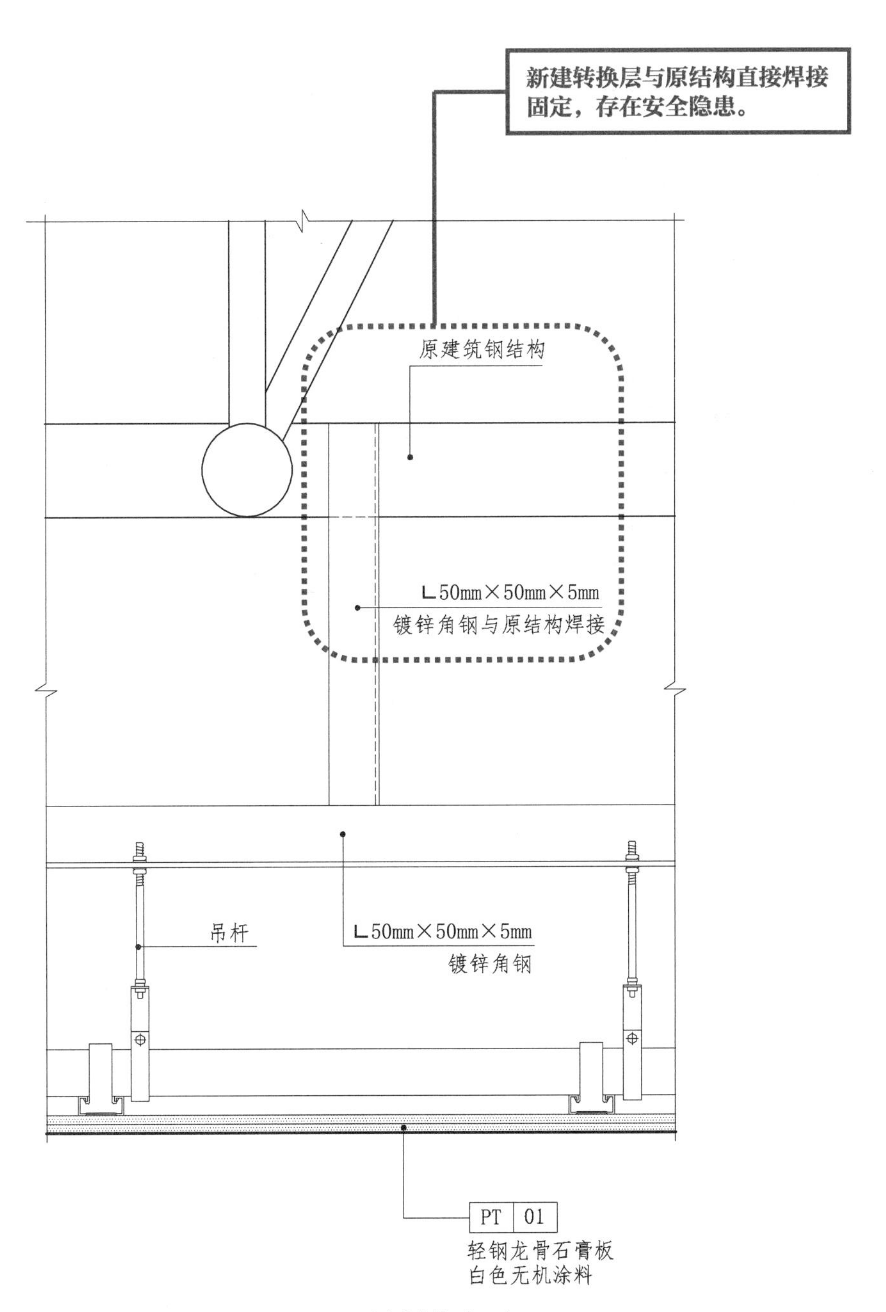

吊顶节点图

案例 5

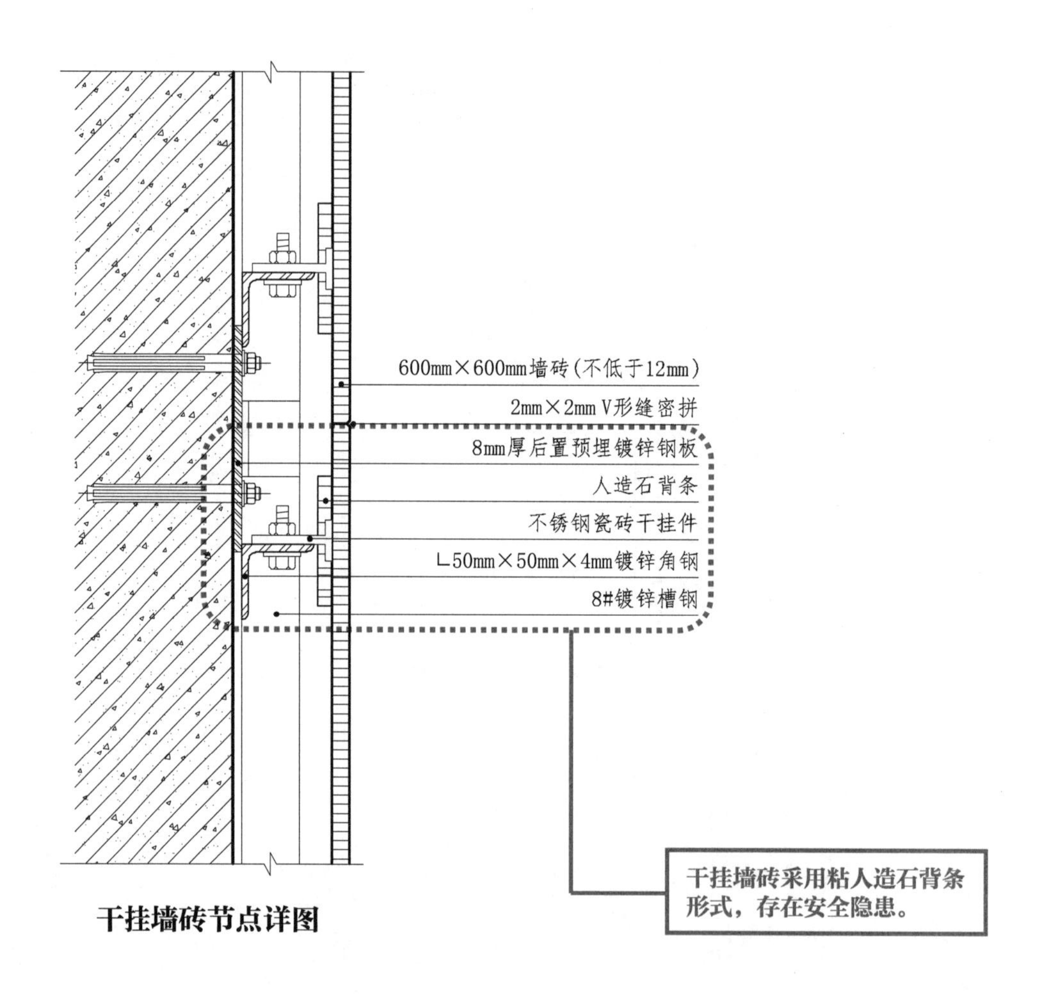

干挂墙砖节点详图

【解析】

参见国家建筑标准设计图集《内装修—墙面装修》13J502—1。

案例 6

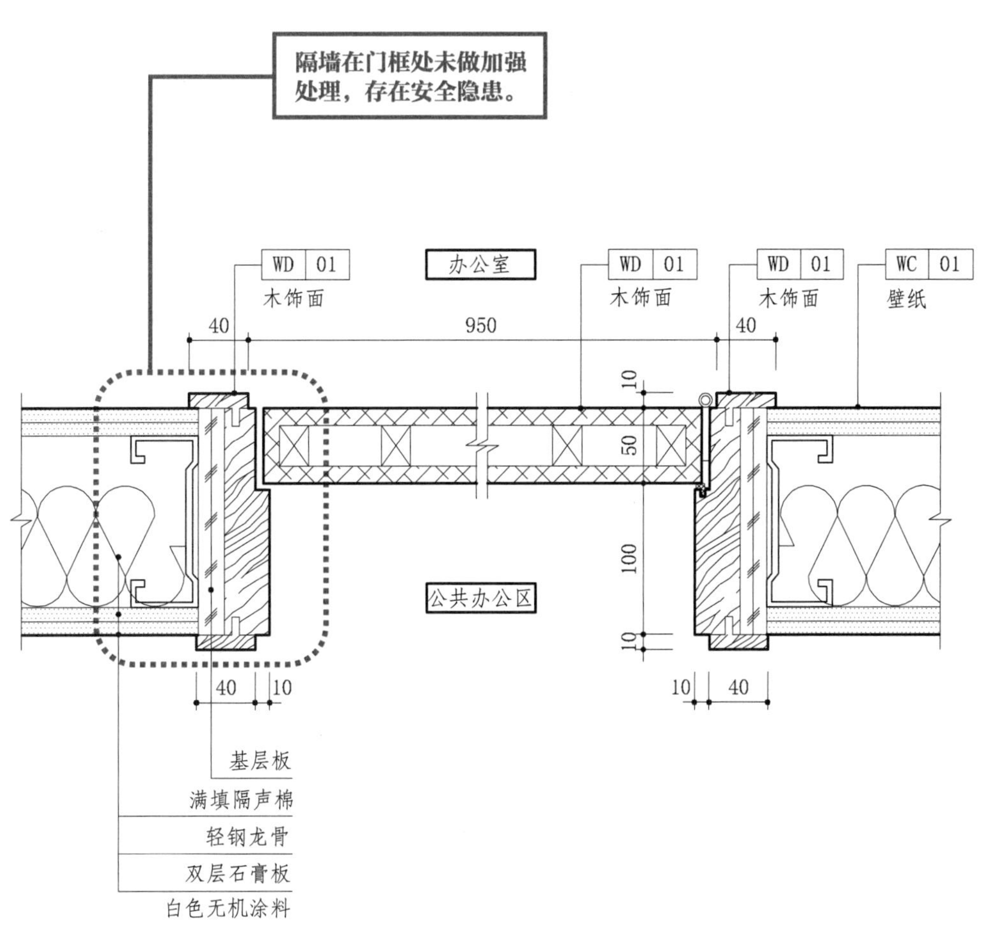

单开木门剖面节点详图

【解析】

参见国家建筑标准设计图集《轻钢龙骨石膏板隔墙、吊顶》07CJ03—1。

3.6.3 合理性

案例 1

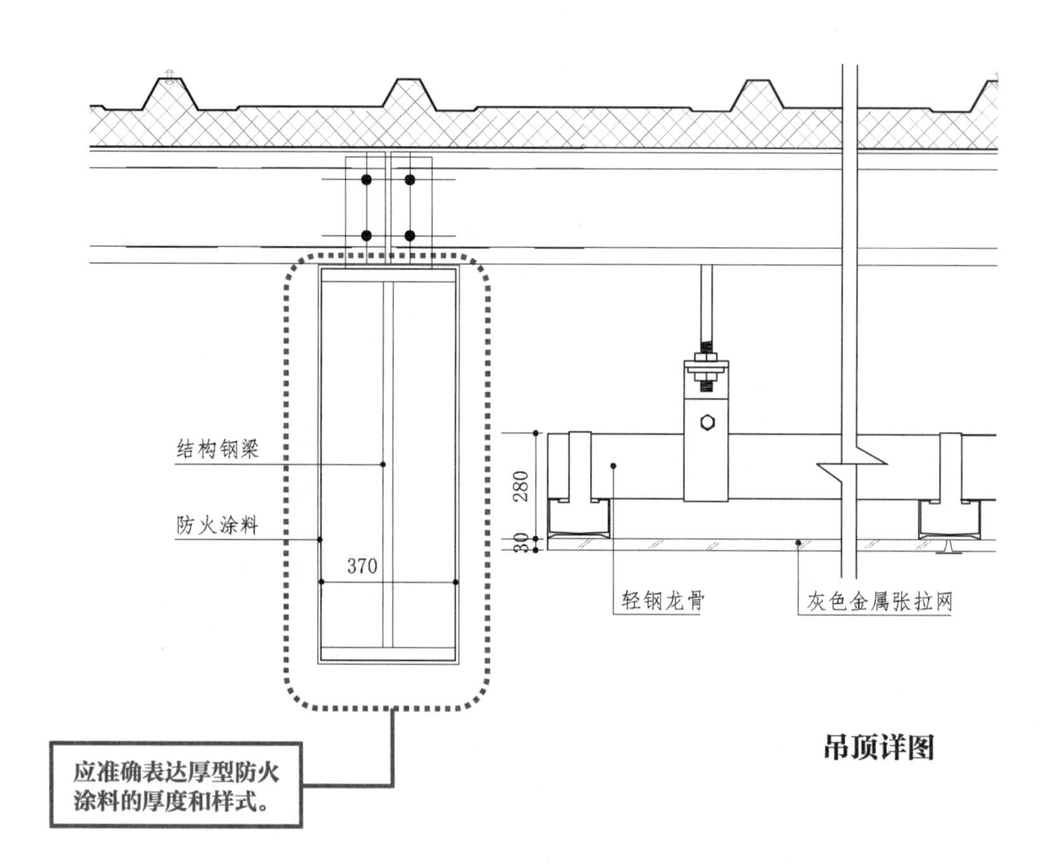

吊顶详图

【解析】

常用钢结构防火涂料类型如下：

厚型钢结构防火涂料	涂层厚度大于 7mm 且小于或等于 45mm
薄型钢结构防火涂料	涂层厚度大于 3mm 且小于或等于 7mm
超薄型钢结构防火涂料	涂层厚度小于或等于 3mm

注：根据涂层使用厚度将防火涂料分为超薄型、薄型和厚型防火涂料三种，表中数据根据实际工作经验总结。

案例 2

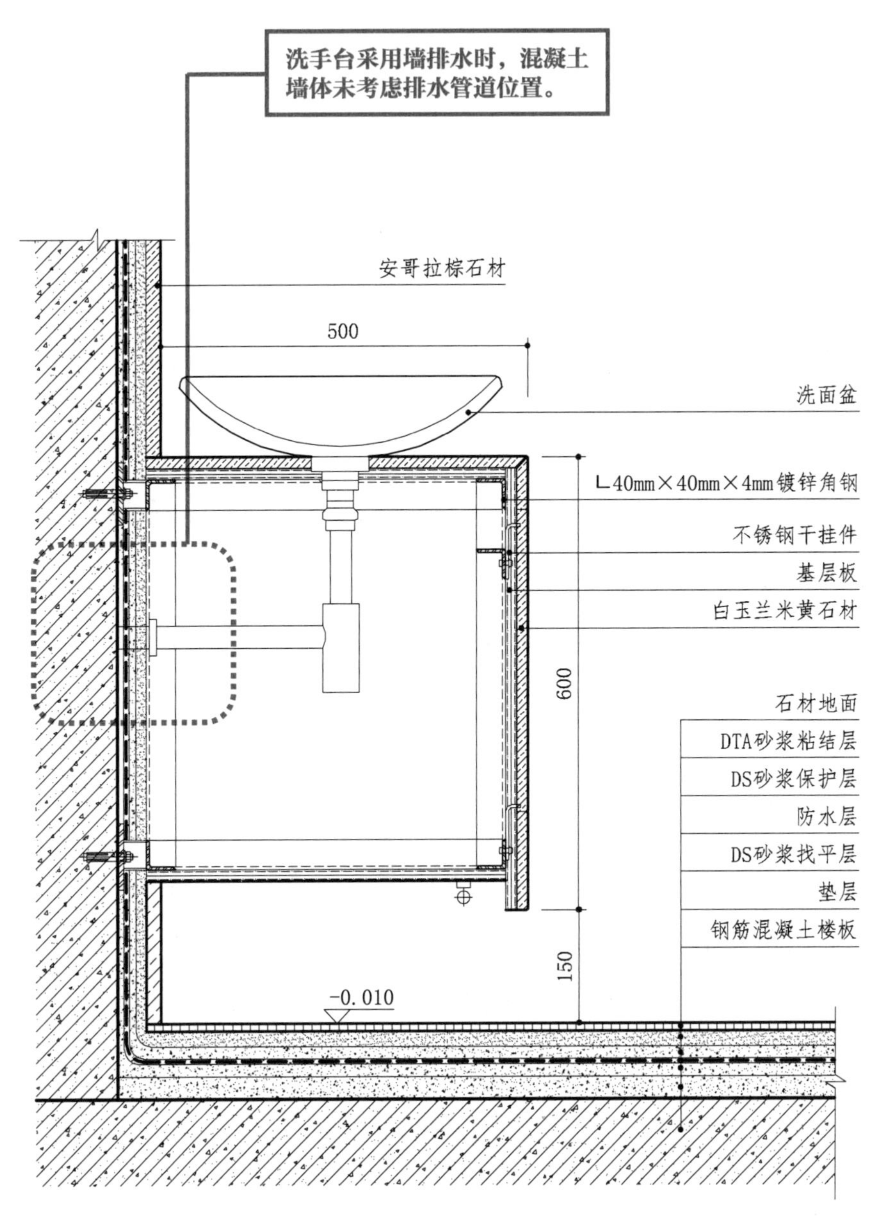
洗手台采用墙排水时，混凝土墙体未考虑排水管道位置。
安哥拉棕石材
500
洗面盆
∟40mm×40mm×4mm镀锌角钢
不锈钢干挂件
基层板
白玉兰米黄石材
600
石材地面
DTA砂浆粘结层
DS砂浆保护层
防水层
DS砂浆找平层
垫层
钢筋混凝土楼板
150
-0.010

洗手盆节点图

案例 3

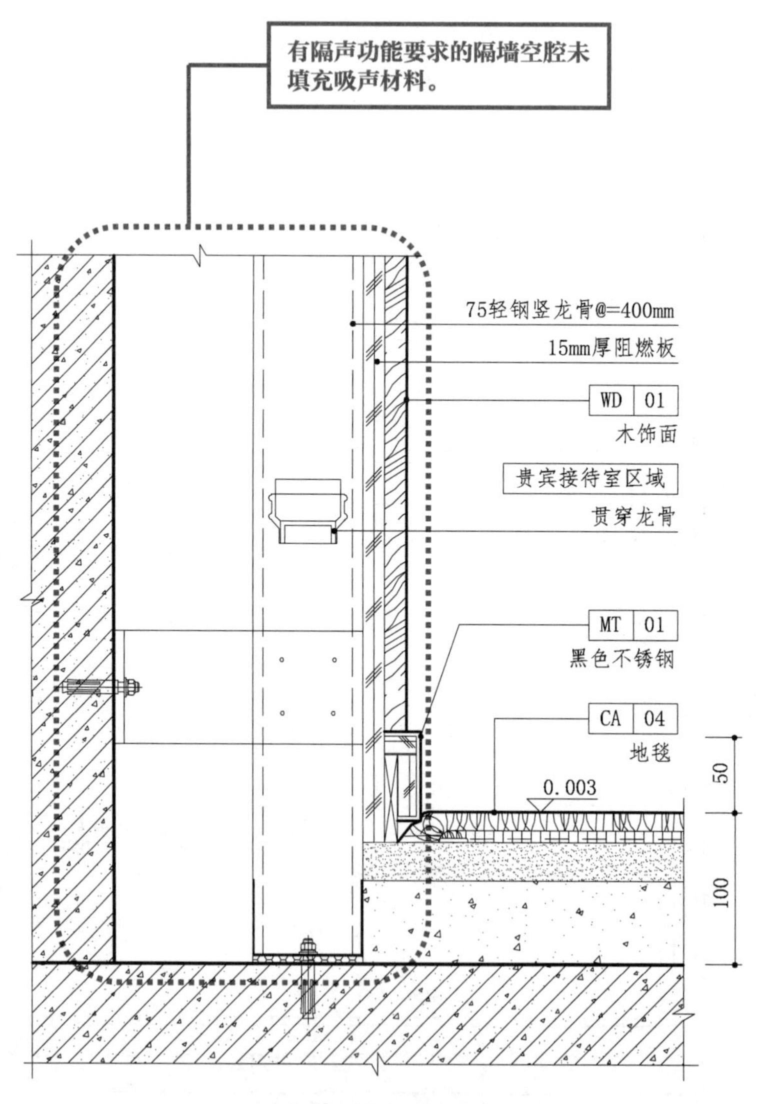

隔声墙竖剖面节点图

案例 4

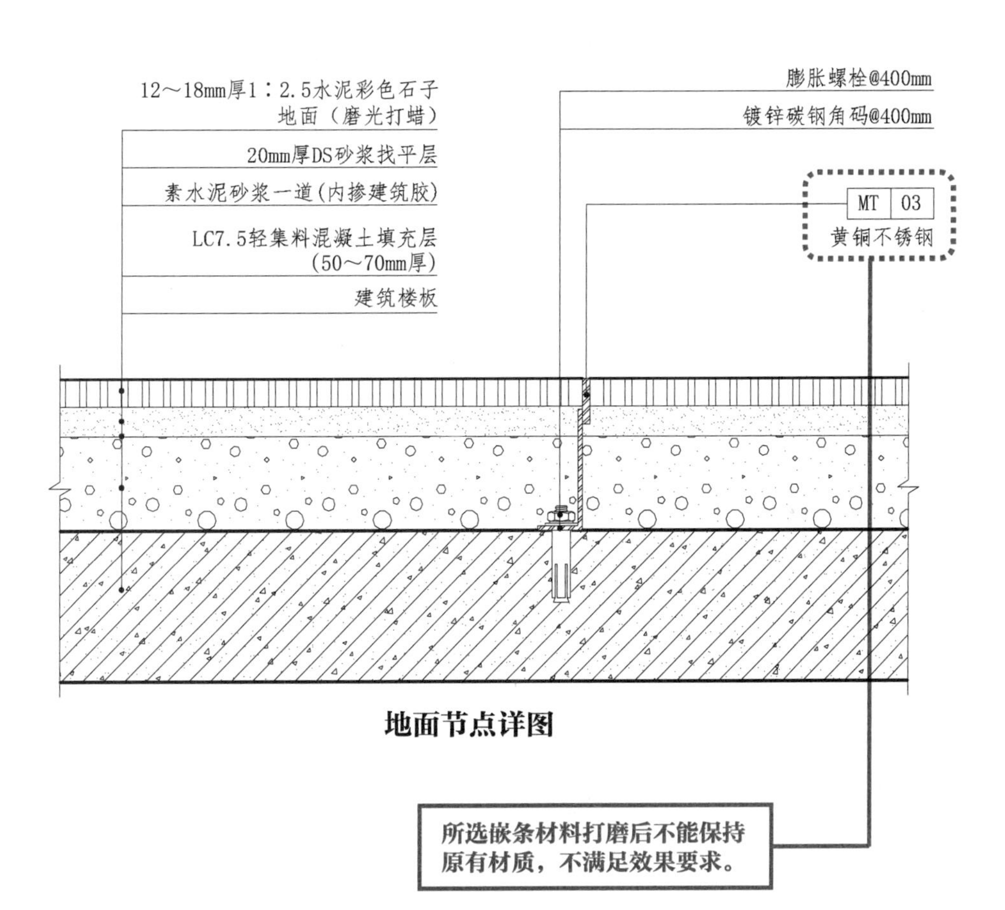

地面节点详图

所选嵌条材料打磨后不能保持原有材质，不满足效果要求。

案例 5

浴缸采用细木工板基层粘接石材，施工工艺做法欠妥。

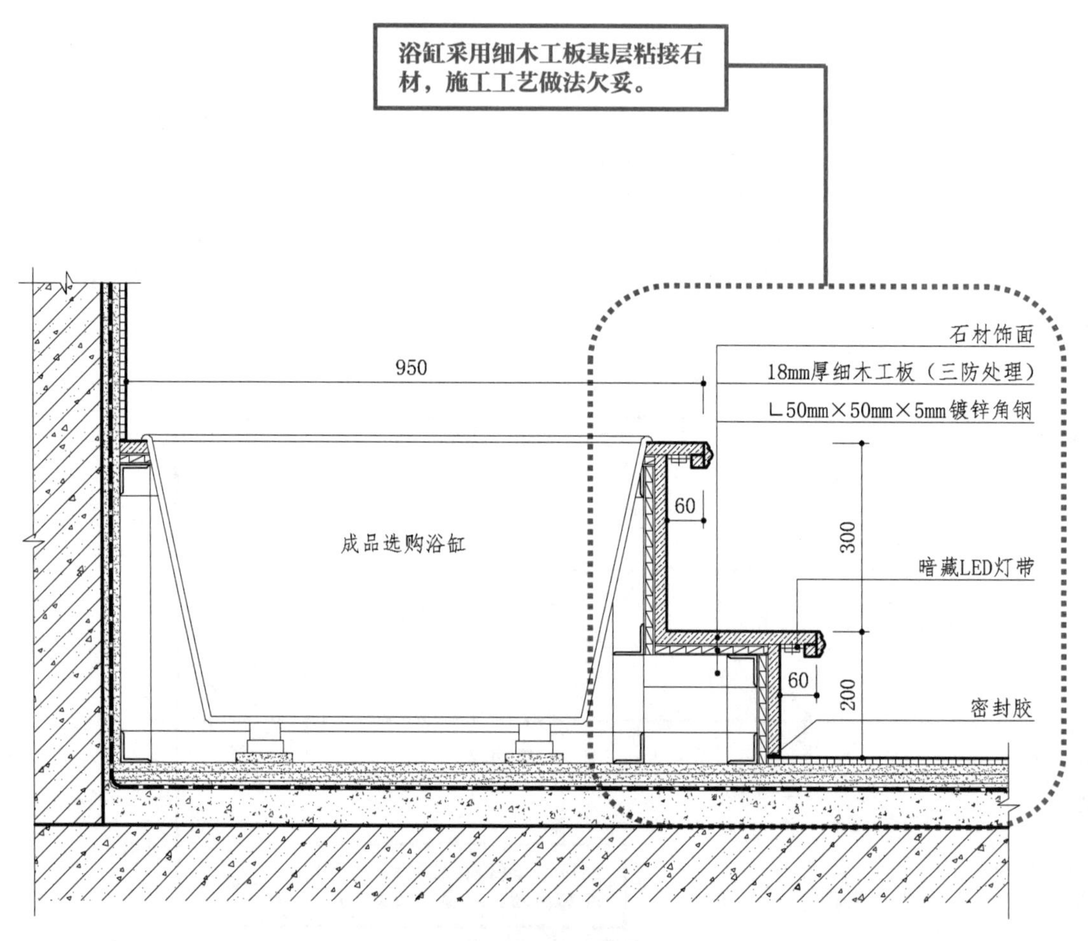

浴缸节点大样图

案例 6

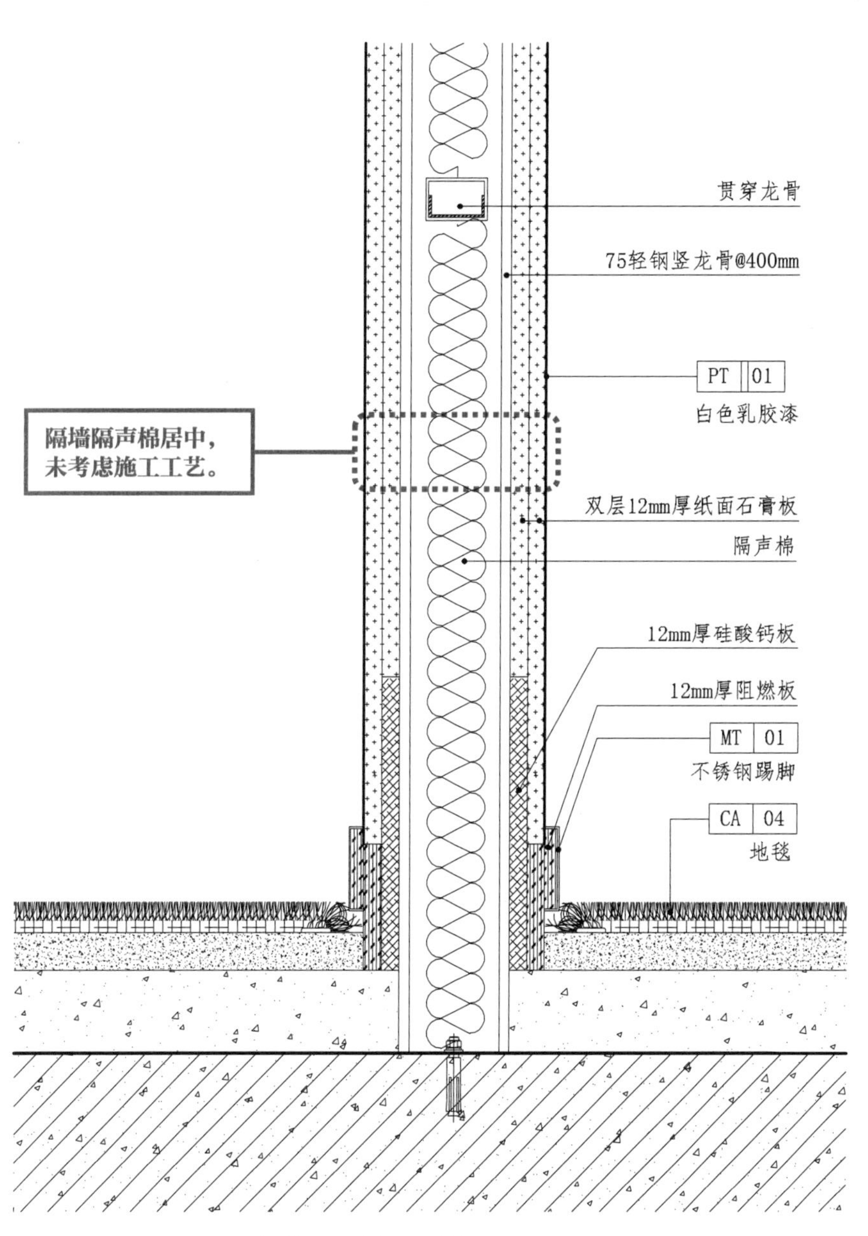

轻钢龙骨隔墙竖剖面节点图

3.6.4 适用性

案例 1

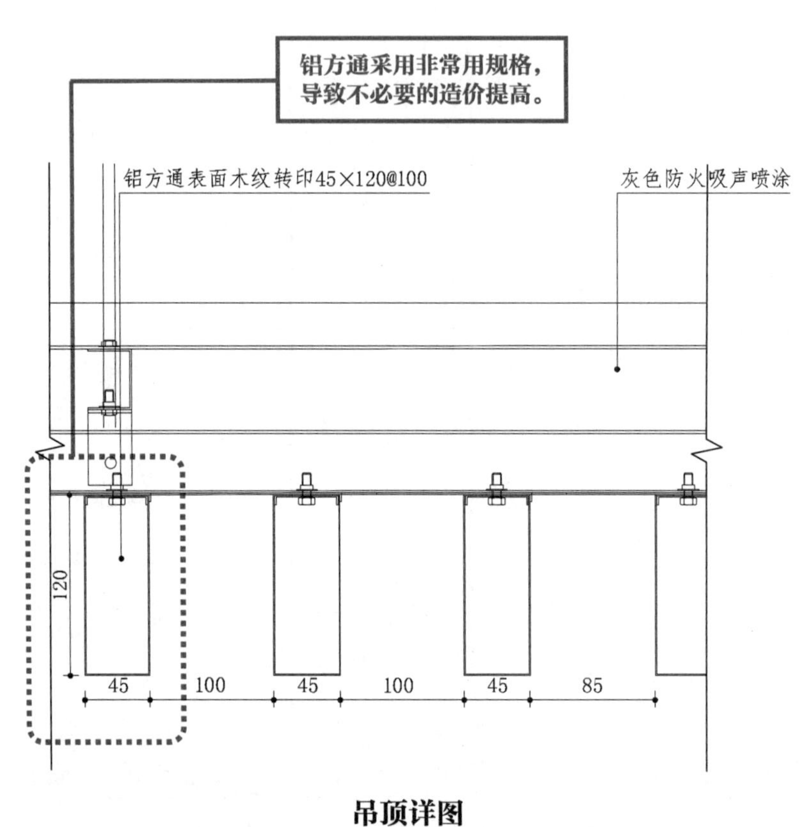

吊顶详图

【解析】

铝方通常用规格	长（mm）× 宽（mm）				
长 30mm	30×50	30×80	30×100		
长 40mm	40×60	40×80	40×100	40×120	
长 50mm	50×50	50×80	50×100	50×120	50×150
常用厚度 0.4～3.5mm					

案例 2

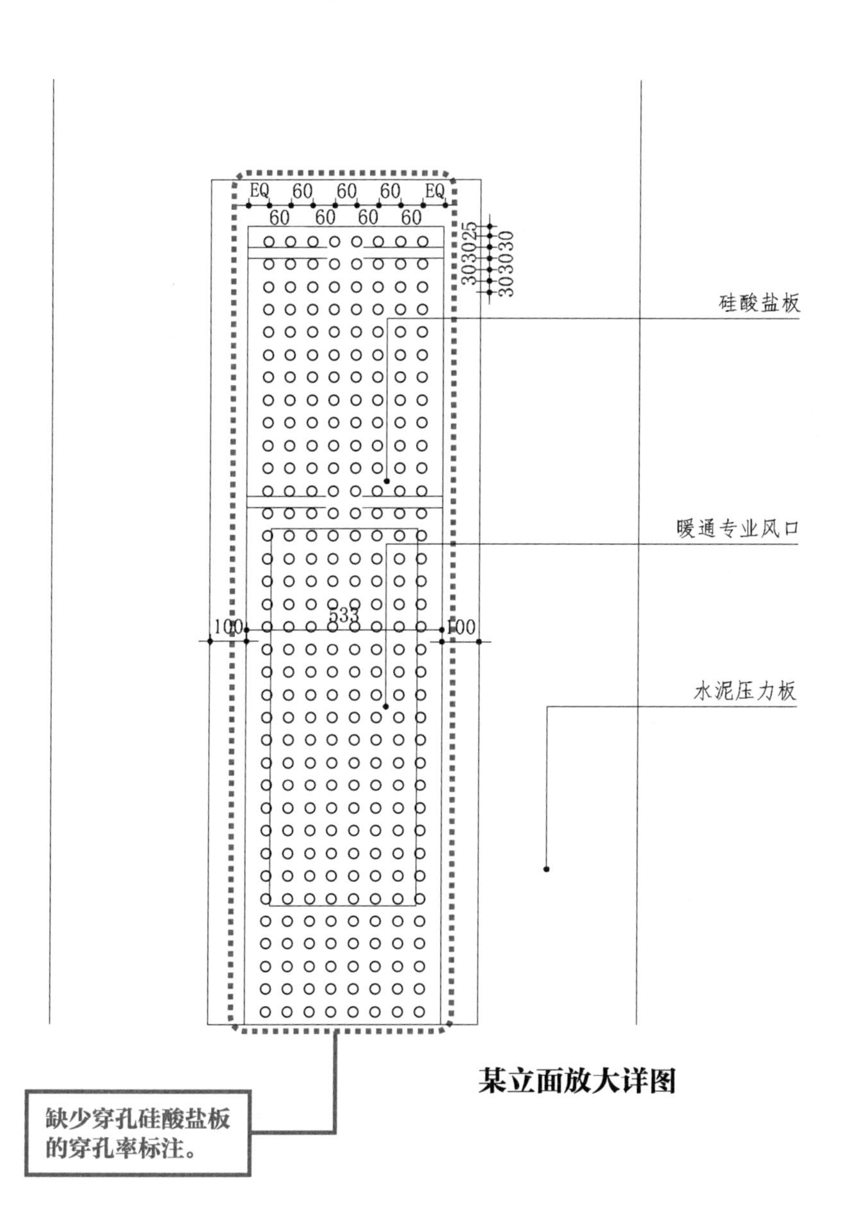

某立面放大详图

【解析】

应考虑穿孔率针对通风散热的影响存在适用性问题。

案例 3

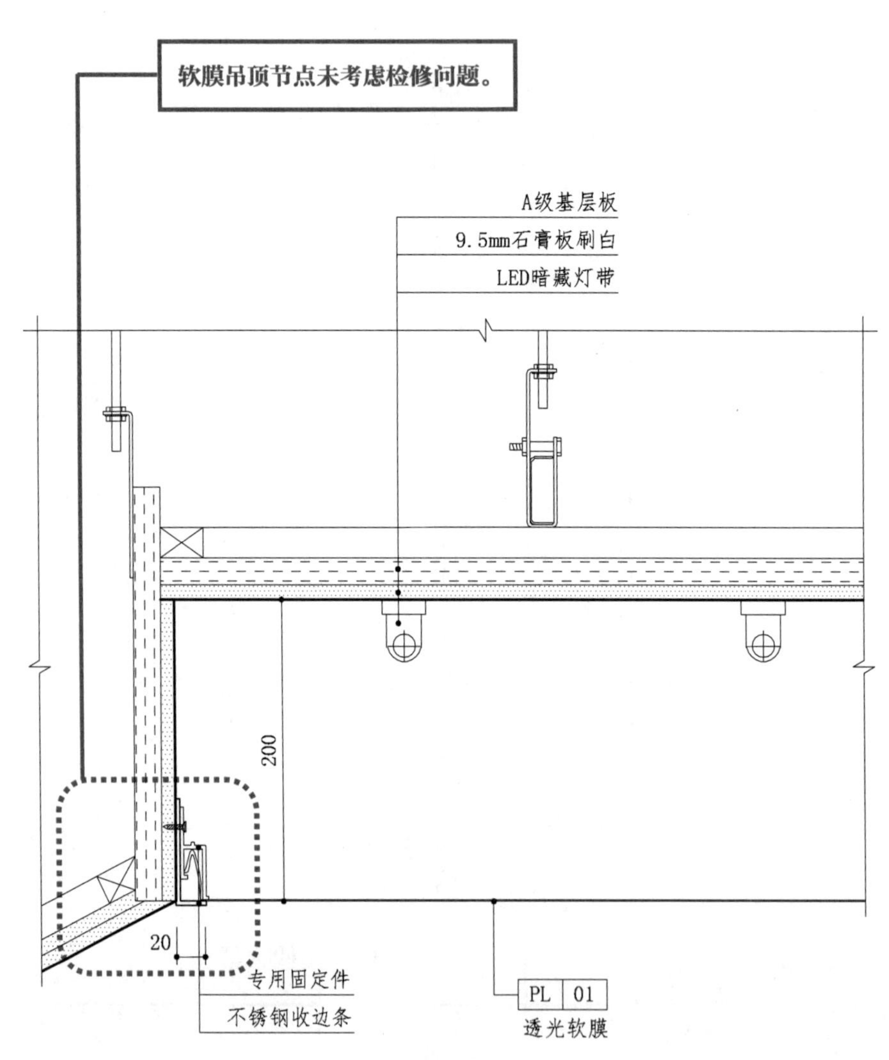
软膜吊顶节点未考虑检修问题。
A级基层板
9.5mm石膏板刷白
LED暗藏灯带
200
20
专用固定件
不锈钢收边条
PL 01
透光软膜

软膜吊顶节点

案例 4

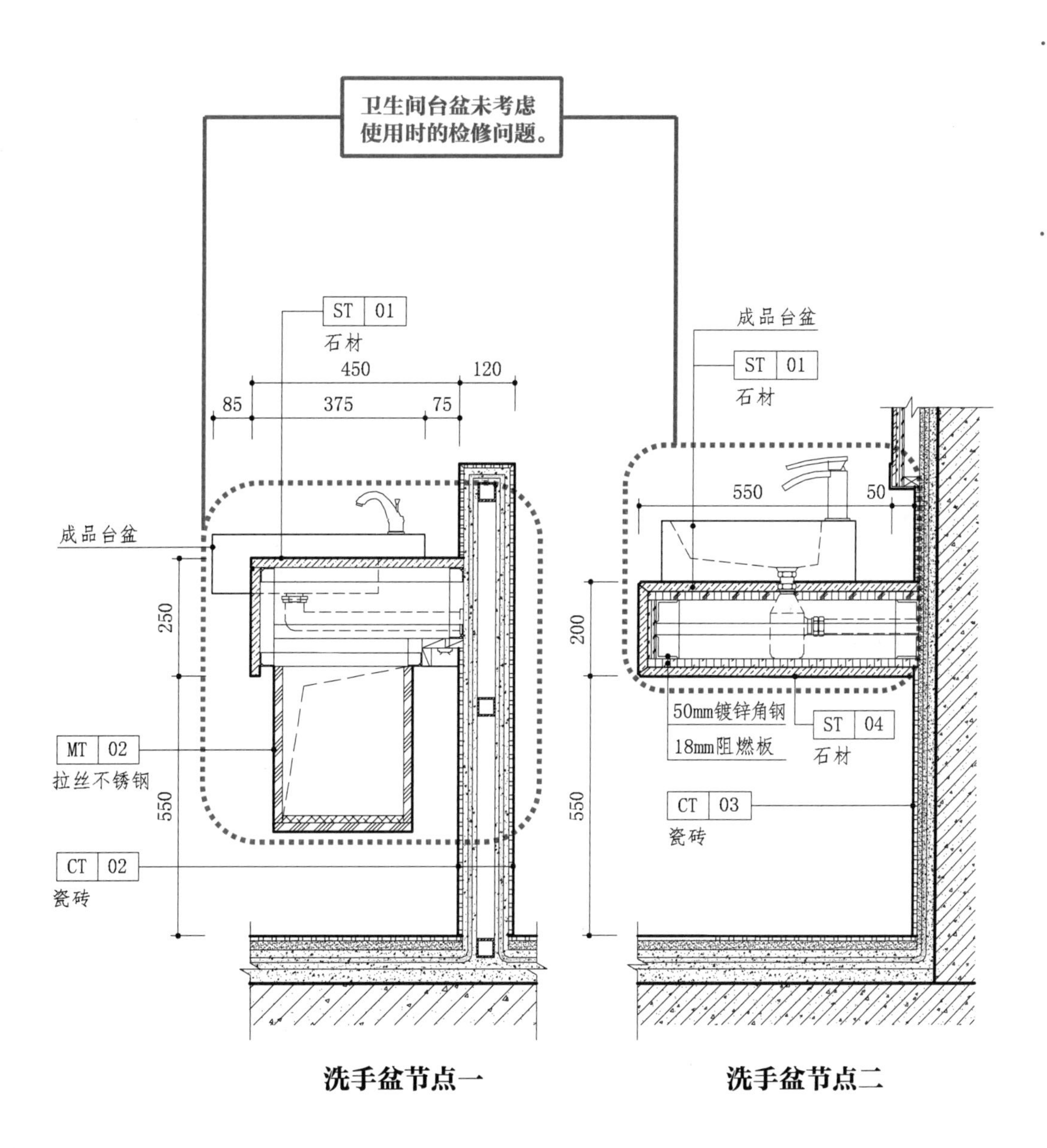

洗手盆节点一　　洗手盆节点二

附　录

室内施工图设计基本审核要点

图纸名称	序号	审核要点
图框	1	检查图框中内容是否正确，包括公司名称、项目名称、图纸名称、比例、日期、图纸编号、人员签名（图签人员签名是否符合要求）、专业类别、证书编号等
	2	检查图框中设计阶段是否正确
封面	1	检查封面项目名称是否正确（与签订合同项目名称一致）
	2	检查封面图纸专业类别是否与图纸内容一致，与公司设计资质范围一致
	3	检查编制单位名称、项目的设计编号
	4	检查设计日期是否为设计文件交付日期（与设计合同日期的关系）
目录	1	检查目录中区域页次与图签中本区页次是否一致
	2	检查图名、图号与每张装饰施工图图签上所注图名、图号是否一致
	3	检查图纸目录和各张施工图中有关内容是否一致，包括图名、图号、页码、出图日期、版次、图幅等
	4	检查目录页码顺序是否有误，是否有多余页码未删除
设计说明	1	检查工程概况内容是否完整，包括工程名称、建设地点、建筑规模、建筑高度、分类、耐火等级、结构类型、装修设计面积、范围、装饰设计主要内容等
	2	图纸内容和设计说明是否相符
	3	图面是否有叠字，错字
	4	检查设计依据规范是否有误
	5	检查设计说明中关于室内环境污染控制内容是否齐全
	6	检查设计说明中涉及安全、结构、消防、施工做法等需要特别说明的内容是否齐全
	7	检查消防设计说明中建筑内部各部位装修材料的燃烧性能等级表选用是否有误
	8	检查消防设计说明中防火分区及疏散设计说明内容是否完整
	9	检查消防设计说明中关于消火栓、配电箱、照明灯具、管线穿防火墙等有特殊防火设计要求的部位内容是否齐全
	10	检查本项目特殊要求，如声、光、电、防潮、防尘、防辐射、安全防护、信号屏蔽等的部分在设计说明是否表述清楚
装饰材料编码表	1	检查表中材料编号与图纸中材料编号是否一致
	2	检查材料的燃烧性能等级与所选用的材料是否一致
	3	如有中英文对照，核对是否正确
	4	材料编码表与材料表材料的燃烧性能等级是否一致

续表

图纸名称	序号	审核要点
室内装饰材料表	1	表中所列房间名称与图纸是否一致，有无遗漏
	2	每个房间的墙面、顶棚、地面、隔断、固定家具、装饰织物、其他材料的燃烧性能等级是否满足防火要求，重点检查无窗房间材料能否满足防火要求
	3	检查材料做法中使用多层材料时，各层装修材料的燃烧性能等级是否均能达到规范要求
	4	检查材料表中踢脚的材料燃烧性能等级是否按照其他材料的燃烧性能等级要求
	5	检查材料表中是否有厂家信息及产品的具体规格
构造做法表	1	正确引用图集及编号（地标与国标）
	2	构造做法表与图纸表达是否一致
图例说明	1	检查图例表中图例是否与图纸中图例一致
	2	检查图例表中图是否与图纸中内容一致
门窗表	1	检查门窗类别、编号、洞口尺寸等是否与设计图纸一致
	2	检查疏散门洞口尺寸是否满足门净宽的《建筑设计防火规范》关于消防疏散的要求
	3	检查门扇、门套尺寸，门扇材料等是否完善
	4	门五金件选用是否符合规范标准（安全性，稳定性）
	5	检查防火门五金、门芯材料、玻璃等是否满足防火要求
	6	检查门表中门的立面是否与图纸中门立面一致
平面图 原始平面图	1	确认是否改变原建筑性质
	2	检查图中防火分区示意图中防火分区面积及安全出口位置是否清晰
	3	检查图中防烟分区示意图位置是否清晰
平面图 平面布置图	1	检查平面图中装修设计范围是否与合同要求一致
	2	检查平面图图纸信息是否完整，房间名称、人数、面积等信息是否完整
	3	检查平面图中有无家具或平面布置遮挡消火栓、疏散门、机房门或其他门正常使用，防火卷帘下有无家具等影响正常使用
	4	检查图纸名称是否与图纸内容一致，和图签中图名是否一致
	5	检查平面图中索引符号是否与立面图纸一致
	6	检查室内有高差的地面、踏步、台阶是否标注标高
	7	检查疏散门的开启方向是否满足规范
	8	检查总平面图与分平面图内容是否一致

续表

图纸名称		序号	审核要点
平面图	平面布置图	9	检查暗门，检修口是否满足使用要求
		10	检查幕墙区是否需要设置防护设施
	墙体定位图	1	检查墙体定位图中拆除、新建墙体、门窗内容表达是否清晰
		2	检查图中门代号与门表中代号是否一致
		3	检查图中墙体是否有图例，图例内容是否包括做法及耐火极限等信息
		4	检查图中以主控线定位是否清晰，能满足施工需求
		5	检查隔墙类型是否满足隔声要求与后期施工结构要求
	地面铺装图	1	检查地面材料种类、填充类别、分界线、排版是否清晰正确，与方案设计一致
		2	检查地面材料的定位尺寸、造型尺寸是否完整
		3	检查楼梯踏步踩踏面是否有防滑措施
	顶平面图	1	检查顶平面图中灯具、造型尺寸是否清晰完整
		2	检查顶平面图中材料、填充类别、分界线是否清晰，是否与方案设计一致
		3	检查顶平面图中材料的燃烧性能等级是否满足规范要求
		4	检查楼梯处顶平面内容表达是否正确
		5	检查顶平面图中防火卷帘，挡烟垂壁等影响吊顶造型的相关专业内容表达是否完整
		6	检查顶平面图中标高标注是否完整
		7	检查顶平面图中灯具图例与图例表中的图例是否一致，与图面中灯具内容是否一致
	综合顶平面图	1	检查综合顶平面图中相关专业内容是否完整，且与专业图纸是否一致，是否满足相关规范要求和使用要求
		2	检查消防广播、烟感、喷淋、风口等综合顶平面内容与吊顶造型是否矛盾
		3	检查综合顶平面中的内容表达图例与图例表中的表示方式是否一致
	立面索引图	1	立面索引图索引号与相对应的立面图是否一致，详图索引是否一致
	机电点位图	1	检查机电点位图是否与机电设备图纸一致，是否有遗缺
		2	检查机电点位图是否能满足装饰平面功能的要求
		3	检查机电点位与立面装饰造型是否有冲突，点位是否合理
		4	检查机电点位与家具对应关系是否合理

续表

图纸名称	序号	审核要点
立面图	1	检查立面图中轴号是否齐全，与平面图轴号是否一致
	2	检查立面剖切符号、位置与节点图中位置内容是否一致
	3	检查立面图与平面图内容对应，图中前后关系是否正确
	4	检查立面图中材料的分隔分缝是否有缺失，材料的分格尺寸是否满足规范要求
	5	检查立面材料标注是否清晰，同种材料填充是否一致
	6	检查立面图中门的样式是否与门表一致；立面图中门、窗的开启方向与平面图是否一致
节点图	1	检查剖面节点与剖切位置是否一致，剖切内容是否完整
	2	检查所标注尺寸是否与相应图纸中标高尺寸一致
	3	检查卫生间剖切处防水做法是否完整，是否满足规范要求
	4	检查节点图中基层材料是否符合相关防火要求
制图问题	1	检查图纸的比例、线型、填充方式、标注样式、字体类型及大小等是否符合规范要求
	2	检查图面图层管理是否清晰，与装饰无关原的建筑尺寸、标注及文字信息等是否删除
	3	检查平、立、剖面图纸比例要与图名标注比例保持一致
	4	检查图例、索引标志、绘图方法等是否符合制图规定
	5	检查图名、比例是否齐全、准确，标题栏是否填写正确
	6	检查图面是否布置紧凑、繁简得当、线条清晰
	7	检查图面中是否关闭和本图无关的图层
	8	检查剖切符号、立面索引符号、详图符号内编码是否和所在图纸编码及名称一致
	9	检查平、立面标高，标高尺寸数字应和立面图保持一致
	10	检查平、立、剖图纸比例要和图名标注比例保持一致
	11	检查平面轴线与原始建筑图轴线尺寸是否一致
	12	材料索引的位置是否正确
	13	检查尺寸标注比例与图纸比例是否一致
	14	检查图纸是否有错字，文字、符号及尺寸标注是否重叠，同一个图中，尺寸标注、文字索引标注不一致等